海洋工程丛书

基于仿真系统的海洋油气工程风险防控技术

主　编　李志刚
副主编　吴朝晖　韩端锋　余建星　肖文生　梁丙臣

哈尔滨工程大学出版社
Harbin Engineering University Press

内容简介

本书对深水大型油气工程风险防控与仿真技术相关的理论、方法及应用技术进行了全面而翔实的介绍与分析,重点包括油气工程作业仿真中的架构设计与系统原理、船舶运动学仿真、仿真系统的数据标准与通信原理、虚拟现实技术的应用等较新颖的技术。同时注重理论与应用相结合,提供了多个深水油气田仿真案例,并进行详细的案例分析。

本书可供计算机工程、系统工程、机械工程、船舶与海洋工程等学科专业本科生和硕士研究生作教材或教学参考书,同时也可供有关工程技术人员自学和参考使用。

图书在版编目(CIP)数据

基于仿真系统的海洋油气工程风险防控技术／李志刚主编. —哈尔滨：哈尔滨工程大学出版社,2019.6
ISBN 978 - 7 - 5661 - 2358 - 9

Ⅰ. ①基… Ⅱ. ①李… Ⅲ. ①海上油气田 – 风险管理 – 系统仿真 – 研究 Ⅳ. ①TE58

中国版本图书馆 CIP 数据核字(2019)第 126479 号

选题策划　张淑娜
责任编辑　张植朴　张如意
封面设计　博鑫设计

出版发行　哈尔滨工程大学出版社
社　　址　哈尔滨市南岗区南通大街 145 号
邮政编码　150001
发行电话　0451 - 82519328
传　　真　0451 - 82519699
经　　销　新华书店
印　　刷　哈尔滨市石桥印务有限公司
开　　本　787 mm × 1 092 mm　1/16
印　　张　15.25
字　　数　402 千字
版　　次　2019 年 6 月第 1 版
印　　次　2019 年 6 月第 1 次印刷
定　　价　48.00 元
http://www.hrbeupress.com
E-mail:heupress@ hrbeu.edu.cn

编 委 会

前　言

近年来，随着国家对深海油气田的开采，油气工程作业的风险防控逐渐得到人们的关注与重视，半物理仿真技术可以应用于海洋作业装备的人员操作培训及作业方案的流程预演，减少作业的风险，提高作业效率。针对这种情况，为了解半物理仿真技术的理论基础和技术，掌握海洋工程作业仿真系统的构建方法，为我国培养海洋工程领域的高级专业人才，在高等院校海洋工程相关专业开设虚拟仿真技术的课程已势在必行。

本书在介绍半物理仿真相关技术的基础上，着重从应用技术的角度出发，主要介绍半物理仿真技术在深水大型油气工程作业风险防控中的应用，主要包括系统建模与仿真、多刚体动力学与运动学仿真、海洋环境的数值仿真、虚拟现实在仿真中的应用、仿真系统通信框架设计、海底管道泄漏扩散分析等较新颖的技术，同时注重理论与应用相结合，对海上平台浮托安装、水下油气生产系统运营与维修仿真等应用案例进行详细分析，全书共分为10章。

第1章着重介绍了海洋油气工程作业风险防控技术的发展现状，并阐述了仿真技术的基本概念、仿真技术的国内外研究现状及关键技术等。

第2章主要介绍海洋油气工程作业风险防控的关键技术，包括系统仿真的总体设计技术及一般步骤，系统的通信设计及数据格式标准、海洋环境模拟技术、海洋工程装备的水动力数学模型建模技术等。

第3章阐述海上油气工程作业风险分析技术，首先介绍了作业风险源识别与分析相关基础知识，并具体阐述了几种不同的风险分析与评估方法，并构建油气工程作业风险评估体系。最后详细介绍建立海上作业风险数据库的一般步骤。

第4章对仿真系统总体架构与系统原理进行了介绍，首先对系统功能与系统结构进行阐述，最后介绍基于高层体系结构(high level architecture，HLA)的通用仿真环境设计技术与系统运行流程。

第5章讨论了仿真系统通信原理与数据标准。首先对仿真系统的通信需求与目标进行分析与设计，然后依照数据特点分为静态与动态，分别对数据设计标准进行介绍。

第6章介绍了海洋作业环境模拟技术，主要从海浪、海风、海流及海床四个方面对海洋环境模拟技术进行阐述。

第7章对海洋油气工程装备仿真进行了分析，首先介绍船舶六自由度模型，并对船体水动力进行分析；然后对环境干扰力计算模型进行阐述；最后介绍动力系统功能与组成，以及相关的应用作业场景。

第8章介绍了海底管道油气泄漏扩散预测分析技术，并对典型的水下溢油数据模型及水面原油扩散模型进行阐述与分析。

第9章详细介绍了仿真模拟技术在海上生产平台浮托作业中的应用，首先阐述海上浮托安装作业流程，给出了浮托安装仿真系统设计与硬件组成，最后分别介绍每个分系统的功能与关键技术，并详细分析实际仿真预演及人员培训案例。

第 10 章详细介绍了水下油气生产系统的运营保障与应急维修作业仿真模拟应用技术。首先介绍了水下生产系统的流动保障技术及维修技术的基础理论，然后从系统数值仿真、三维视景仿真、分布式交互培训系统的开发等几方面介绍了仿真系统的建立，并对仿真系统的典型案例及模拟预演进行介绍。

本书在编写过程中参阅了大量的书籍、文献资料，在此向所有资源的提供者表示感谢。由于当今社会半物理仿真技术的发展速度飞快，尽管编者做出了努力，力求概括全面、研究深入，但由于编者水平有限，不当之处在所难免，恳请读者批评指正。

编　者

2019 年 3 月

目　　录

第1章 基于仿真系统的海洋油气工程作业风险防控技术国内外研究现状

1.1 海洋油气工程作业风险防控技术研究现状

风险评估理论的研究及应用起源于美国能源部为核工业所做的安全评价,经过不断发展,其在航空、电子、石油、化工、船舶等多种行业中得到了广泛应用。

20世纪50年代末,一些欧美国家首先将风险评估应用于核电厂的安全性分析,希望通过风险评估找出核电厂在设计、建造和运行阶段中的薄弱环节,进而采取控制措施确保其安全运行。20世纪70年代,概率安全分析(probabilistic safety analysis, PSA)方法在核工业中得到了充分发展,该方法采用系统可靠性评价技术和概率风险评价技术对复杂系统的各种可能事故进行全面分析,通过对发生过程的研究,实现事故发生率及产生后果的综合量化分析。1979年3月28日,美国三里岛核电站事故的发生向世人显示了PSA研究的重要意义。并且在此次事故之后,人的因素也被引入安全评价之中,使核电领域的安全水平得到显著提高。

风险评估在海洋工程中的应用开始于20世纪70年代末。随着国际贸易的增多和对海洋石油资源的开采范围不断扩大,船舶碰撞事故、海难事故等也越来越多,造成了严重的环境污染、经济损失及人员伤亡,海洋工程的风险评估逐渐受到重视。国外对海洋工程的风险评估,早期主要采用定量风险评估(quality and reliability assurance,QRA)。

20世纪70年代中期,国外海洋工程界开展了几个评估项目,其主要目的是研究是否存在足够复杂和准确的数据及其分析方法。1981年,风险评估又有了新的发展,挪威石油理事会(Norwegian Petroleum Directorate)发布了有关平台概念设计风险评估的指导性文件,要求所有新的海上设施在设计阶段必须进行定量风险评估。

1990年,英国海洋石油业者联合会提出综合安全评估方法,对安全评估提出了更高要求。1991年,挪威石油董事会用风险分析规范代替了1981年的指导性文件,这个规范极大扩展了风险研究的范围。

1992年,英国提出健康安全规范,对现存和新建的海洋结构物进行了大量风险评估研究,英国的健康安全部门(Health and Safety Executive,HSE)要求对所有海上平台和其上面的重要设备进行综合安全评估,这一措施的执行使得英国海上石油工程事故率降低了一半。1993年,挪威船级社(Det Norske Veritas,DNV)也对相关规范进行大规模修改,着重突出了风险评估的思想,以统一的NORSOK规范来取代各石油公司的内部安全规范及其他工业规范。

国外不少学者对海上结构物的风险评估进行了研究,挪威的Skallerud和Amdahl利用连续介质力学和数值仿真技术,计算了海洋工程中可能出现的火灾、风暴、碰撞等灾害对海洋平台的影响;马里兰大学的Andrew Nyakaana Blair等人用模糊随机理论(fuzzy random theory)和风险决策分析,研究了移动式海上基地的船体的最优结构形式;Haugen Stein 等人用蒙特卡罗法(Monte Carlo method)研究碰撞模型中的不确定因素,计算了过往船与海上平台碰撞的概率,并给出了确定的概率分布。挪威科技协会和挪威船级社等开发了一些相关的风险评估软件。

我国风险评估方面的研究工作始于 20 世纪 80 年代末。目前,国内对海洋平台的风险评估研究不是很多,主要有以下几所院校和科研机构进行过类似的研究。

天津大学对海洋工程相关风险分析进行研究,采用事件树、故障树等方法全面辨识作业过程中的各种潜在风险因素,根据影响重要度及相对风险的大小,对作业过程中的重要风险因素、关键过程或关键设备进行详细的风险分析,采用定性与定量相结合的方法,分析并描述风险事件发生的可能性及可能产生的风险后果。将风险概率和风险后果相结合,利用风险矩阵等方法,计算各种风险事件的风险值,并进行风险排序。胡云昌、黄海燕、余建星等人将概率影响图方法引入海洋平台的安全风险评估,将概率影响图的目标取值与风险分析中的失效模式与影响分析(FMEA)方法相结合,成功地构造出了系统分析模型。通过关系矩阵的建立和数据结构的定义,实现了对模型结构的动态描述,并应用程序算法,完成了分析推理的全过程。天津大学管理学院的罗桦槟等人用事件树技术建立分析模型,对海洋平台的定量风险评估进行了研究。上海交通大学对海洋工程风险评估的理论进行了探讨,涉及动态系统风险评估和人因可靠性分析技术,并讨论了海洋平台结构风险评估的理论框架,涉及结构风险评估的几个基本方面,为进一步进行详细研究确立了一条主线。张圣坤等人对海洋工程风险评估的理论进行了探讨,内容涉及风险评估方法、人因可靠性分析技术、风险评估技术在近海工程中的应用、风险评估在船舶工程中的应用、风险评估在船舶碰撞与搁浅分析中的应用。俞庆和肖熙等人讨论了海洋平台结构风险评估的理论框架,涉及结构风险评估的几个基本方面,为进一步进行详细研究确立了一条主线,对导管架式平台的结构风险评估进行了简要讨论。中国海洋大学的吕秀艳等人以埕北 12C 井组平台为研究对象,分析了极端海洋环境下平台甲板海水淹漫和平台整体倾覆风险,在风险评价中应用联合概率理论,采用基于随机模拟技术的重点抽样法求解失效模式的概率。哈尔滨工业大学对海洋平台结构实时计算模型的建立和修正方法做了一定研究,确定了在海洋环境监测的基础上海洋平台结构的实时环境荷载,提出了海洋平台结构实时安全评估的方法。2001—2004 年,中国石化海上石油工程技术检测站与挪威船级社对胜利浅海海域三座平台进行了量化风险评估,引进 Leak、海王星等风险评估软件,成功运用风险评估技术对平台进行了改进和隐患治理。

随着海洋油气工程作业范围不断向深海拓展,工程装备和油气开采作业系统复杂性日益增大,海上作业事故可能带来的在环境、经济和社会多方面的后果愈发严重,无论是油气开采企业还是国家环境监管部门都对海洋油气作业面临的风险愈发重视,使得风险评估的范围更加广泛,层次更加深入。然而,复杂系统带来的不确定性及风险评估所需大量数据的缺乏,使得传统意义上对事故发生可能性及后果的研究面临越来越多的困难。国内外大量专家学者针对海洋工程作业风险评估中遇到的不确定性和基本数据缺少的问题提出了许多合理有效的计算模型。其主要思想是将模糊理论引入传统的风险分析模型,充分利用行业领域内专家的宝贵经验,将人们对客观事物的主观认识转化为可供计算的数字标度,再通过已经成熟的模型和技术实现定量的风险评估,进而为工程应用提供合理的决策参考和依据。基于模糊理论的风险评估方法已经在机械、化工、航空、交通、建筑、能源等多个工程领域得到了诸多的应用,取得了良好的效果,已经成为解决不确定性、数据缺乏、模糊性问题的有效途径,也是海洋油气工程作业风险评估的重要发展方向。

土耳其的 Ayhan Mentes 和 Ismail H. Helvacioglu 等人在处理分布式锚泊系统的风险评估时,将模糊集理论与传统的故障树方法相结合,提出了模糊故障树分析方法,有效地处理了模糊条件下的操作失效和人因错误等问题。同时,基于模糊权重指标方法进行了敏感性分析,研究了不同基本事件对顶层事件的影响程度。

北京石油大学的董玉华和余大涛等人利用传统的故障树理论建立油气输送管道泄漏事故树结构,将专家评估与模糊集理论相结合,对每一个基本事件的发生概率进行了评估,得到了油气输送管线发生泄漏的概率数值,有效地处理了管线泄漏事故中可能发生的模糊事件。

中国台湾的程顺仁和林斌山等人针对液化天然气终端紧急关闭系统的安全性问题进行评估研究,将直觉模糊集理论与传统的故障树分析相结合,定义了紧急关闭系统的直觉模糊故障树区间和直觉模糊可靠区间,并给出了确定系统关键失效路径的计算方法。

天津大学的余建星教授将模糊理论引入层次分析法和综合评价方法,结合海洋工程领域的专家调查结果,对海洋工程作业过程进行了系统、全面的风险评估,对于较为重大的风险事件,给出了合理可靠的改进方案和预防措施。

在大量的文献中,除了与传统的故障树方法相结合,模糊理论还被引入事件树分析方法、贝叶斯网络算法、层次分析方法、人工神经网络算法、蒙特卡罗方法、事故模式与效果分析方法等多种传统的风险分析方法中,在多个工程领域中得到了较多应用,成了工程风险评估理论的重要组成部分。

1.2　仿真技术在海洋油气工程作业应用现状

1.2.1　仿真技术概述

广义而言,仿真是采用建模的方法和物理的方法对真实环境客观事物进行抽象、映射、描述和复现。基于系统原理、理论、定律、系统数据等应用计算机技术、软件技术和信息技术建立仿真环境(虚拟环境),在仿真环境中对客观事物进行研究。客观事物包括真实环境中的实体/系统、自然环境(地形、大气、海洋、空间)和人的行为(操作、决策、推理)。仿真环境包括模型、数据、软件、物理效应设备、计算机等。

仿真技术是以相似原理、信息技术、系统技术及其应用领域相关的专业技术为基础,以计算机和各种物理效应设备为工具,利用系统模型对实际的或设想的系统进行技术研究的一门多学科的综合性技术。目前,仿真技术已成功地应用于高科技产品研制的全生命周期,包括需求分析、方案论证、概念设计、初步设计、详细设计、生产制造、试验验证、运维保障、使用训练等各个阶段,在航空航天、生产制造、交通运输、信息、生物、医学、材料、能源、教育、军事、社会、经济等众多领域发挥日益重要的作用。

1.2.2　仿真系统分类

仿真涉及多种学科,应用领域越来越广泛,因此很难确切地对其进行分类描述。一般可以从以下方面对其进行分类。

1. 按仿真实现方式分类

在工程应用领域,仿真系统可分为数学仿真、硬件在回路仿真、软件在回路仿真、人在回路仿真等。

(1)数学仿真(mathematical simulation) 用数学模型描述客观事物,根据数学模型编写程序在计算机上运行。

(2)硬件在回路仿真(hardware in the loop simulation) 又称半实物仿真。除了用数学模型描述客观事物外,还将部分实物硬件接入仿真系统,使仿真系统更逼近真实系统。例如船桥仿真系统,除了船舶动力学、主机动态特性等数学模型在计算机上运行外,还将驾驶控制台实物(操控设备、控制计算机或执行机构)接入船桥仿真系统。

(3)软件在回路仿真(software in the loop simulation) 随着计算机技术的发展与应用,许多设备和系统采用数字化技术,含有大量应用软件,为了检验、考核应用软件的正确性和可行性,通过仿真来检查和试验应用软件是重要的技术途径之一。软件在回路仿真系统除了用数学模型描述客观事物外,还将数字设备的软件接入仿真系统。例如飞机飞行仿真系统,除了飞行动力学、发动机动态特性等数学模型外,还将飞行控制软件、导航软件、飞行管理软件等接入飞行仿真系统。

(4)人在回路仿真(man in the loop simulation) 除了用数学模型描述客观事物外,人员(操作人员、指挥人员、决策人员)作为一个环节参与仿真系统回路。例如在地面训练学员的飞行模拟器、航海模拟器等是典型的人在回路仿真系统,通过模拟器可以开展驾驶训练及应急操作训练等。

2. 按仿真时间与实际时间的比例关系分类

(1)实时仿真(real time simulation) 仿真时钟和系统实际运行时钟完全一致。

(2)超实时仿真(fast time simulation) 仿真时钟比系统实际运行时钟快。

(3)欠实时仿真(slow time simulation) 仿真时钟比系统实际运行时钟慢。

3. 按仿真功能分类

(1)工程仿真(engineering simulation) 主要用于产品的设计、制造和试验。采用建模与仿真技术,建立数字化虚拟样机、工程模拟器、半实物仿真系统等。可以实现缩短产品开发时间、提高产品设计能力、降低成本和环境污染、增加产品知识含量的目标。

(2)训练仿真(training simulation) 采用各种训练模拟器或者培训仿真系统,对操作人员进行操作技能训练、各种故障的应急处置能力训练及对指挥员和管理决策人员的指挥、决策能力的训练,具有节能、环保、经济、安全、不受场地和气象条件的限制、缩短训练周期、提高训练效率等突出优点。

4. 按仿真体系结构分类

(1)单平台仿真(single platform simulation) 以一台计算机、一个仿真对象及相关设备构成一个单平台仿真系统,其任务是利用该仿真系统进行真实设备或系统的设计、分析、试验与评估,或是用于对使用该种设备或系统的人员进行操作技能的培训。

(2)分布式交互仿真(distributed interactive simulation,DIS) 以网络为基础,通过网络技术将分散在各地的人在回路仿真器、计算机及其他仿真设备连接为一个整体,形成一个在时间和空间上一致的综合环境,实现平台与环境之间、平台与平台之间、环境与环境之间的交互作用和相互影响。

5. 按仿真虚实结合程度分类

（1）构造仿真（constructive simulation）　虚拟的人员操作虚拟的设备和系统，例如计算机生成兵力系统、虚拟战场。

（2）虚拟仿真（virtual simulation）　真实的人员操作虚拟的设备和系统，例如飞行模拟器、坦克驾驶模拟器、舰艇操纵模拟器。

（3）实况仿真（live simulation）　真实的人员在虚拟环境下操作真实的设备和系统，例如嵌入式仿真系统。

（4）智能仿真（intelligent simulation）　虚拟人员操作真实设备和系统，例如智能车辆、无人作战飞机。

6. 按仿真对象性质分类

（1）连续系统仿真（continuous system simulation）　对系统状态随时间连续变化的系统的仿真，包括数据采集与处理系统的仿真。这类系统的数学模型包括连续模型（微分方程等）、离散时间模型（差分方程等）及连续 - 离散混合模型。

（2）离散事件系统仿真（discrete events system simulation）　指对那些系统状态只在一些时间点上由于某种随机事件的驱动而发生变化的系统进行仿真试验。这类系统的状态量是由于事件的驱动而发生变化的，在两个事件之间状态量保持不变，因而是离散变化的，称之为离散事件系统。离散事件系统的数学模型通常用流程图或网络图来描述。

1.3　仿真技术应用

随着现代信息技术的高速发展，仿真技术也得到了飞速的发展，在军用和民用领域中的应用更是不断向广度和深度拓展，同时又促进了仿真技术本身的进步。在军事应用领域，武器系统的仿真已经从武器系统研制的局部阶段仿真发展到全生命周期仿真；多武器平台体系对抗仿真已经成为武器装备发展规划及计划制订的依据；体系对抗仿真已成为打赢高技术条件下局部战争的战法研究及大规模部队训练必不可少的手段。在民用方面，仿真技术也得到了广泛的应用，如工业系统规划、研制、评估及模拟训练；农业系统规划、研制、评估，灾情预报、分析系统，环境保护；驾驶模拟训练和交通管理中的应用；医学中的临床诊断及医用图像识别等。

1.3.1　仿真技术在航空航天领域的应用

飞行训练模拟器发展较快，应用也较为广泛，航空集团研制了多型空军战斗机的训练模拟器，而民航大多从国外如加拿大的 CAE 公司、英国的 THALES 公司、美国的 FlightSafety 公司、美国的 Frasca 公司、法国的汤姆逊 FCS 公司进口飞行训练模拟器来开展飞行员训练。由于航空飞行训练要求很高，在仿真逼真度、设备选型方面都处于高端，研制费用昂贵。图 1 - 1 为 CAE 公司为中国国际航空股份有限公司制造的波音 737 全动飞行模拟器。

<table>
<tr><td>(a)飞行模拟器外观</td><td>(b)飞行模拟器内部</td></tr>
</table>

图1－1　CAE公司波音737全动飞行模拟器

1.3.2　仿真技术在船舶与海洋工程领域的应用

1.国外仿真技术及应用现状

(1)荷兰STC

安全培训中心(safety training center,STC)隶属于STC－Group集团。STC－Group分布在荷兰、南非、阿曼、越南、菲律宾和韩国等地,从事海洋职业培训、顾问和作业研究的商业活动,拥有较高水平的模拟器和高技能员工。STC从1995年开始建设模拟系统,可提供海上救生训练、海上通信操练、灾难模拟、船舶遇难应急预案演练、船舶实用技能培训、安全培训、海上高级消防培训、DP(动力定位)培训、ROV(remote operated vehicle,遥控无人潜水器)操作培训、港口及海上起重作业培训、浮托作业方案预演等培训及仿真业务。

STC分两层布置,如图1－2所示,长75 m,宽25 m,占地约2 100 m²,可同时进行多个船舶多个任务的仿真模拟(图1－3),该培训中心仿真模拟室,主要包括全任务航海模拟器、教练员室、轮机室、综合船舶信息显示系统、培训室等。

图1－2　STC布局图

<table>
<tr><td>(a)STC教练员站</td><td>(b)STC航海模拟器</td></tr>
</table>

图1－3　STC教练员室及航海模拟器室

STC 软硬件条件及主要技术特点如下：

①能够提供至少 4 个船舶驾驶人员培训站位，配置高中低档视景显示环境；

②1 套半径 6 m、360°倒圆台幕投影主显示系统，采用 12 台 Barco Sim4 投影仪，两套半径 4 m、200°水平视角的环幕投影显示系统，采用 PD 投影仪，计算机硬件采用较高配置的货架产品；

③配置通用功能面板的驾控台，能满足多种类型船舶的操作培训，如货船、拖轮等；

④基于风洞、水动力试验获得的数据构建风浪流模型，也可输入具体训练项目的模型数据；

⑤采用局域网传输控制协议/网际协议（TCP/IP）实现各模拟器之间的数据通信，船舶运动数学模型解算频率达到 100 Hz；

⑥基于加拿大 Presagis 公司三维视景开发工具 Vega 研发的船舶视景仿真软件。

（2）挪威 OSC

挪威海洋工程仿真中心（offshore simulation center，OSC）是世界上极大的航海模拟培训中心之一，位于挪威奥勒松，于 2004 年成立，合资方包括挪威 Farstad Shipping 公司、英国罗尔斯 - 罗伊斯船舶公司、挪威科技大学（NTNU）、挪威科技工业研究院海洋研究机构（SINTEF Ocean）。该中心可以精确模拟钻井平台复位、下锚、钻探设备装卸相关的复杂操作，提供抛锚、PSV（平台支持船）操作、海底钻机和船舶起重作业，以及甲板作业（system of deck operation，SDO）"船上的教练"和 DP 可视化解决方案及模拟器设备（图 1 - 4）。

(a)OSC　　　　　　　　　　　　　(b)"巨蛋"形全任务模拟器

图 1 - 4　OSC"巨蛋"形全任务模拟器

该中心可提供的业务包括：①允许"全任务"团队训练，整船船员可以参与培训，包括舰桥船员、甲板人员、机房人员、起重机操作员、绞车操作人员等；②整个团队可以进行复杂的操作，包括事故和紧急情况下，连站的船只和岸上应急分队参与；③支持先进的海上安装及各类海上活动，包括救援行动、移动/拖带救助作业等。

该中心软硬件条件及技术特点如下：

①一套具有 360°视野的"巨蛋"形全任务训练模拟器（图 1 - 5），主要用于锚处理和平台支持船作业培训，由操纵椅/控制、推进控制、操舵/仪表设备、绞车椅子/控制、AH 导航系统、雷达、通信（主要为甚高频（very high frequency，VHF））、电子海图、DP 等系统组成。

(a)模拟器内部全景

(b)人员操作图

图1-5 "巨蛋"形全任务模拟器内部

②两套具有180°视野的半球形吊机模拟器(图1-6),可以配置为钻井平台起重机、船上或海上起重机,并可设置甲板人员培训站位。主要由吊机驾驶员座椅(带扶手、操纵杆、按钮和触摸屏)、吊机模拟软件、虚拟视景/3D图形等组成。

(a)半球形吊机模拟器外观

(b)驾驶员座椅及视角

图1-6 吊机模拟器

③多套ROV和轮机模拟器等。

④主要由挪威Marintek研究所和挪威科技大学提供技术支持,负责相关船舶运动数学模型开发。

(3)澳大利亚FSOSC

FSOSC(farstad shipping offshore simulation center)位于澳大利亚珀斯,是世界上最大的离岸仿真中心和集成中心之一,主要由挪威Farstad Shipping公司负责运营,由挪威OSC仿真中心承建,拥有世界先进的模拟设备、模拟技术和最科学的教学方法,并主要服务于澳大利亚石油和天然气领域,致力于成为海洋工程作业培训的领导者和人员与团队的技能培训中心,重点开展基础专业、海洋工程作业(如DP操作、锚处理(图1-7)等)和行业认证培训等工作。仿真中心配备了8套海洋工程模拟器,可以同时为多艘船舶和不同岗位的船员进行培训。该中心能够模拟两个360°舰桥,采用了48台Projection Design F22投影仪,创造了一个高7 m直径15 m的三维虚拟环境。

图 1 - 7　锚处理模拟器

（4）英国 Transas 公司 NT 系列模拟器

英国 Transas 公司生产的 NT 系列模拟器可以为 500 总吨及以上的商船和渔船的值班人员、大副、船长及引航员提供综合模拟训练。目前最新型号为 NT - PR5000 航海模拟器，主要配置包括教练站、四个本船（一个主本船和三个副本船），主本船为七通道 270° 弧形柱面视景，如图 1 - 8 所示，副本船为三通道 120° 视景；系统硬件由综合船桥驾驶台（integrated bridge system，IBS）模块、船舶控制模块、雷达/ARPA 模块、电子海图显示与信息系统（electronic chart display information system，ECDIS）模块、全球海上遇险与安全系统（global maritime distress and safety system，GMDSS）模块、导航仪器模块、视景系统模块、音响模拟模块等构成；软件包括船舶动态软件、三维视景软件、教练监控软件、视景及船模开发软件、实物驾驶台硬件和基于网络分布式处理计算机系统。

该系列模拟器具有丰富的船舶模型库和三维视景库，其三维视景图像更新速率可达 30 帧/秒，图像分辨率高达 1 280 × 1 024，电子海图系统提供所有训练海域的矢量电子海图，具有丰富的船舶模型库（60 多种船舶模型）、丰富的训练海域（中国和世界 60 个重要港口和航道），并可根据用户要求制作新的船舶模型和港区三维视景。Seagull5000 视景系统采用先进的 OpenGL 图形技术，动态实时生成视景图像，包括：本船、目标船、岸上的景物、海浪、自然环境、能见度、明暗度等，可以模拟白天、夜晚、晨昏、朦胧、明朗、淡雾等不同组合场境。

图 1-8　英国 Transas 公司 NT-PR5000 航海模拟器

（5）挪威 Kongsberg 公司 POLARIS 型航海模拟器

挪威 Kongsberg 公司目前已推出 POLARIS 7.0 北极星型大型船舶操纵模拟器，该系统被认为是迄今为止系统最复杂、科技含量最高、用途最广泛的航海模拟器，得到挪威船级社、挪威海事局、俄罗斯联邦运输部、英国海事局和海岸警卫队、美国海岸警卫队、美国运输部等机构的认证。POLARIS 全功能舰桥模拟器如图 1-9 所示。

图 1-9　POLARIS 全功能舰桥模拟器

北极星全任务型船舶操纵模拟器系统硬件由图形工作站、投影仪、屏幕、控制台、显示器、结构电路板、各种操纵和导航硬面板设备等组成；软件包括雷达/ARPA（自动雷达标绘仪）系统、电子海图显示与信息系统（ECDIS）数据库、三维视景数据库、船模数据库、教练站控制软件等。该套航海模拟器由两个教练员站及五个本船构成，主要有以下新功能：①航迹保持自动舵功能，不仅可以由计划航线引导航迹保持自动舵，还可以在多种方式下使用航迹保持自动舵；②船舶自动识别系统（automatic identification system，AIS），可在雷达和电子海图上显示船舶自动识别系统特有的符号，也可显示他船的动态和静态信息；③电子海图信息及显示系统，该系统满足国际海事组织（international maritime organization，IMO）有关 ECDIS 的性能标准，可以叠加雷达回波图像，识别 ARPA 和 AIS 的有关符号和信息，安装了

C－MAP公司的 CM－93 系列全球海图数据库;④拖轮操纵,在本船上安装一套 Z 型拖轮操纵杆,并配有两个拖轮本船数学模型,可用于拖轮培训、拖轮港口论证,以及利用拖轮进行海上搜救等训练。

2. 国内仿真技术及应用现状

在民用领域,我国从 20 世纪 90 年代以来,大连海事大学、上海海事大学等主要海事院校开发了航海模拟器及内河船操纵模拟器,并依托模拟器开展了船员的相关教学和培训。近十年间,海洋石油工程股份有限公司联合相关高校相继研发了起重铺管作业、浮托安装作业等仿真系统,以及用于水下安装作业的支持作业船、ROV 等模拟器,并进行了海洋工程安装工程的仿真应用,对提高现场施工作业指挥人员和主要站位人员的协同水平具有重要意义。

海洋石油工程股份有限公司与哈尔滨工程大学于 2015 年联合研制了我国第一艘深水起重铺管船“HYSY201”起重作业半物理仿真系统(图 1－10)及深水 ROV 模拟器(图 1－11)。HYSY201 船仿真系统主要针对起重、铺管、动力定位、调载、驾驶等作业特点,基于船舶水动力数学模型、动力定位控制、分布式实时仿真等关键技术,可以通过对起重、铺管等作业方案的仿真预演,实现作业方案的可行性与风险评估,提前预报及避免风险;同时可以对主要作业人员进行常规及应急操作仿真培训,提升深水起重铺管船作业团队的施工效率,降低海洋工程作业成本,提高海洋工程作业的安全性和应对风险能力。

图 1－10　深水起重铺管船“HYSY201”起重作业仿真系统

图 1－11　深水 ROV 模拟器

上海海事大学研制的 SMU – Ⅳ型船舶操纵模拟器如图 1 – 12 所示。该系统共配置两个教练员控制台、一个驾驶台模拟本船和四个雷达模拟器本船,主本船采用了 12 通道 360°Barco 投影显示系统。数学模型计算采用了最新的船舶流体力学研究和试验结果,对螺旋桨的有关四象限动力计算的数学处理有所突破,使得端点处及其一定延拓的计算精确可靠;采用 Holtrop 阻力计算方法使得肥大型船舶及球鼻的阻力计算更加精确。视景生成系统利用实时渲染软件 vega prime 进行二次开发,包括景物纹理、海浪效果、雾景和夜景效果等。由于装备了全天候视景的显示,可显示白天与夜间及各种能见度的视景。系统配备了一套较为完整的驾驶台设备,可以更为直观地模拟和显示船舶在海上或港口航行及操纵情况。

图 1 – 12　SMU – Ⅳ型船舶操纵模拟器

大连海事大学的 Dragon 3000 大型船舶操纵模拟器主要由一个教练员站与多个本船组成,分别位于几个不同的房间中,每个本船按船舶驾驶台式样布局,主本船采用 12 通道 360°宽视场角圆柱面环幕投影视景,可以达到无缝拼接,如图 1 – 13 所示;副本船的视景系统则用三个 34 英寸显示器镶嵌在"驾驶台"的前窗部位,整个系统各微机间通过网络相连接。

图 1 – 13　大连海事大学 Dragon 3000 大型船舶操纵模拟器

　　视景系统采用个人计算机加高性能三维图形加速卡的方案,图形卡选用了 nVidia 的 Geforce 6800 Ultra,视景驱动采用实时视景管理软件 OSG 编写,视景库采用 Multigen Creator 三维实时建模环境创建。该系统三维视景的天空、海水及本船船首采用纹理映射技术,图像清晰、逼真。目标船的桅灯、舷灯、艉灯的能见距离、灯光的光弧范围能够按照国际海上避碰规则的要求进行显示。视景系统可模拟船舶在风浪中的纵摇、横摇。模拟器的主机通信软件主要实现传送和接收以下的控制和显示数据:左、右车钟控制信号;当前风速及风向;航行灯的状态;当前舵角;舵角、舵转换开关的控制信号;显示当前主机转速、舵角(仪表)、左右车速、船速及水深等。

第 2 章　基于仿真系统的海洋油气工程作业风险防控关键技术与目标

2.1　深水大型海上油气工程作业风险防控目标

提高工业工程的安全可靠性,完善其功能,实现经济效益,确保安全生产和环境保护的高度统一是现代化工业的必然趋势。这就要求设计、建造、施工和管理等各个环节,必须从经验管理走向科学的风险管理。进行风险分析的目的就是实现风险控制和风险管理。它是将工程项目的综合经济指标、安全指标、环保指标和可靠性达到完美统一的重要手段。

风险评估就是应用工程管理理论、经济管理理论、系统分析理论和工程理论对评价对象进行系统分析,找出其薄弱环节及影响因素对风险事件和系统风险值的影响关系;针对系统的风险状况,采取相应措施,将风险概率与相应的人身损失、经济损失和环境破坏控制在可接受的程度或水平上。这项工作对提高项目的风险管理水平,具有十分重要的意义。

海洋工程作业具有技术复杂、投资大、作业环境恶劣、施工难度大、随机因素多等特点,为了保障海洋工程作业安全,减少海洋工程作业风险对经济、社会、环境的不良影响,有必要对海洋工程主要作业步骤进行风险识别与分析。

海洋工程作业过程涉及大量的工程设备,作业时间长,面临的风险源众多,而仿真系统不可能将海洋工程作业中存在的风险源一一进行模拟,这将耗费大量的资金和时间,也会增大仿真系统研发的难度。因此,在仿真系统中如何合理选择海洋工程作业仿真的科目,将直接影响整个仿真系统后续的研发。而通过对海洋工程作业风险分析进行研究,全面辨识海洋工作作业中存在的风险源,经过分析可得到各风险源的风险值排序,重点对风险值较大的风险源进行仿真,而对于可忽略的风险源在仿真系统不进行体现,这将大大提高仿真系统的工作效率和经济性。因而对海洋工程作业风险源的识别与分析研究,对仿真系统仿真科目的选择具有重大的指导与参考意义,是仿真系统研制的基础及不可省去的必要研究部分。

在对海洋油气工程作业风险进行分析和评估的过程中,依据风险事件的风险值由风险事件发生的概率和相对应后果两大风险要素构成的这一基本概念,针对该过程中的风险因素具有随机性和模糊性的特点,应用相关技术理论、数学理论和方法,查阅国内外相关文献,完善适用于海洋工程作业的系统风险评估模型。始终坚持把实施方案和有关设计文件作为风险分析的基础资料,并在此基础上进行较全面的调研,参考类似工程实际相关资料;应用风险分析理论和相关技术理论,对目标作业过程风险源、风险因素、风险事件及其相互影响进行分析和识别。根据风险值计算结果,结合工程特点和可利用的资源,提出应该实施控制的风险因素和相应的控制措施,为一线工程施工作业提供合理有效的参考意见,在最关键的失效路径上切断事故发生的源头,保障工程作业安全顺利进行。

2.2　海洋油气工程海上作业仿真关键技术

2.2.1　深水大型海上油气工程海上作业风险分析技术

海洋工程海上作业具有技术复杂、投资大、作业环境恶劣、施工难度大、随机因素多等特点,因此全面地识别风险源并进行风险分析,并与工程实际相结合是技术的难点。

首先,对海洋工程作业工作流程及采用设备进行调研,参考海洋作业历史事故记录,分析海洋工程作业过程中可能存在的事故或后果。按照故障树分析方法的一般流程,全面、系统地辨识海上工程作业中的故障模式及其引发的风险后果,并层层深入,挖掘各种事故模式的深层次原因,查找工程作业中的基本风险因素。分析导致作业事故的主要原因,从设计、设备故障、人员操作、组织管理、环境控制五个方面入手,归纳整理出导致作业事故的风险源,并按照风险源及中间事件中的相互关系,即布尔运算关系,构建风险故障树,为定性或定量的风险评估过程提供确定的拓扑结构关系和运算的标准。

针对已建立的风险故障树,采用基于模糊的风险评估方法,结合海洋工程领域内的专家经验及工程数据库中的基础资料,对每个基本风险源的发生概率和发生后果进行模糊综合评价,定性与定量相结合,得到基本风险源的风险评价等级结果。针对事故树中的每一个中间事件乃至上层顶事件,按照布尔运算的计算原则,逐次计算每个上层事件的风险等级结果,并最终确定顶事件的风险等级数值。

风险源是导致顶事件发生的最基础因素,控制顶事件发生最有效的方式是按照基本风险源对顶事件风险的贡献进行数值排序,对贡献较大的风险源进行有效地控制,根据一定的可接受准则,最大程度上降低顶事件的风险。

风险评估结果是重要的参考资料,凝结了多位专家的宝贵经验,需要像对待真实的事故案例一样重视每一次风险评估结构的收集和管理,为以后的工程应用积累宝贵的过程财富,海洋工程作业风险分析技术路线如图2-1所示。因此,需要在风险分析的基础上,整合作业风险源及风险分析结果,设计开发海洋工程作业风险源数据库。海洋工程风险数据库管理系统采用数据库技术,结合 Java 编程语言,采用浏览器/服务器(B/S)模型,利用 Web 网页登录,设计风险管理相关网页界面,实现对风险信息数据的管理。从而为海洋工程作业重点不断积累经验,提供风险预防控制措施,为保证海上工程作业安全顺利进行提供重要参考。

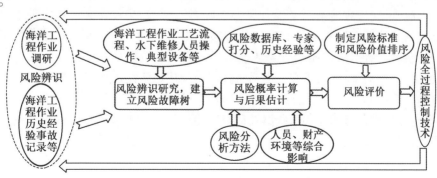

图2-1　海洋工程作业风险分析技术路线

2.2.2 海洋工程海上作业仿真系统总体设计技术

海洋工程海上作业主要包括装船、运输、海上安装、运维、拆除等过程的施工作业,涉及钻井平台、生产平台、铺管船、起重船、ROV 等多种装备,每种装备又主要由浮体、推进、主机、吊机、锚机等系统组成,专业分工细,专业性强,协同作业程度高,对作业全过程的仿真技术提出了较高要求。

海洋工程作业仿真系统总体设计是综合船舶及海洋结构物运动响应建模与仿真、机械动力学、自动化控制、计算机仿真、虚拟现实、网络通信等技术的系统工程。该系统是以数学仿真和可视化显示为主,采用开放式的分布交互体系结构、先进的高性能计算机系统、完善的软件工具和支撑软件环境、实时网络、计算机成像显示系统的集成综合仿真平台。系统软硬件组成复杂、耦合紧密、集成度高,由多个能够独立运行的仿真子系统组成。海洋工程作业仿真系统总体设计技术研究主要针对系统与各子系统或各个单元之间的关系及各方面的要求进行全局性的综合与协调,重点包括总体框架、运行流程、系统功能、数据交互等内容,使全系统能够同步协调运行,确保仿真与真实世界海上施工的一致性。

2.2.3 系统数据标准与通信设计

海洋工程作业仿真系统数据标准化是仿真系统最根本、最基础的基石性工作,数据标准化的工作要着眼于仿真系统的总体规划与需求,数据标准化的工作做得好,会为后续的数据分类、数据协议编制打下良好的基础。但数据标准化是一项不容易开展的工作,最极端的情况是在数据标准化的过程中发现仿真系统设计与规划的不合理,如果因此导致仿真系统设计与规划变更,将会延长开发周期,带来经济上的损失。

通常来说数据标准的设计包含数据格式与数据标准化过程。数据格式规定了在系统或应用程序之间交互需要遵守的规则;数据标准化过程是将系统或应用程序的数据规范化形成数据协议。遵循数据格式的规则才能保证仿真系统中的应用程序可以正确地理解互相发送的数据;通过数据标准化过程,应用程序才能保证对数据的理解没有歧义。这两点要素是保证仿真结果正确的必要充分条件。

数据格式的设计应满足两个要求:非持续性与无状态。非持续性指一个完整的数据包可以用单个持续的网络连接进行传送;无状态是指协议对于数据的处理没有记忆能力;对于每个数据请求都没有上下文关系;每次请求都是独立的,它的执行情况和结果与前面的请求和之后的请求无直接关系,它不会受前面的请求应答情况直接影响,也不会直接影响后面的请求应答情况;数据发送者没有保存接收者的状态,接收者必须每次带上自己的状态去请求数据。这两点保证了每次数据的传输都是完整、独立的,这将对简化日后通信设计编程的复杂度。数据格式还应分为请求与响应报文。数据格式的设计需要分为三个部分:数据帧头、数据类型、数据正文。下面将详细地叙述如何设计这三个部分。

数据帧头应当包含有关当前数据包的属性信息,例如数据包发送者和接收者、数据包长度、数据包完整性校验码等。这些属性信息应当保证接收者可以校验数据包的来源及传输过程中数据是否丢失。一个推荐的帧头属性字段定义见表 2 - 1。

表 2 - 1　推荐的帧头包含属性字段定义

Source	发送者标识
Destination	接收者标识
HeaderLength	帧头长度
CRC	数据完整性校验

数据类型应将数据包分为请求或响应。请求报文应有指令说明字段,用以区分请求的列别。例如请求获取数据,或者主动发送数据。如果是请求数据则需要指明要获取的数据,假设请求数据的指令为 GET,则要获取驳船的对地航速为

GETSHIP/SOG

响应报文则是对应请求报文的答复。响应报文应包含协议版本字段、状态码与相应的状态信息、响应报文的日期时间等。推荐的响应报文提供的信息见表 2 - 2。

表 2 - 2　推荐的响应报文提供的信息

Status	状态码
Data	响应时间
LastModified	数据最后修改时间
ContentLength	报文长度
ContentType	文本类型

Data:指示发送该响应报文的日期和时间,指发送者从检索到该数据,生成响应报文,并发送该响应报文的时间。

LastModified:相应数据最后修改的时间。

ContentLength:指示被发送数据的字节数。

ContentType:指示该数据的编码方式。

不同的数据类型决定了数据正文的内容,请求报文内容可能是主动发送的数据;响应报文是应答数据的内容,这些都是根据数据类型而决定的。如果数据正文包含了参数数据,建议以键值的方式指明参数的数据类型,例如 {speed:double,12.2},阐述了一个名为 speed 的 double 类型值。

在对数据的编码中,通用的编码方式可以提高仿真系统的通用性和扩展性,这显得极为重要。为此通常建议使用 UTF - 8 作为字符编码,并采用 ASCII 作为编码方式,用于增加可读性。对数据正文序列化以便文件存储和网络传输。

数据的标准化过程是把仿真系统中的应用程序的数据进行分类与提取,将其他应用程序作为输入参数的数据提取出来。对每个数据定义名称、类型、占用字节、物理意义等,确保每个应用程序对于这些数据的理解没有歧义。在标准化过程中,需要与不同的应用程序开发者进行沟通与协调,要确保每个人对仿真系统的业务有着一致的理解,提取的数据应切实地符合需求,根据经验,带有预留想法而提取的数据在日后往往使用不到。

仿真系统的通信设计是基于系统规划进行的高层工作,清晰、合理的系统规划是建立低耦合、层次分明的通信协议的基本必要条件。通信设计是以仿真子系统进行互操作为目

的进行的工作,也是进行作业仿真的基础工作。通信设计要从仿真剧情与仿真目的入手,结合系统规划从而获得一个定义明确、没有歧义的数据协议。要以编制数据协议为主,进而开展数据分类、数据编码、数据流向等工作内容。数据协议是仿真子系统互操作的必需内容,协议中阐明仿真子系统数据的输入输出,并定义数据变量的编码方式、有效值范围、数据含义等内容,这样可以确保每个仿真子系统对数据理解的一致性。数据分类是指通过对仿真剧情分析,建立由参与者、物品、动作组成的业务模型,依照业务模型建立概念模型,最后由概念模型提取计算机编程语言所能理解的数据结构。

通信设计要满足两点:可靠性和实时性。可靠性是指数据必须完整有序地送达接收者。对于需要可靠的网络传输的通信设计通常都会选择 TCP 协议作为通信方式。实时性是指要在规定的时间内完成数据的发送与接收。实时性对于仿真系统是很重要的一点,它会直接影响到仿真的逼真程度和系统的性能指标。但这实现往往又是困难的,因为复杂的网络链路与网络中各异的网络设备都将会导致数据传输的延迟。为此我们建议设计紧凑的数据结构以降低网络负载,并避免单个数据过长带来的 IP 分包的性能消耗。

通信设计也建议采用无状态的方式,即每次通信都不依赖上一次的通信,也不会影响之后的通信。这样的好处是会迫使每次的通信都完成一个动作,而不会出现因为网络异常导致一个动作处于未完成的状态而致使仿真系统处于不确定的状态或者需要进行操作回滚;当每次都完成一个动作,网络发生异常时就不会有数据或应用程序处于不确定的状态,这时只需完成网络故障处理即可,减少了编程的复杂性。

2.2.4 海洋环境模拟技术

海洋工程作业由浅海逐步走向深海,受作业环境影响更为明显,作业船舶、装备及设备常曝露于恶劣的气候条件、环境条件下,对海上施工的安全性提出了挑战。

1. 研究目的

海洋环境的特殊性使得船舶、海洋平台等主要海上建筑物在作业过程中面临着环境条件复杂多变、技术要求难度高、设备数量多及种类繁杂等众多困难,导致海洋工程安全事故频发。因此,对海洋工程进行安全性模拟仿真是工程中必不可少的环节。本书针对海洋油气工程海上作业时所面对的海洋环境进行实时仿真,尽可能真实地模拟海洋环境,为海洋油气工程的海洋作业提供环境仿真支持。

海洋中的海洋平台和船舶等受到海洋环境载荷的作用力,海洋油气作业的主要环境载荷包括海风、海浪和海流等。选取海洋环境中的三大主要环境因素,即风、波浪、海流作为研究和模拟对象。通过对这三种载荷的模拟仿真研究,建立海洋环境模型,对实际工作的海洋结构物进行安全仿真模拟。

2. 研究背景及意义

我国拥有广阔的领海,特别是我国的南海地区蕴藏着丰富的海洋油气资源,探测到的石油储量已超过 230 亿吨。因此,为了海洋油气资源的开发需要,我国在沿海建造了各种类型的海洋平台,由于平台结构大多数都是固定在海上长期工作,无法避开海上恶劣的风浪等的侵扰,从而对海洋风和浪等环境条件的预报提出更进一步的需求。除了常规工作条件的环境数据外,还需要对极端海情的风、浪要素进行预报模拟。

海浪作为海洋中的重要运动现象,在海洋学和海洋工程中都起着极为重要的作用。海浪运动对人类在海上和近岸活动有巨大的影响。海浪和海风因在时间和空间上都具有不规则性和非重复性,相比于其他自然环境,对海洋风浪的模拟更为复杂和困难。本书从海洋学已有的统计观测结果出发,应用随机海浪频谱和风谱等建立海浪的三维随机波面数学模型,并考虑大风引起的卷浪、海流等的叠加效果,对于实际工程应用具有良好的预报和分析作用。

由于海浪具有明显的随机性、不确定性和复杂性,所以目前对于海浪的描述一般采用随机海浪理论。通过随机过程理论分析给出各种情况下海浪运动的统计特征。现有的海浪模拟方法大致分为三类,分别为基于物理模型法、基于几何建模法和基于频谱统计法(基于波浪谱法),下面对不同方法进行介绍。

(1)基于物理模型法

基于物理模型的建模方法是求解流场的 N - S 方程,N - S 方程组可以描述任意时刻和位置的流体运动特征,用求得的方程组数值解来得到海洋表面形态,对水中各质点的运动状态进行计算,从而对波浪进行数值模拟。该方法是在给定初始条件和边界条件下进行计算和模拟,因此它所生成的海浪形状非常接近真实的物理现象,但是方程组属于偏微分方程组,求解过程复杂,当前国内外在这一方面的研究主要集中在如何快速稳定地求解 N - S 方程。对 N - S 方程的求解方式也有所不同,Foster 使用有限差分法进行近似求解,Kass 用简化的数值方法近似求解。

目前对于物理模型模拟波浪的另一个研究方向是建立数值波浪水池,以 N - S 方程为控制方程,采用流体体积函数(VOF)法捕捉自由面并进行波浪的模拟。构建的数值水池一般都必须具有完整的造波系统和消波系统,从而实现不同类型波浪的模拟。尽管基于物理模型的波浪模拟适用范围较广,但是需要求解大量的偏微分方程,求解难度大,一般都要通过计算机编程实现,求解要求较高、计算量大,效率低、实时性差,数值波浪水池的研究还不是很成熟,如何精确追踪复杂自由表面、有效地实现造波和消波及提高计算精度和收敛性等仍然是核心问题。

(2)基于几何建模法

基于几何模型的构造方法是根据参数方程和构造函数,通过构造函数或图形纹理的方式,进行高度场建模,主要包括凹凸纹理映射模型、Perlin 噪声模型、Gerstner-Rankine 模型、Stokes 模型和 Peachy 模型。其中,Perlin 噪声模型是不同频率的噪声函数叠加,Johanson 通过噪声值进行水面高度场建模。该方法适用于小面积海面的生成,生成的海浪过于随机,无方向性,视景效果逼真。Gerstner-Rankine 模型适于深海建模,在图形学中该方法用于水波模拟,形状比较真实、计算量不大,也是非常典型的非线性随机海浪模型。

该模型追求的是视觉效果上的相似,在物理因素上与海洋没有必然的联系,因此一般计算过程简单,能够满足系统实时性要求,但缺点是大多数基于几何构造的海面形态真实感较差。

(3)基于频谱统计法

基于频谱统计法也就是基于大量波浪统计数据回归的海浪谱的方法,这一模型的前提是短时间内将海浪看作一个平稳正态随机过程,海浪的能量与频谱的表达形式被定义为海浪谱。对某一海域的仿真研究就可简化为对该海域一定的时间段内任意一点的统计特性的研究和仿真。在此基础上进行的波浪特性分析就是对它进行谱分析,即用谱函数来描述海浪的能量相对于波浪频率、波浪传播方向其他独立变量的分布规律等。

典型的海浪谱有 Neuman 谱、P - M 谱、ITTC 参数谱、JONSWAP 谱、Torsethaugen 双峰

谱、文氏谱等,不同的海浪谱适合的海域环境和海浪状况不同,选取合适的海浪谱进行波浪的仿真也是波浪模拟中的重要环节。频谱模型利用已有的海浪谱和合适的波浪模型,然后通过快速的傅里叶变换(FFT)算法,就可以得到一个和海浪谱分布相似的海浪高度场,由此仿真得到的海洋环境不仅为海上油气作业安全限界提供参考,还为其提供了一个仿真的作业环境。

3. 主要研究内容

本书将采用数值模拟技术对海洋环境的三大主要因素进行分析建模,包括建立三维海浪模型并进行数值模拟;利用简谐波叠加法模拟风谱的方法建立三维海风模拟;以及建立由风和海水密度的差异引起的海流的模拟。

本书主要内容如下:①论述本书的研究目的、背景和意义,确定报告研究内容和技术方案。②论述我国的海洋环境模拟现状及进展。③波浪随机性变化及各时刻波浪状态的模拟。基于P－M谱、ITTC双参数谱和JONSWAP谱进行海浪模拟研究比较,并对比三种海浪模拟方法的优缺点设计波浪模拟的需求,选取合适的模拟方法,使得模拟效果更加真实地再现海洋波浪。同时开展了典型的双峰谱的波浪数值模型研究,分析了风浪、涌浪与风谱的关系,并模拟出了基于等频率划分法的波浪高度场。④基于风场的基本特性,建立平均风速的对数模型,利用简谐波叠加法模拟风谱的方法基于API谱建立了脉动风场模型,并对不同风速下的API谱和NPD谱进行了比较。基于平均风速和脉动风速模型建立总风场的模型。⑤根据风力的大小和海水密度引起的海水流动进行论述,采用FACOM模型对潮汐潮流进行模拟。

本书从主要海洋环境的组成成分进行模拟,对海浪、风场和海流进行模拟,力求为海上油气工程作业提供真实的工作环境,仿真模拟的具体技术方法在2.2.5节会进行详细介绍。

4. 技术方案总述

总的技术思路如图2－2所示。

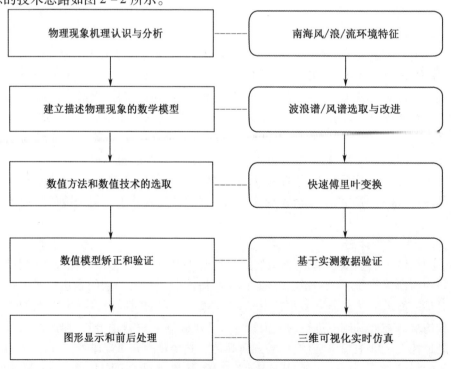

图2－2 技术思路

围绕上述内容,采用的技术方案如图 2-3 所示。

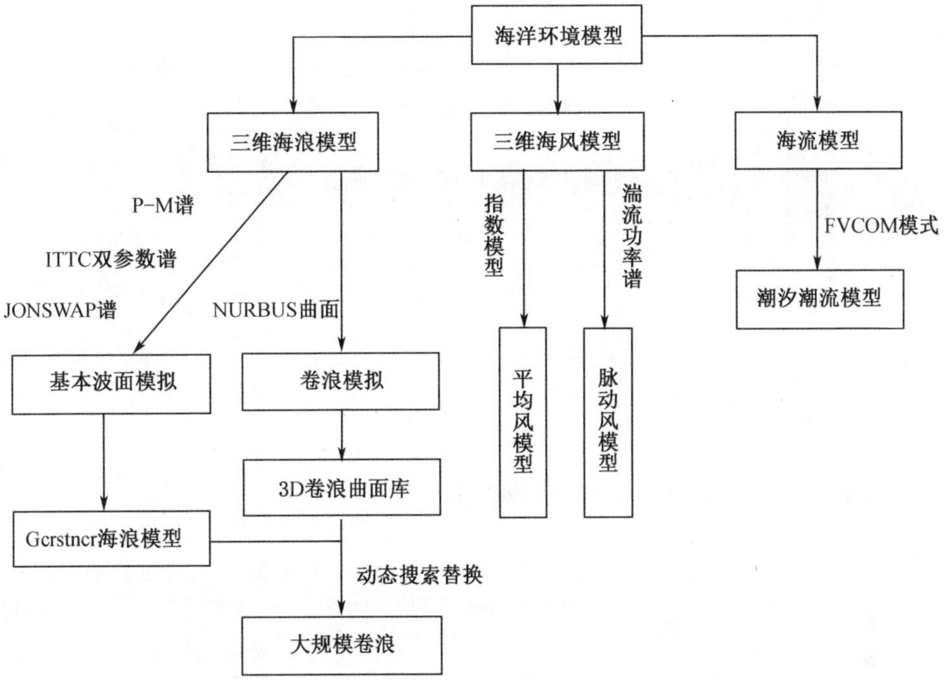

图 2-3　技术方案

5. 我国海洋环境模拟现状

(1)海浪模拟研究现状

由于海浪具有明显的随机性、不确定性和复杂性,所以目前一般采用随机海浪理论来描述海浪。通过随机过程理论分析给出各种情况下海浪运动的统计特征。现有的波浪模拟方法有三种,分别为基于物理模型法、基于波浪谱法和基于几何构型法,表 2-3 是几种方法的简要介绍。

表 2-3　主要波浪建模方法介绍

序号	主要波浪建模方法		主要参数	适用特点
1	基于物理模型法	N-S 方程	数值方法求解流场	适用范围较为广泛,但是计算量非常大,效率很低,实时性差
2	基于波浪谱法	Neuman 谱	风速	半经验半理论谱,适用于充分成长的波浪
		P-M 谱	风速	北大西洋,模拟成长充分的波浪
		Bretschneider 谱	风速、平均周期、平均波高	未限制风浪成长状态
		ITTC 单参数谱	有义波高	北大西洋充分发展的海浪
		ITTC 双参数谱	有义波高、波浪周期	适用于充分发展的海浪,也适用于成长中的海浪或含涌浪成分的波浪

表 2 – 3（续）

序号	主要波浪建模方法		主要参数	适用特点
2	基于波浪谱法	JONSWAP 谱	Phillips 常数、重力加速度、谱峰频率、谱形参数、谱升高因子	基于北海实测数据，适用成长中的浪，台风影响下成长波浪
		Torsethaugen 双峰谱	四参数（有义波高、波浪周期）	基于挪威水域数据，可以模拟风浪和涌浪
		Wallops 谱	谱峰频率、谱零阶矩	描述波浪发展、成熟及衰减情况
		文氏谱	能量平衡法和谱方法	可表示充分成长、成长状态中的波浪
3	基于几何构型法	正弦函数	单参数	形状过于简单，描述细节时增加大量计算
		Gerstner 波	尖锐度、波长、振幅、自变量	图形学中用于水波模拟，形状比较真实、计算量不大
		Perlin 噪声函数	不同频率的噪声函数叠加	适用于小面积海面的生成，生成的海浪过于随机，无方向性，视景效果逼真

（2）风场模拟研究现状

风场模拟研究在海洋环境模拟研究和预报中起着关键性作用。在自然界中，实际的风速和方向都是随时随地变化的，由于空气流动而在海面上形成的阵风可以被认为由两部分组成：平均风速和脉动风速。平均风速可以根据风速的长期统计资料进行计算，脉动风速可以被看作平稳高斯随机过程，根据其功率谱函数进行时域脉动风速时程的数值模拟。

经过几十年各国学者的努力，目前无论是稳态或非稳态，均匀或非均匀，一维或多维，单变量或多变量，高斯或非高斯随机过程都提出了一系列的模拟方法，但归纳起来，主要有三类。第一类是利用三角函数叠加的谐波合成法（WAWS）；第二类是基于数字滤波技术的线性滤波法，如自回归算法（AR）、移动平均算法（MA）及自回归移动平均算法（ARMA）等；第三类是利用小波在时域和频域上同时具有良好局部化特性，采用离散小波逆变换重构风速时程。谐波合成法和线性滤波器法在这一领域应用得最广。

其中，谐波合成法是一种利用谱分解和三角级数叠加来模拟随机过程样本的传统方法。目前，由于模拟时间较长，风场的模拟大多是简化成一个一维 m 个变量的高斯平稳随机过程 $g(t)$，将目标谱密度近似考虑为实数形式。

（3）海流模拟研究现状

中国近海的环流结构非常复杂，它受海域上空的季风场、沿岸河流的入海量、黑潮、潮流非线性效应和海区的轮廓、地形等多种因素的共同作用。而海流过程大都是非线性和不稳定的，由于渤海、黄海、东海和南海环流的格局上就有差异，在数值模拟的研究中一般分别进行讨论。

早期渤海的数值模拟研究主要局限在二维环流方面，Zhao 等较早地应用三维模式对渤海环流进行了数值模拟，其后陆续有许多应用三维模式模拟了渤海环流。黄海和东海的环流系统主要受到下列因子的影响:黑潮、长江冲淡水、潮波系统和气象条件等。迄今,有关中国东部海域陆架环流的数值模拟可分为二维正压模式、三维正压模式和三维斜压模式。早期黄海、东海的数值模拟研究主要借助于二维正压模式。如 Fang 等重点研究了黄海暖流的路径和来源。南海环流的数值模拟开始于 20 世纪 80 年代。早期研究方法及结果主要有:用 β 平面的风旋度两热两盐梯度模式,研究了南海北部冬季逆风海流。随着研究的深入,有不少研究更加详细地描述了南海的环流状况,并试图分析其动力学机制。许多数值模拟结果都显示南海的西边界流——南海暖流流向为西南,并且流经越南沿岸时部分西边界流离岸向东北流出,构成了南海北部气旋式环流。

近年来不断丰富的海洋观测数据给数值模拟提供了良好的条件。开展的多次海上观测不断地揭示出新的海洋学现象;高精度、高分辨率卫星遥感资料的大量采用也使我国海洋学研究达到了一个新的高度;大量的模式研究和模拟试验为揭示环流形成和变异的动力机制及环流的预测、预报提供了数理手段。

2.2.5　海洋工程装备水动力数学模型与作业运动响应仿真技术

在海上施工作业过程中,经常需要多浮体进行联合作业,如铺管、ROV 水下支持、双船浮托、他船旁靠系泊、拖船拖航等,浮体与浮体之间的风、浪、流的屏蔽效应,以及各浮体间的水动力相互作用,使得各浮体的绕射力和辐射力不同于流场中单个浮体的情况,浮体间会呈现相当复杂的运动学和水动力学特性,如何构建作业过程中的数学模型是该领域仿真的难点和重点。

海洋工程作业仿真系统必须对船舶及海洋结构物的运动做出正确的描述,建立能够反映浮体运动的特征、变化规律及本船与其他实体相互作用关系的水动力运动数学模型与运动响应模型。一个错误的数学模型将给作业人员错误的信息反馈,其结果是颠覆性的。因此,运动模型是关系到仿真系统研制成功与否的关键,是衡量仿真系统逼真度的核心指标。涉及的核心问题有两个:一是模型的准确性;二是模型解算的实时性。两者均有相当大的难度。

高精度的船舶运动数学模型是高品质航海模拟器行为真实感的重要要求之一,为此开发了六自由度的船舶运动数学模型,其中包括船舶水平面运动数学模型和垂直面运动数学模型。从船舶原理的角度看,前者属于船舶操纵性预报的范畴,而后者属于耐波性预报的范畴。船舶操纵性预报的方法有自航模试验、经验方法及船舶操纵数学模型,其中利用船舶操纵数学模型预报操纵性在 2002 年 IMO 颁布的《船舶操纵性标准》中得到认可。该方法基于约束船舶模型试验得到的水动力参数,通过计算机仿真技术而实现,然而对于高品质航海模拟器来说,船舶操纵运动数学模型除了能够进行船舶操纵性的预报外,还需要实现船舶操纵的具体科目,如靠离泊码头、狭水道航行、大风浪航行、锚泊作业等。

目前船舶操纵数学模型可以分为两大类:一类是水动力型,其下又分为整体型数学模型和分离型数学模型;另一类是响应型,其下又分为二阶响应型数学模型和一阶响应型数学模型。其中分离型模型具有如下优点:数学模型中的各项具有明确的物理意义;能够方便地求得数学模型中的各项参数;对船舶操纵运动模拟具有较高的精度;尤其是便于采用模块化设计实现多种船型、多种船舶操纵作业模拟的需要。

第3章　深水大型海上油气工程
作业风险分析技术

3.1　深水大型海上油气工程作业风险源
识别与分析理论概述

深海大型油气田开发,是提高我国能源供给,保障国家安全的需要,也是我国"海洋强国"战略的题中之意。进行油气田开发工程,涉及巨大的经济投资、人员安全、环境保护和社会影响等诸多方面。恶劣的海洋环境、严苛的技术要求、复杂的工程系统,给油气工程开发带来诸多挑战和不确定性。深水大型海上油气田开发更是一种高投资、高技术、高风险的工程类型,重视工程开发过程的安全隐患,全面辨识各种工程作业中的风险因素,对于保障油气开发的安全顺利进行具有重要意义。

深水大型海上油气工程作业的风险源识别与分析理论研究是针对各类工程作业中的工艺流程及关键技术,挖掘潜在的工程实际与设计的偏差,评估这些偏差出现的可能性及其引发的不良后果,进而针对性地提出改进措施,从技术和管理等角度提高工程作业的安全性。

本节对深水大型海上油气工程作业风险源识别与分析的流程做了总结,分别介绍了事故树分析法、模糊层次分析法及模糊综合评价法,建立了深水大型海上油气工程作业风险评估体系。

3.1.1　事故树分析法

1. 事故树分析法的发展

第二次世界大战后,随着军事技术装备的日趋复杂和先进的电子计算机、核电站、航天及通信系统等大型设备、复杂系统的不断涌现,向科学界提出了新的挑战。由于其技术要求高、验证周期长、客观上不允许发生严重事故,在验证设计过程中也应尽量避免重大反复和失败。这就要求必须有一整套科学的方法,将可靠性问题贯穿于验证、生产、使用和维护的全过程。

1961 年,美国贝尔实验室的 Watson 博士首先将事故树分析法(Fault tree analysis,FTA)应用于民兵导弹系统的可靠性研究中。1965 年,Haasl 等人在由波音公司和华盛顿大学组织的一次学术年会上提出 FTA 的明确概念,引起了学术界的高度重视,推动了它的发展。Fussel 认为,这是 FTA 作为一种系统分析工具在航空、核能、化工及其他工业部门广泛应用的开端。1974 年,由美国麻省理工学院的 Rasmussen 领导的科研小组发表了著名的WASH－1400 关于压水堆事故风险评价报告的核心方法便是事件树分析方法的报告,在工业界产生极大的震动。1977 年 Lapp 和 Powers 提出了非单调关联事故树(Noncoherent FT)模型,并开拓了计算机自动建树的新方法,再一次把 FTA 研究推向高潮。目前,事故树分析法已从宇航、核能进入一般电子、电力、化工、机械、交通乃至土木建筑等领域,科学工作者和工程技术人员越来越倾向于采用 FTA 作为评价系统可靠性和安全性的手段,用 FTA 来预测和诊断故障,分析系统薄弱环节,指导运行和维修,实现系统设计的最优化。在系统设计过程中,通过对可能导致系统失效的各种因素(包括硬件、软件、环境、人为因素等)进行分析并绘出相应的事故树,从而确定系统失效原因的各种可能组合方式及其发生的概率,以便计算系统失效的概率并采取相应的纠正措施,提高系统的可靠性。

FTA 是适用于大型复杂系统(如深水结构、航天、网络服务器等)的分析安全性与可靠性的重要方法。它规定了许多逻辑门和事件,并以图形的方式表示各事件之间的逻辑关系。管理人员通过分析事故树模型,寻找系统中易失效的模块并对其进行改进,从而提高整个系统的安全性和可靠性。

但是,传统的静态事故树(Static fault tree,SFT)基于静态逻辑和静态失效机理,其顶事件仅仅通过底事件的逻辑组合(即最小割集)描述出来,而不具有动态的行为特点。因此,由此衍生出来的分析方法(Static fault tree analysis,SFTA)不适用于某些工程中具有动态特征的系统,如依赖于底事件发生顺序的顺序相关门系统、故障点具有动态随机性的容错系统、部件失效率不连续变化的备件系统等。

为了克服这些问题,1992 年 Virginia 大学的 J. B. Dugan 教授针对太空空间站等复杂系统,提出了动态门的概念,借助这些动态门来分析动态系统,并首次提出了动态事故树(Dynamic fault tree,DFT)的概念,联合传统静态事故树理论和 Markov 理论提出了动态事故树理论,它可以更加灵活、准确地描述动态系统。

为了避免将 Markov chain 应用于整个系统时会引起状态空间组合爆炸的问题,J. B. Dugan 教授提出了对动态事故树进行模块化的思想,以加强计算效率。虽然在一定程度上缓解了情况,但并没有从实质上解决问题。随后,由 J. B. Dugan 教授领导的研究小组开发了"DIFtree"软件,它采用 Modular approach 并通过联合法求解大型动态事故树。

2000 年,东京大学的 W. Long 等研究了事故树分析中具有顺序失效方式的定量分析问题,并提出了一种分析顺序失效方式的概率模型,最后导出了输出事件发生概率的多重积分公式。弗吉尼亚大学的 Yong ou 研究了在 Markov 状态转移链中如何求解系统部件的重要度的问题,并求出了部件结构重要度的解析解;于 2003 年提出了无环 Markov 模型的近似重要度分析方法,可以减缓分析 Markov 链时状态空间组合爆炸的情况。

然而在进一步研究的过程中,Markov 模型的缺点逐渐暴露出来,即在面对大规模的系统时会出现状态空间组合爆炸的问题。因此,人们将研究重点倾向于避开 Markov 模型,寻找新的能简洁且精确定量计算的分析方法。

2001 年,印度的 Girish 提出了一个叫作时序事故树的概念,他通过加入时间发生顺序并增加动态事故树的符号来描述事件和故障之间的时间关系,并使用线性时序逻辑分析理论对动态事故树进行求解。

2003 年,Relxa 软件公司的 Suprasad Amari 等人提出了一种新的方法。它不是和传统方法一样将动态事故树转化为 Markov 链,而是利用梯形面积的积分公式来近似求解顶事件的故障概率,在领域内得到了广泛的认可和应用。

2004 年,弗吉尼亚大学的 Zhihua Tang 提出了一种通过消零二元决策图来分析动态事故树最小割序以求解顶事件故障概率的方法,避开了 Markov 模型的使用。

2. 事故树基本概念

事故树分析法是在一定条件下用逻辑推理的方法,即通过对可能造成系统故障的各种因素(包括硬件、软件、环境、人为因素)进行分析,由总体至部分,按树枝状结构,自上而下逐层细化,画出逻辑框图(即事故树),从而确定系统故障原因的各种组合方式和发生概率,并采取相应的改进措施,提高系统可靠性的分析方法。它是可靠性工程的重要分支,是目前国内外公认的对复杂系统安全性、可靠性分析的一种实用的方法。

事故树分析把系统不希望发生的事件(故障状态)作为事故树的顶事件(top event),用规定的图形符号(事件符号与逻辑符号,包括与门和或门)来表示,找出导致这一不希望发生事件所有可能的直接因素(包括硬件、软件、环境、人为因素)和原因,这些事件和原因是处于过渡状态的中间事件,并由此逐步深入分析,直到找出事件的基本原因(即事故树的底事件)为止。这些底事件又称基本事件,它们的数据是已知的,或者已经有过统计或试验的结果。也就是说,事故树就是以顶事件为根,若干中间事件和基本事件(底事件)为干、枝的倒树因果逻辑关系图,如图3-1所示。

故障树常用符号见表3-1。

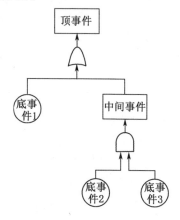

图3-1 故障树示意图

表3-1 故障树常用符号

符号	名称	含义
⬭	基本事件	无须再探明发生原因的事件
◇	未探明事件	不必或不能探明原因的事件,底事件的一种
▭	结果事件	包括顶事件和中间事件
⌂	开关事件	正常条件下必定发生或必不发生的事件
⬭	条件事件	规定逻辑门起作用的条件
⌂	与门	当输入事件都发生时,触发输出事件

表 3 – 1(续)

符号	名称	含义
	或门	当至少一个输入事件发生时,触发输出事件
	表决门	当 n 个输入事件中有 r 个以上发生时,触发输出事件
	转向符号	由此符号转向子树
	转此符号	子树转到此符号所示处

此外,为了克服传统事故树不能分析动态系统的缺点,J. B. Dugan 教授提出了动态门的概念,如功能相关门(Functional dependency,FDEP)、顺序相关门(Sequence,SEQ)、优先与门(Priority and,PAND)、热备件门(Hot spare,HSP)、温备件门(Warm spare,WSP)、冷备件门(Cold spare,CSP)等。动态门符号举例如图 3 – 2 所示。

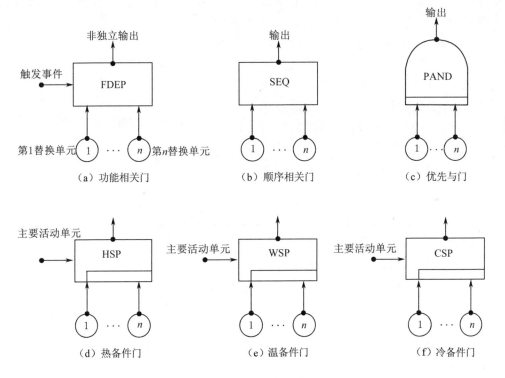

图 3 – 2　动态门符号举例

3. 事故树常用分析方法——最小割集法

故障树分析法的主要任务之一就是寻找引起系统故障(失效)的所有故障(失效)模式。引入图论中的割集概念,系统的故障(失效)模式即为系统的割集。在故障树分析法中,割集是指事故树底事件集合中满足下述条件的集合:

(1)事故树的底事件为 $X_1, X_2, \cdots, X_n$,$C_i = (X_{i1}, X_{i2}, \cdots, X_{ik})$ 是事故树底事件的一个集合;

(2)当 C_i 中的底事件都发生时,顶事件一定发生。

如果移走集合 C_i 中的任意一个底事件,集合 C_i 就不再是割集,则称这个割集为事故树的一个最小割集。从工程角度上讲,最小割集表明了系统失效的充分必要条件。一棵事故树可以有多个最小割集,任意最小割集发生,则事故树顶事件必然发生。

设最小割集 $C = (X_1, X_2, \cdots, X_r)$,则最小割集发生的概率:

$$Q_C = P(C) = P(X_1) \cdot P(X_2) \cdot \cdots \cdot P(X_r) \tag{3.1}$$

下面介绍常用的求最小割集的算法。

(1)下行法(Fussel-Vesely 算法)

Fussel-Vesely 算法的基本原理是根据逻辑与门和或门的特征(逻辑与门增加系统割集的容量,而逻辑或门增加系统割集的个数)来推导最小割集。具体方法如下:从事故树顶事件开始,由上到下,顺次把上一级事件置换为下一级事件,遇到与门将输入事件横向并联写出,遇到或门将输入事件竖向串联写出,直到把全部逻辑门都置换成底事件为止,此时最后一列表示出基本事件组成的割集,再将割集简化、吸收得到全部最小割集。下面以图 3-3 所示混联系统事故树为例,说明其计算过程。

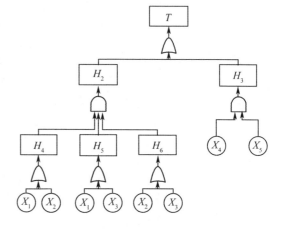

图 3-3 混联系统事故树

首先确定事故树的割集,步骤见表 3-2。

表 3-2 下行法计算割集步骤

第一步	第二步	第三步	第四步	第五步	第六步	第七步	第八步
T	H_2	H_2	$H_4H_5H_6$	$X_1H_5H_6$	$X_1X_1H_6$	$X_1X_1X_2$	X_1X_2
	H_3	X_4X_5	X_4X_5	$X_2H_5H_6$	$X_1X_3H_6$	$X_1X_1X_3$	X_1X_3
				X_4X_5	$X_2X_1H_6$	$X_1X_3X_2$	$X_1X_2X_3$
					$X_2X_3H_6$	$X_1X_3X_3$	X_1X_3
					X_4X_5	$X_2X_1X_2$	X_1X_2
						$X_2X_1X_3$	$X_1X_2X_3$
						$X_2X_3X_2$	X_2X_3
						$X_2X_3X_3$	X_2X_3
						X_4X_5	X_4X_5

通过表 3－2 所示步骤，根据布尔代数的等幂律，确定了 5 个割集，分别为 X_1X_2、X_1X_3、X_2X_3、X_4X_5、$X_1X_2X_3$。

然后找出最小割集，在此介绍素数法。令每个不同的底事件对应不同的素数，设底事件 X_i 对应素数为 n_i，割集表示组成割集的底事件对应素数的乘积。这样，每个割集对应一个整数。将这些整数由小到大排列，依次相除，若彼此能被整除，则去掉较大素数，剩下的就是最小割集对应的整数，即求得最小割集。

根据这一寻找最小割集的方法，求出图 3－3 所示事故树的最小割集，令 $X_1 = 2$，$X_2 = 3$，$X_3 = 5$，$X_4 = 7$，$X_5 = 11$，则上面 5 个割集对应下列各数：

$$X_1X_2 = 2 \times 3 = 6, X_1X_3 = 2 \times 5 = 10, X_2X_3 = 3 \times 11 = 33, X_4X_5 = 7 \times 11 = 77, X_1X_2X_3 = 2 \times 3 \times 5 = 30。$$

以上各数排列后依次相除，若能被整除的就不是最小割集，剩下的不能整除的即为最小割集，即 $\{X_1, X_2\}$、$\{X_1, X_3\}$、$\{X_2, X_3\}$、$\{X_4, X_5\}$ 4 个最小割集。

（2）上行法（Semanderes 算法）

上行法由下向上进行，每一步都利用集合运算规则进行简化、吸收，最后得到全部最小割集。下面以图 3－3 为例，说明其计算过程。为简化计算表达式，用 + 代表并运算，交运算符号省略。

首先从最底层的中间事件开始置换：

$$H_4 = X_1 + X_2, H_5 = X_1 + X_3, H_6 = X_2 + X_3, H_3 = X_4X_5$$

然后置换上一层的中间事件，并进行吸收合并：

$$H_2 = H_4H_5H_6 = (X_1 + X_2)(X_1 + X_3)(X_2 + X_3) = X_1X_2 + X_1X_3 + X_2X_3$$

$$T = H_2 + H_3 = X_1X_2 + X_1X_3 + X_2X_3 + X_4X_5$$

所以按上行法可得 $\{X_1, X_2\}$、$\{X_1, X_3\}$、$\{X_2, X_3\}$、$\{X_4, X_5\}$ 4 个最小割集。

3.1.2　模糊层次分析法

模糊层次分析法在 20 世纪 70 年代首创于美国，这是一种定性和定量相结合的、系统化、层次化的分析方法。由于其处理复杂的决策问题的实用性和有效性，模糊层次分析法很快就在世界范围内得到普遍重视和广泛应用，遍及经济计划和管理、能源政策和分配、行为科学、军事指挥、运输、农业、教育、人才、医疗、环境等领域。这个方法在 20 世纪 80 年代引入我国，也很快为广大的应用数学工作者和有关领域的技术人员所接受，得到了成功的应用。但它较为高深的数学理论和较为繁复的数学计算，阻碍了更多的管理者和决策者对此方法的掌握和使用。而模糊层次分析法是用模糊数学的方法对层次分析法的计算部分进行改造，使改造后的模糊层次分析法十分简单，也更准确，可使更多的非数学工作者，特别是行政工作者易于掌握、便于应用。

模糊层次分析法是将模糊思想和方法引入层次分析法中，其核心是构建模糊一致矩阵。模糊一致矩阵 $\boldsymbol{R}$ 的基础是模糊判断矩阵，其形式与层次分析法中的判断矩阵相同，表示针对上一层某元素，本层次与之有关元素之间相对重要性的比较，假定上一层次的元素 C 同下一层次的元素 $a_1, a_2, \cdots, a_n$ 有联系，则模糊一致矩阵见表 3－3。

表 3 - 3　模糊一致矩阵

C	a_1	a_2	$\cdots$	a_n
a_1	r_{11}	r_{12}	$\cdots$	r_{1m}
a_2	r_{21}	r_{22}	$\cdots$	r_{2n}
$\cdots$	$\cdots$	$\cdots$	$\cdots$	$\cdots$
a_n	r_{n1}	r_{n2}	$\cdots$	r_{nn}

元素 r_{ij} 具有如下实际意义: r_{ij} 表示元素 a_i 和元素 a_j 相对于元素 C 进行比较时,元素 a_i 和元素 a_j 具有模糊关系"……比……重要得多"的隶属度。为了使任意两个方案关于某准则的相对重要程度得到定量描述,可采用表 3 - 4 中的 0.1 ~ 0.9 标度给予数量标度。$r_{ii} = 0.5$,表示元素与自己相比同样重要;若 $r_{ij} \in [0.1, 0.5]$,则表示元素 r_j 比 r_i 重要;若 $r_{ij} \in [0.5, 0.9]$,则表示元素 r_i 比 r_j 重要。

表 3 - 4　模糊判断矩阵数字标度

标度	定义	说明
0.5	同等重要	两元素比较,同等重要
0.6	稍微重要	两元素比较,一元素比另一元素稍微重要
0.7	明显重要	两元素比较,一元素比另一元素明显重要
0.8	重要得多	两元素比较,一元素比另一元素重要得多
0.9	极端重要	两元素比较,一元素比另一元素极端重要
0.1,0.2, 0.3,0.4	反比较	若元素 a_i 与元素 a_j 相比较得到 r_{ij} ,则元素 a_j 与元素 a_i 相比较得到 $r_{ji} = 1 - r_{ij}$

将下层元素相对于上层元素的重要性两两比较,即下一层次的元素 $a_1, a_2, \cdots, a_n$ 与上一层次的元素 C 进行比较,从而得到相对重要性模糊矩阵,如:

$$\boldsymbol{R} = (r_{ij})_{n \times n} = \begin{bmatrix} r_{11} & r_{12} & \cdots & r_{1n} \\ r_{21} & r_{22} & \cdots & r_{2n} \\ \cdots & \cdots & \cdots & \cdots \\ r_{n1} & r_{n2} & \cdots & r_{nn} \end{bmatrix} \tag{3.2}$$

$\boldsymbol{R}$ 具有如下性质:

$$r_{ii} = 0.5, i = 1, 2, \cdots, n$$
$$r_{ij} = 1 - r_{ji}, i, j = 1, 2, \cdots, n$$
$$r_{ij} = r_{ik} - r_{jk}, i, j, k = 1, 2, \cdots, n$$

即 $\boldsymbol{R}$ 是模糊一致矩阵。模糊判断矩阵的一致性反映了人们思维判断的一致性,在构造模糊判断矩阵时非常重要,但在实际决策分析中,由于所研究问题的复杂性和人们认识上可能产生的片面性,使构造的判断矩阵往往不具有一致性。这时可应用模糊一致矩阵的充要条件进行调整,具体的调整步骤如下。

(1)确定一个同其余元素的重要性相比较得出的判断有把握的元素,不失一般性,设决策者认为对判断 $r_{11}, r_{12}, \cdots, r_{1n}$ 比较有把握。

（2）用 **R** 的第一行元素减去第二行对应元素，若所得的 n 个差值为常数，则不需调整第二行元素。否则，要对第二行元素进行调整，直到第一行元素减第二行的对应元素之差为常数为止。

（3）用 **R** 的第一行元素减去第三行的对应元素，若所得的 n 个差值为常数，则不需调整第三行元素。否则，要对第三行元素进行调整，直到第一行元素减去第三行对应元素之差为常数为止。

上面步骤如此继续下去直到第一行元素减第 n 行对应元素之差为常数为止。

模糊层次分析法的步骤：

（1）建立层次结构模型。通过方案分析，确定评价指标，并将指标因素分层。最高层即目标层，它是解决问题的目标；中间层即准则层，可以是一层或多层；最下层即方案层，是实现目标的具体方案。

（2）建立模糊判断矩阵。通过因素的两两比较，按 $0.1 \sim 0.9$ 标度构造模糊判断矩阵。

（3）将模糊判断矩阵转换成模糊一致矩阵 **R**。

（4）根据决策的要求，对准则层中各因素的重要性打分，得到权向量 $\boldsymbol{Q} = (q_1, q_2, \cdots, q_s)$。这里 q_i 是第 i 个因素 Q_i 的权重，满足条件 $q_i \geqslant 0$ 且 $\sum_{i=1}^{s} q_i = 1$。当 $q_i = 0$ 时意味在有的情况下可以不考虑 Q_i 的影响。不同于得分向量，条件 $\sum_{i=1}^{s} q_i = 1$ 是权向量 $\boldsymbol{Q}$ 必须满足的一个条件。

（5）把准则层中每一个因素 Q_i 在 n 个待选方案中比较优劣，在区间 $[0,1]$ 内酌情打分，得到第 i 个因素 Q_i 在 n 个待选方案中的得分向量

$$P_i = (P_{i1}, P_{i2}, \cdots, P_{in}), \ i = 1, 2, \cdots, s \tag{3.3}$$

以 P_i 作为矩阵的第 i 行，得到一个 s 行 n 列的矩阵 $\boldsymbol{P}$

$$\boldsymbol{P} = \begin{bmatrix} P_{11} & P_{12} & \cdots & P_{1n} \\ P_{21} & P_{22} & \cdots & P_{2n} \\ \cdots & \cdots & \cdots & \cdots \\ P_{s1} & P_{s2} & \cdots & P_{sn} \end{bmatrix} \tag{3.4}$$

权向量 $\boldsymbol{Q} = (q_1, q_2, \cdots, q_s)$ 可视为 1 行 s 列的矩阵。

（6）按矩阵的乘法，做出 $\boldsymbol{Q}$ 与 $\boldsymbol{P}$ 的乘积

$$\boldsymbol{QP} = \begin{bmatrix} q_1, q_2, \cdots, q_s \end{bmatrix} \begin{bmatrix} P_{11} & P_{12} & \cdots & P_{1n} \\ P_{21} & P_{22} & \cdots & P_{2n} \\ \cdots & \cdots & \cdots & \cdots \\ P_{s1} & P_{s2} & \cdots & P_{sn} \end{bmatrix} = \begin{bmatrix} a_1, a_2, \cdots, a_n \end{bmatrix} \tag{3.5}$$

相乘结果是一个 1 行 n 列的矩阵，其中

$$a_i = q_1 P_{1i} + q_2 P_{2i} + \cdots + q_s P_{si} = \sum_{k=1}^{s} q_k P_{ki}, i = 1, 2, \cdots, n \tag{3.6}$$

（7）根据向量 $[a_1, a_2, \cdots, a_n]$ 选择得分最高者即可。若出现其中若干方案最高分相等的情形，可先将其他方案淘汰，对保留方案重新审视、打分、选择，必要时可增减一些因素。

3.1.3　模糊综合评价法

在我们生活的空间中，有许多事情是无法用精准的数字来表示的，这就是所谓的模糊现象。比如我们对于一个人的年龄判断上，有很多时候的评判都是说这个人年龄大概有四十岁，又或者对于一位年轻人身材的评价很多时候也只是用"比较瘦""比较胖"这样模糊的

词汇。精确数学是研究自然界中各种运动规律的有力工具,但是当研究复杂系统时,特别是在研究人类系统的行为时,精确数学反而不精确了。以此为背景,1965 年美国人扎德提出了模糊集合论,为模糊现象的研究提供数学工具。模糊综合评价法就是一种基于模糊数学的综合评价方法。模糊综合评价法根据模糊数学的隶属度理论把定性评价转化为定量评价,即用模糊数学对受到多种因素制约的事物或对象做出一个总体的评价。将一些边界不是十分清晰的事件,通过对各个影响因素的分析,从而形成对整体事件的精准判定。因此,它具有结果清晰、系统性强的特点,能较好地解决模糊的、难以量化的问题,适合各种非确定性问题的解决。

模糊综合评判,就是根据给出的评价标准和实测值,应用模糊数学的方法将模糊信息定量化,对受诸多因素制约的事物做出一个总的评价。它通过借助模糊数学这一工具来刻画底层事件对上层事件的影响,通过层层上推,最终计算出底层事件对总目标的影响结果。

从模糊综合评判的特点可以看出,它具有其他评判方法所不具备的优点,这主要表现在以下几个方面。

模糊综合评判结果提供的信息更加丰富。首先,模糊综合评判结果本身是向量的形式,而不是一个单点值,并且这个向量是一个模糊子集,较为准确地刻画了对象本身的模糊状况。所以本身在信息的质和量上都具有优越性。其次,模糊综合评价结果经进一步加工,又可提供一系列的参考综合信息。如按照最大隶属度原则,取隶属度最大的评价等级,就可确定被评价对象的最终等级。

用分层的方法分析复杂对象。一方面,能够符合复杂系统的层次和体系,有利于最大限度地保持对象系统的特征;另一方面,还有利于层次分析法的使用,从而准确地确定权重。权重的确定通常是由因素对被评价对象的重要程度出发,把因素的权重视为一个整体。这样,当复杂系统包含评价因素较多时,必然使得每个因素权重的绝对值很小,因素间的重要程度差异将变得不明显。但是,如果对复杂系统进行层次体系的划分,则每层的因素将变少,因素对被评价对象的隶属度和重要程度会具有更强的代表性。因此,理论上对象系统的结构层次越多,应用多层次模糊综合评价的效果越理想。

模糊综合评判方法的适用性强,它既可用于主观因素的综合评价,又可用于客观因素的综合评价。在实际生活中,"亦此亦彼"的模糊现象大量存在,所以模糊综合评价的应用范围很广,特别是主观因素的综合评价中,由于主观因素的模糊性很大,使用模糊综合评价可以发挥模糊方法的优势,评价效果优于其他方法。

利用模糊综合评价可以有效地处理人们在评价过程中本身所带有的主观性,以及客观所遇到的模糊性现象。模糊综合评价通常按以下步骤进行。

(1)根据评价指标体系,确定评价因素集合 $U = \{u_1, u_2, \cdots, u_N\}$。其中,$u_i(i = 1, 2, \cdots, N)$ 为评价因素,N 是同一层次上单个因素的个数,这一集合构成了评价的框架。

(2)建立评价集合 $V = \{v_1, v_2, \cdots, v_n\}$。其中,$v_j(j = 1, 2, \cdots, n)$ 为评价等级标准,n 是元素个数,即等级数。这一集合规定了某一评价因素的评价结果的选择范围。评价元素既可以是定性的,也可以是量化的分值。

(3)计算权重向量 $A = \{a_1, a_2, \cdots, a_n\}$,权重既可以依据历史统计数据确定,也可以由敏感性分析来拟合,或采用专家评判法、模糊层次分析法等。

(4)建立单因素模糊评判 E_i,从一个因素出发进行评判,以确定该因素对评语集元素的隶属程度,成为单因素模糊评判。设第 i 个因素 u_i 对评语集中第 j 个元素 v_j 的隶属程度为 e_{ij},

则单因素 u_i 所对应的评判结果可表示为

$$E_i = (e_{i1}, e_{i2}, \cdots, e_{im}) \tag{3.7}$$

其中,E_i 为单因素评判集,而隶属度可以通过数理统计方法确定,也可以通过专家评判方法确定。

(5)模糊综合评判。单因素评判集 E_i 构成多因素综合评判隶属度函数 E 的基础,即

$$E = \begin{bmatrix} E_1 \\ E_2 \\ \vdots \\ E_n \end{bmatrix} = \begin{bmatrix} e_{11} & e_{12} & \cdots & e_{1m} \\ e_{21} & e_{22} & \cdots & e_{2m} \\ \cdots & \cdots & \cdots & \cdots \\ e_{n1} & e_{n2} & \cdots & e_{nm} \end{bmatrix} \tag{3.8}$$

当因素权重集 A 已知时,按照模糊矩阵的乘法运算,得到模糊综合评判矩阵 B,即

$$B = AE = (a_1, a_2, \cdots, a_n) \begin{bmatrix} e_{11} & e_{12} & \cdots & e_{1m} \\ e_{21} & e_{22} & \cdots & e_{2m} \\ \cdots & \cdots & \cdots & \cdots \\ e_{n1} & e_{n2} & \cdots & e_{nm} \end{bmatrix} = (b_1, b_2, \cdots, b_m) \tag{3.9}$$

将综合评判矩阵 B 归一化处理,得出在综合考虑所有影响因素的情况下,评判对象对评价集 V 中各元素的隶属度。

(6)评判集的处理。求出模糊综合评判集 $B = (b_1, b_2, \cdots, b_m)$ 后,常见的处理方式有两种:一种是采用最大隶属度法来确定最终的评判结果,即把与最大的隶属度 $\max_{(b_j)}$ 相对应的评价集元素 v_j 作为评判结果;另一种是采用等级参数评价法,即选择各等级成绩区间的下界作为各等级的参数,再充分利用等级模糊子集所对应的信息,使评价结果更加符合实际。

3.1.4 深水大型海上油气工程作业风险评估体系

本节基于事故树分析法、模糊层次分析法和模糊综合评价法的基本原理和一般步骤,针对大型海上油气工程作业的复杂性特点和安全性要求,系统地提出海上工程作业的风险分析流程,构建科学合理的风险评估体系,为风险识别、风险分析、风险评估与风险控制提出明确的技术路线。深水大型海上油气工程作业风险评估体系的技术路线如图 3-4 所示。

首先,按照事故树分析方法的一般流程,全面、系统地辨识海上工程作业中的故障模式及其引发的风险后果,并层层深入,挖掘各种事故模式的深层次原因,查找工程作业中的基本风险因素。根据事故树方法中的层次结构和通用的表达符号,编制某一具体工程作业的风险因素事故树,通过图像化的方式表达作业过程的安全性问题。

根据模糊评价方法构建某作业过程的模糊评价模型,以事故树中的所有风险源为出发点,建立风险评价指标。采用专家评价的手段,对每一个风险源的风险概率和风险后果两个方面进行模糊评判,统计得出风险评价结果,并按照模糊层次分析法的一般步骤,对各层次风险事件的风险重要度进行排序、对比、评判。根据多位工程专家的评判结果,自下而上地计算所有中间事件的风险等级,并最终得到整个作业过程定量的风险评价结果。同时,根据风险因素的风险数值大小进行等级排序,查找系统风险的关键因素,确定系统中的薄弱环节。

根据风险评价的结果和风险因素的排序,对系统关键因素进行控制,根据工程作业的实际情况,给出合理可行的改进意见和措施,从根源上实现系统风险的预防和有效控制。

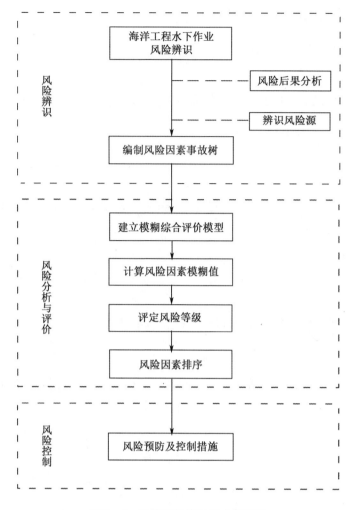

图 3 - 4　风险评估体系技术路线图

3.2　典型海上油气工程作业风险评估

提高工业工程的安全可靠性、完善其功能,实现经济效益、确保安全生产和环境保护的高度统一是现代化工业的必然趋势。这就要求设计、建造、施工和管理等各个环节,必须从经验管理走向科学的风险管理。海洋工程作业具有技术复杂、投资大、作业环境恶劣、施工难度大、随机因素多等特点,为了保障海洋工程作业安全,减少海洋工程作业风险对经济、社会、环境的不良影响,有必要对海洋工程主要作业步骤进行风险识别与分析。本节从海洋工程大型结构物(海洋平台)整体生命周期出发,分别针对海上浮托安装作业、起重作业、铺管作业、水下作业等主要海上施工阶段进行风险评估,分析总结海上作业过程中潜在的风险因素,通过3.1节所述的风险分析方法,根据专家评价结果与历史资料统计数据,计算各风险因素的风险等级分值,并有针对性地提出建议的控制措施。

3.2.1　海上浮托安装作业风险评估

海上浮托安装作业、载荷转移过程、退船过程风险因素及控制建议分别见表 3 - 5、表 3 - 6、表 3 - 7。

表 3 - 5　海上浮托安装作业风险因素及控制建议

分值	风险因素	建议控制措施
2.738	突发恶劣海况	收集统计相关海域的历史海况资料记录;提高气象预报员的业务水平和责任意识;及时将气象信息通知一线工程人员
2.700	操作系统故障	保证抛锚拖船上各项设备的正常运行;保障船舶设备的日常维护保养,并在作业前进行各项性能指标的检查工作。保证驳船上锚链绞车的日常维护保养,并在作业过程中实时监控锚链设备的运行状态。锚链进入锚链舱之前进行清洗冲刷;保证锚链长度、角度及锚链张力的测量准确
2.684	控制机器发生故障	选择信誉可靠的设备供应商,检查控制机器的合格证;作业前对控制机器进行设备检查,保证各项功能指标正常运行
2.646	管理不当	提高管理人员的管理水平和现场制造经验,加强制造场地的现场协调管理工作
2.642	驳船与导管架发生碰撞	掌握准确的天气信息,选择合适的天气状况进行施工作业;设计过程中准确计算驳船与桩腿的碰撞力,配备合适的缓冲装置,吸收撞击能量;对碰撞过程进行合理的计算机模拟分析,掌握不同海况下的撞击损伤程度
2.618	制造时存在质量缺陷	建立总体设计体系,使总体设计范围覆盖设备的采购、制造、安装、运行、维护的全过程,对平台的全生命周期进行总体考虑,设计过程中重视我国现阶段的平台模块制造工艺水平;形成多阶段的质量检查指标,在制造的各个阶段对上层模块的质量进行监督检查,保证逐条满足质量要求
2.541	天气意外应对失效	公司层面应该重视历次工程作业的经验教训,对每一次具体工程作业进行详细的记录和分析,尤其对于突发情况和紧急情况的事故原因和处理方式及结果进行总结,为后续工作提供指导。在总体设计过程中,对结构形式、安装方式、驳船选用等各方面提高工程设计水平,使之能够抵抗更加恶劣的海洋环境;准备多种意外情况应对措施;提高海上设施抵抗碰撞的能力,如提高护舷装置的吸能能力
2.535	操作人员失误	形成标准化的船舶定位操作手册,通过制度的形式规范定位工作中各个工位上人员的操作;提高操作人员的业务水平,定期进行技能培训和考核,建立相关的奖罚体系;强化操作人员的安全意识和责任意识,对工作责任进行明确,做到有据可查

表 3 -5(续 1)

分值	风险因素	建议控制措施
2.518	没有及时维修机器	作业前进行详细的设备统计,列出设备清单,划分检查任务,逐条进行设备检查,对未能正常使用的设备及时进行检查和维修
2.513	人为操作失误	形成标准化的安全防护设施操作手册,通过制度的形式规范各个工位上人员的操作;提高操作人员的业务水平,定期进行技能培训和考核,建立相关的奖罚体系;强化操作人员的安全意识和责任意识,对工作责任进行明确,做到有据可查
2.476	控制人员失误	形成标准化的轨道设备操作手册,通过制度的形式规范各个工位上人员的操作;提高操作人员的业务水平,定期进行技能培训和考核,建立相关的奖罚体系;强化操作人员的安全意识和责任意识,对工作责任进行明确,做到有据可查
2.459	指挥人员失误	在作业设计阶段制订明确的船舶定位计划,在作业过程中保证指挥人员根据计划进行操作决断;提高指挥人员的选拔条件,任用具有丰富一线经验、责任心强、技术娴熟的员工担任指挥工作。建立明确的奖罚体系,将指挥人员工程作业的成绩与薪酬体系建立联系。对于十分重要的岗位,建立一人指挥,他人协助的指挥方式,避免因单人的疏忽导致较大的失误
2.446	安全措施失效	总结历史工程经验教训,对发生的工程事故进行分析,设计选择合理可靠的安全措施
	轨道设备老化	做好对轨道设备的日常保养维护,对老化设备进行及时更换;对于设备可能出现的问题提前做好应急预案,关键时刻能够及时准确地进行处理
2.438	安全装置故障	作业前对安全装置进行检查,保证功能性正常;选择通用可靠的安全装置
2.415	建造人员失误	培养一批优秀的建造队伍,加强对员工的职业技能培训,并进行阶段性的考核与检查;加强员工的安全意识教育和责任意识教育。建立明确的质量检查责任制度,对各部分工作要明确责权范围,明确对应的责任人;为员工提供良好的工作环境和生活环境,保证员工的工作状态正常
2.388	电力设备损坏	作业前检查轨道系统的电力设备情况,保证设备功能性正常;对出现故障的设备进行及时检修,对老旧设备进行更换,避免作业过程中出现异常情况
	没有及时维修电路	作业前对轨道系统进行调试,检查电路是否正常,及时查找故障位置进行维修。避免作业过程中造成电路损坏

表 3 - 5(续 2)

分值	风险因素	建议控制措施
2.358	先前工序造成损伤	结构设计过程中考虑到整体制造工艺和安装工艺,避免结构的脆弱部位暴露在安装工艺的实施路径上,努力降低制造工序和安装工序过程中结构损伤的可能性;各个工序进行过程中明确相关结构的易损程度,并提醒相关操作人员给予特别关注
2.326	轨道强度失效	设计过程中准确掌握详细的模块质量重心信息及驳船稳性、压载等信息,准确计算轨道受力状况并进行强度分析。对装船过程进行全面的计算机模拟
2.306	缓冲设备失效	选择质量可靠的 LUM(桩腿对接耦合装置)、DSV(桩腿支撑装置)和护舷等设备,检查设备的检验合格证;控制载荷转移过程中的船舶运动,控制冲击过程中的能量,避免缓冲设备受到超过承受范围的撞击载荷
2.301	定位系统故障	采用先进的锚泊实时监控设备,实时监控定位系统状态,对出现的故障及时报告,合理解决;保证甲板室与抛锚拖船的沟通交流顺畅,保证能够对抛锚设备进行及时的调整
2.297	最大载荷估计不足	掌握详尽准确的实地气象条件和海况条件,以及结构设计的详细资料。在设计过程中努力降低简化程度,提高理论模型与实际情况的紧密程度;提高设计人员的理论水平和业务能力,强化安全意识和责任意识
2.288	相关人员检修不善	建立明确的质量检查责任制度,对各部分工作要明确责权范围,明确对应的责任人;建立明确的质量检验规范,明确具体的检修任务指标
2.271	没有及时维修轨道	做好对轨道设备的日常维护和保养,掌握设备工作状态,对损坏部位进行及时的检修和调试工作;作业前进行轨道系统的检查调试工作,保证系统功能正常
2.248	电路连接不当	作业前对整个轨道系统进行调试,检查设备的动力能力
2.211	报警系统失效	作业之前对报警系统进行检测,及时检修未正常工作的设备,并及时对老旧设备进行更换,降低作业过程中发生失效的可能性;设置报警系统保护装置,防止作业过程中人员或移动设备对报警系统造成伤害
	线路老化	作业前进行线路检查,及时更换老化设备;做好线路接头处的处理工作,防止作业过程中发生氧化或接地状况
2.208	安装方式不当	设计过程中准确掌握详细的模块质量重心信息及驳船稳性、压载等信息,对安装过程进行前期的模拟分析,并保证设计满足规范要求
2.148	管理不当	提高管理人员的业务水平和专业技能,进行阶段性的培训和检验审查工作,任用满足要求的员工承担重要管理岗位任务;强化管理人员的安全意识和责任意识,建立明确的责权制度和合理的奖罚体系,必要时明确重要岗位的法律责任;保证管理人员在船上的正常生活状态和工作状态,提供良好的生活环境和工作环境

表 3 – 5(续 3)

分值	风险因素	建议控制措施
2.050	相关人员未及时沟通	提前明确各自的工作任务,明确自己与上下游工作人员的工作界面和信息沟通传递任务;提高相关人员的业务水平和熟练程度,保证对各项操作及时做出正确的反应,为其他工位提供及时有效的信息
2.044	安装位置不当	设计过程中要准确掌握详细的模块质量、重心信息及驳船稳性、压载等信息,对安装过程进行前期的模拟分析,并保证设计满足规范要求
2.018	沟通设备失效	提前检查各项通信设备是否正常工作,保证设备电池处于正常工作状态,及时淘汰老旧设备。对关键工作的人员配备备用通信设备,避免紧急情况下沟通不畅

表 3 – 6 载荷转移过程风险因素及控制建议

分值	风险因素	建议控制措施
2.509	突发恶劣海况	收集统计相关海域的历史海况资料记录;及时与气象部门进行沟通;提高气象预报员的业务水平和责任意识;及时将气象信息通知一线工程人员
2.436	动力设备失效	作业前对设备的电力传输系统进行全面检查,建立设备排查清单,保证整个系统能够正常运行;对线路老旧等问题及时进行辨识和解决,防止电力系统在作业过程中发生故障;作业前对系统进行调试,保证系统正常工作
2.419	作业方案设计方法不合理	掌握准确详细的组块、导管架及驳船的基本信息,获取可靠的潮位、有义波高、波浪周期等基本海况信息,全面考虑载荷转移作业过程的工作需求,并充分把握工程设计规范的要求,进行合理可靠的转移载荷过程计算机模拟分析
2.324	施工人员失误	规范化操作流程,对需要人工进行的作业进行固定化和规范化,制订明确的作业程序形成操作规范,为施工人员提供合理清晰的操作顺序。加强员工的职业技能培训,并定期进行考核审查。加强该员工的安全意识和责任意识教育,建立合理的奖励惩罚体系和薪酬体系,从正反两方面规范员工高质量完成工作任务
2.307	作业方案设计流程不合理	合理安排设计人员的工作时间,为其提供良好的生活环境和工作环境。合理安排工程设计的工作流程,对需要研究的问题形成合理的设计安排,保证工程设计的全面性和准确性

表 3 -6(续)

分值	风险因素	建议控制措施
2.306	缓冲设备失效	选择质量可靠的 LUM、DSN 和护舷等设备,检查设备的检验合格证;控制载荷转移过程中的船舶运动,控制冲击过程的能量,避免缓冲设备受到超过承受范围的撞击载荷
2.267	检验人员失误	加强员工的职业技能培训,并定期进行考核审查;加强员工的安全意识和责任意识教育,建立合理的奖励惩罚体系和薪酬体系,从正反两方面规范员工高质量完成工作任务
2.255	天气预报不准确	收集统计相关海域的历史海况资料记录;提高气象预报员的业务水平和责任意识;及时将气象信息通知一线工程人员
2.213	定位设备失效	设计过程中保证获取准确的桩腿间距信息,设计相匹配的上层模块对接结构。建造过程中保证结构尺寸和质量满足设计的要求,避免发生较大变形引起模块与桩腿对接困难。保证纵向缓冲装置的安装位置合理准确
2.157	海况观测系统失效	对海况检测系统进行实时监控,及时解决出现的异常情况;保持与气象部门的联系,将海况监测数据与气象部门提供的数据进行一定程度的比较,若出现较大差异及时进行检测和调整
2.121	作业方案校核不全面	对已完成的设计进行全面仔细的分析检查,紧密结合工程实际,充分考虑实际工程作业能力和作业人员的业务水平,确保设计条件得到一一满足
2.113	操作规程失效	紧密依托历史工程经验教训和理论方法,建立准确全面的安全操作规程;完善监督管理机制,对工程作业过程中的重要步骤和关键操作进行严格的监督检查;规范化应急反应措施,充分考虑工程作业各个环节可能出现的意外问题,依据历史经验教训和理论知识提出合理的解决办法,并在实际工作中贯彻执行
2.103	作业方案设计单位不符合资质要求	全面考察设计单位对浮托作业工程设计的历史资料,以及设计人员的从业水平,对设计单位进行准确的资质鉴定
2.044	安全防护设备失效	采用常用的安全防护设备设施,对新型安全防护设备进行全面仔细的检查,确保安全可靠;掌握安全设备的工作条件和能力范围,与实际工程可能出现的突发情况进行对比,保证危险情况下安全设备能够稳定发挥作用
2.036	现场管理风险	保证现场管理人员充分了解和掌握实际工程作业,选聘经验丰富的一线人员进行现场的工程管理;现场管理人员严格执行行业规范和作业要求

表 3－7　退船过程风险因素及控制建议

分值	风险因素	建议控制措施
2.642	驳船与导管架发生碰撞	掌握准确的天气信息,选择合适的天气状况进行施工作业;设计过程中准确计算驳船与桩腿的碰撞力,配备合适的缓冲装置,吸收撞击能量;对碰撞过程进行合理的计算机模拟分析,掌握不同海况下的撞击损伤程度
2.628	上部模块与导管架发生碰撞	掌握准确的天气信息,选择合适的天气状况进行施工作业,避免船舶发生较大的运动;准确测量和预测海水潮位变化,保证潮位在一定时间内满足设计要求;保证锚泊系统的正常运行,准确控制驳船的运动状态;布置录像设备,掌握视觉盲区的真实状况;确定上部模块到位时驳船的位置情况,设立合理的驳船定位结构
2.555	动力设备失效	作业前对设备的电力传输系统进行全面的检查,建立设备排查清单,保证整个系统能够正常运行;对线路老旧等问题及时进行辨识和解决,防止电力系统在作业过程中发生故障;作业前对系统进行调试,保证正常工作
2.549	突发恶劣海况	收集统计相关海域的历史海况资料记录;提高气象预报员的业务水平和责任意识;及时将气象信息通知一线工程人员
2.276	天气预报不准确	公司层面应该重视历次工程作业的经验教训,对每一次具体工程作业进行详细的记录和分析,尤其对于突发情况和紧急情况的事故原因和处理方式及结果进行总结,为后续工作提供指导;在总体设计过程中,在结构形式、安装方式、驳船选用等方面提高工程设计水平,使之能够抵抗更加恶劣的海洋环境;准备多种意外情况应对措施
2.168	缓冲设备失效	选择质量可靠的 LUM、DSN 和护舷等设备,检查设备的检验合格证;控制载荷转移过程中的船舶运动,控制冲击过程的能量,避免缓冲设备受到超过承受范围的撞击载荷
2.147	施工人员被缆绳弹伤	解缆时预先进行缆绳受力的预判,张力过大时与船舶定位系统进行沟通,降低绞缆机的拉力;解缆人员保持合理的站位,并穿戴有效的劳动保护设施

表 3 - 7(续)

分值	风险因素	建议控制措施
2.142	施工人员失误	规范化操作流程,对需要人工进行的作业进行固定化和规范化,制订明确的作业程序形成操作规范,为施工人员提供合理清晰的操作顺序;加强员工的职业技能培训,并定期进行考核审查;加强该员工的安全意识和责任意识教育,建立合理的奖惩体系和薪酬体系,从正反两方面规范员工高质量完成工作任务
2.063	海况观测系统失效	对海况检测系统进行实时监控,对出现的异常情况及时解决;保持与气象部门的联系,将海况监测数据与气象部门提供的数据进行一定程度的比较,若出现较大差异应及时进行检测和调整

3.2.2　海上大型结构物起重、铺管作业风险评估

起重、铺管过程风险因素及控制措施见表 3 - 8。

表 3 - 8　起重、铺管过程风险因素及控制措施

风险值	风险因素	控制措施
2.958	吊索、吊具和吊钩违章安装	严格选择有专业技能的工人上岗工作,保证按照要求正确操作设备;对操作人员进行安全培训,强化安全意识。操作人员事先熟悉作业流程和操作方法
2.873	制造缺陷	选用有质量保证的缆绳,要有相应合格证检验标记质保书,且在规定的范围和期限内使用;缆绳须严格实行定期检查制度,凡达不到安全要求的,必须报废
2.871	误操作	严格选择有专业技能的工人上岗工作,保证按照要求正确操作设备;对操作人员进行安全培训,强化安全意识;操作人员事先熟悉作业流程和操作方法
2.866	司机自身操作失误	严格选择有专业技能的工人上岗工作,保证按照要求正确操作设备;对操作人员进行安全培训,强化安全意识;操作人员事先熟悉作业流程和操作方法
2.854	吊装方案有误	加强吊装设计人员、校核人员的选拔,挑选信誉好的设计单位和工作人员;聘请专家或专业人员对吊装设计思路与方法进行论证。设计时保证吊装计算保留足够的安全裕度
2.840	吊装系统传动系统故障	在作业前对控制系统进行性能确认和检修;建立控制失灵应急预案;详细制订操作手册

表 3 - 8（续 1）

风险值	风险因素	控制措施
2.834	载荷超过预期	保证称重结果的精度；设计阶段充分考虑实际施工过程,保证理论质量估算的合理性
	双船间配合操作失误	加强组织各部门之间的沟通,部门中配备专门的信息沟通人员,保证通信工具的可靠性;加强施工经理的选拔和培训
2.826	突发恶劣海况	制订恶劣海况应急预案;切实关注天气变化,多渠道获取可靠信息;加强天气预报员和接收员的责任心
2.818	吊机操作人员操作有误	严格选择有专业技能的工人上岗工作,保证按照要求正确操作设备;对操作人员进行安全培训,强化安全意识;操作人员事先熟悉作业流程和操作方法
2.811	设备发生意外碰撞	在作业前对控制系统进行性能确认和检修;建立控制失灵应急预案;详细制订操作手册
2.800	吊装系统动力系统故障	
2.795	防脱钩装置失灵	
2.78	吊点安装位置不当	作业前对相关吊装设备进行有效调试;严格按照作业工序进行吊装作业,不允许任何人员未经许可随意更改作业过程
2.774	最大载荷估计不足	保证称重结果的精度;在设计阶段充分考虑实际施工过程,保证理论质量估算的合理性
2.763	系泊失效	在作业前对控制系统进行性能确认和检修;建立控制失灵应急预案;详细制订操作手册
2.762	操作失误造成过大载荷作用	保证称重结果的精度;设计阶段充分考虑实际施工过程,保证理论质量估算的合理性;建立控制失灵应急预案;详细制订操作手册
2.759	相关人员检修不善	在作业前对控制系统进行性能确认和检修。
	吊点位置累积损伤	在作业前对控制系统进行性能确认和检修;建立控制失灵应急预案;详细制订操作手册
2.750	吊索的水下连接不当	严格选择有专业技能的工人上岗工作,保证按照要求正确操作设备;对操作人员进行安全培训,强化安全意识;操作人员事先熟悉作业流程和操作方法
2.742	吊装系统控制系统故障	在作业前对控制系统进行性能确认和检修;建立控制失灵应急预案;详细制订操作手册
2.735	控制系统故障	在作业前对控制系统进行性能确认和检修;建立控制失灵应急预案;详细制订操作手册

表 3 - 8(续 2)

风险值	风险因素	控制措施
2.729	海况恶劣	制订恶劣海况应急预案;切实关注天气变化,多渠道获取可靠信息;加强天气预报员和接收员的责任心
2.718	潜水员指挥、操作失误	严格选择有专业技能的工人上岗工作,保证按照要求正确操作设备;对操作人员进行安全培训,强化安全意识;操作人员事先熟悉作业流程和操作方法
2.709	作业前起重船排水不当造成吊重过载	保证称重结果的精度;设计阶段充分考虑实际施工过程,保证理论质量估算的合理性;建立控制失灵应急预案;详细制订操作手册
2.708	设备启动或制动太猛	建立控制失灵应急预案;详细制订操作手册
	载荷超过预期造成吊重过载	保证称重结果的精度;设计阶段充分考虑实际施工过程,保证理论质量估算的合理性;建立控制失灵应急预案;详细制订操作手册
2.704	信号错误	在作业前对控制系统进行性能确认和检修;建立控制失灵应急预案
2.703	突发恶劣海况	制订恶劣海况应急预案;切实关注天气变化,多渠道获取可靠信息;加强天气预报员和接收员的责任心
2.700	氧气系统失效	在作业前对控制系统进行性能确认和检修;建立控制失灵应急预案
2.697	吊装系统安全装置故障	
2.696	工作人员对防脱钩装置检查不良	在作业前对控制系统进行性能确认和检修;建立控制失灵应急预案;合理安排校核人员的工作时间,尽量避免疲劳工作
2.689	吊装系统安全装置人为操作失误	严格选择有专业技能的工人上岗工作,保证按照要求正确操作设备;对操作人员进行安全培训,强化安全意识;操作人员事先熟悉作业流程和操作方法
2.683	起重船系泊失效	在作业前对控制系统进行性能确认和检修;建立控制失灵应急预案;详细制订操作手册的预案
2.682	浮吊大幅摇晃	严格选择有专业技能的工人上岗工作,保证按照要求正确操作设备
2.678	司机自身操作失误	严格选择有专业技能的工人上岗工作,保证按照要求正确操作设备;对操作人员进行安全培训,强化安全意识;操作人员事先熟悉作业流程和操作方法
2.672	吊装系统报警不及时	加强各部门管理人员之间的沟通,设立部门间协调的专项人员;加强施工经理的选拔和培训;现场管理项目组应分工明确,互有配合。加强风险意识和安全教育
2.670	连接方式错误	对操作人员进行安全培训,强化安全意识;操作人员事先熟悉作业流程和操作方法

表 3-8(续 3)

风险值	风险因素	控制措施
2.663	机械伤害	在作业前对控制系统进行性能确认和检修;建立控制失灵应急预案;详细制订操作手册
2.651	出链长度不当	操作人员事先熟悉作业流程和操作方法;合理安排校核人员的工作时间,尽量避免疲劳工作
2.650	先前工序造成损伤	在作业前对控制系统进行性能确认和检修;建立控制失灵应急预案;加强风险意识和安全教育
	吊装系统安全装置故障	在作业前对控制系统进行性能确认和检修;建立控制失灵应急预案;详细制订操作手册
2.643	吊装系统控制系统故障	在作业前对控制系统进行性能确认和检修;建立控制失灵应急预案;详细制订操作手册
	吊点位置错误	
2.636	潜水员指挥、操作失误	加强各部门管理人员之间的沟通,应设立部门间协调的专项人员;加强施工经理的选拔和培训;现场管理项目组应分工明确,互有配合。加强风险意识和安全教育
	无信号	
2.631	水下触电伤害	操作人员事先熟悉作业流程和操作方法;合理安排校核人员的工作时间,尽量避免疲劳工作
2.626	吊挂连接不牢	在作业前对控制系统进行性能确认和检修;建立控制失灵应急预案;详细制订操作手册
2.624	吊点位置设计强度失误	严格选择有专业技能的工人上岗工作,保证按照要求正确操作设备;对操作人员进行安全培训,强化安全意识;操作人员事先熟悉作业流程和操作方法
2.616	连接位置错误	严格选择有专业技能的工人上岗工作,保证按照要求正确操作设备;对操作人员进行安全培训,强化安全意识;操作人员事先熟悉作业流程和操作方法
	动力系统故障	在作业前对控制系统进行性能确认和检修;建立控制失灵应急预案;详细制订操作手册
	压力系统失效	
2.609	起吊计算失误	严格选择有专业技能的工人上岗工作,保证按照要求正确操作设备;对操作人员进行安全培训,强化安全意识;操作人员事先熟悉作业流程和操作方法
2.607	吊装系统动力系统故障	在作业前对控制系统进行性能确认和检修;建立控制失灵应急预案;详细制订操作手册
	浮吊选择不当	严格选择有专业技能的工人上岗工作,保证按照要求正确操作设备

表 3 - 8(续 4)

风险值	风险因素	控制措施
2.602	潜水员水下视线不佳	严格选择有专业技能的工人上岗工作,保证按照要求正确操作设备;
2.587	或受阻碍	加强突发环境变化应急规范和应急措施的制订
2.567	安全措施或间距不足	对操作人员进行安全培训,强化安全意识;操作人员事先熟悉作业流程和操作方法
2.566	吊装控制系统故障	在作业前对控制系统进行性能确认和检修;建立控制失灵应急预案;详细制订操作手册
	水下与水面之间的通信配合信号弱	加强各部门管理人员之间沟通,应设立部门间协调的专项人员;加强施工经理的选拔和培训;现场管理项目组应分工明确,互有配合。加强风险意识和安全教育
2.563	吊装系统安全装置人为操作失误	对操作人员进行安全培训,强化安全意识;操作人员事先熟悉作业流程和操作方法
2.558	突发恶劣海况	制订恶劣海况应急预案;切实关注天气变化,多渠道获取可靠信息;加强天气预报员和接收员的责任心
2.551	吊装系统报警系统失真、失效	在使用前对调载设备进行性能确认和检修;制订定期对调载设备维修、保养的计划;发现设备存在问题及时处理
	锚设备额定能力不足	加强系泊力计算人员、校核人员的选拔,挑选信誉好的设计单位和工作人员;设计时保证系泊缆绳所承担能力,保留足够的安全裕度。优化计算人员结构,加强计算人员的责任感和风险意识
2.545	水下与水面之间的通信配合信号受外部噪声干扰	加强各部门管理人员之间的沟通,应设立部门间协调的专项人员;加强施工经理的选拔和培训;现场管理项目组应分工明确,互有配合。加强风险意识和安全教育
	系泊方式不当	操作人员事先熟悉作业流程和操作方法
2.545	吊装系统报警系统失真、失效	在使用前对调载设备进行性能确认和检修;制订定期对调载设备维修、保养的计划;发现设备存在问题及时处理
2.542	稳性设计有误	严格选择有专业技能的工人上岗工作,保证按照要求正确操作设备
2.533	安全系数选取偏低	设计阶段选择有经验和责任心的设计人员进行计算;严格选择有专业技能的工人上岗工作,保证按照要求正确操作设备
2.518	吊装动力系统故障	在使用前对调载设备进行性能确认和检修;制订定期对调载设备维修、保养的计划;发现设备存在问题及时处理;平时加强对设备的维修、保养

表 3 - 8(续 5)

风险值	风险因素	控制措施
2.505	吊装系统控制系统故障	在使用前对调载设备进行性能确认和检修;制订定期对调载设备维修、保养的计划;发现设备存在问题及时处理
	传动系统故障	
2.5	水面波浪干扰	切实关注天气变化,多渠道获取可靠信息;加强天气预报员和接收员的责任心
2.496	审核不认真	加强风险意识和安全教育
2.493	吊物所受载荷的大小估计不足	设计阶段选择有经验和责任心的设计人员进行计算;严格选择有专业技能的工人上岗工作,保证按照要求正确操作设备
	吊装系统动力系统故障	在使用前对调载设备进行性能确认和检修;制订定期对调载设备维修、保养的计划;发现设备存在问题及时处理
	吊装系统传动系统故障	
	水下与水面之间的通信配合信号受外部噪声干扰	加强各部门管理人员之间沟通,应设立部门间协调的专项人员;加强施工经理的选拔和培训;现场管理项目组应分工明确,互有配合。加强风险意识和安全教育
2.48	吊装系统安全装置故障	在使用前对调载设备进行性能确认和检修;制订定期对调载设备维修、保养的计划;发现设备存在问题及时处理
2.472	起吊分析方法错误	严格选择有专业技能的工人上岗工作,保证按照要求正确操作设备
	水下与水面之间的通信配合信号弱	加强各部门管理人员之间的沟通,应设立部门间协调的专项人员
2.454	吊装系统报警不及时	加强各部门管理人员之间的沟通,应设立部门间协调的专项人员;严格选择有专业技能的工人上岗工作,保证按照要求正确操作设备
2.448	吊装系统报警不及时	加强各部门管理人员之间的沟通,应设立部门间协调的专项人员;严格选择有专业技能的工人上岗工作,保证按照要求正确操作设备
	信号错误	加强各部门管理人员之间的沟通,应设立部门间协调的专项人员
2.431	信号不及时	加强各部门管理人员之间的沟通,应设立部门间协调的专项人员
2.409	水下海流干扰	加强各部门管理人员之间的沟通,应设立部门间协调的专项人员
2.402	无信号	加强组织各部门之间的沟通,部门中配备专门的信息沟通人员,保证通信工具的可靠性;加强施工经理的选拔和培训
2.357	吊装传动系统故障	在使用前对调载设备进行性能确认和检修;制订定期对调载设备维修、保养的计划;发现设备存在问题及时处理
2.353	吊装系统报警系统失真、失效	

表 3 - 8(续 6)

风险值	风险因素	控制措施
2.335	稳性衡准数选择措施	操作人员严格按照规程进行操作;严格选择有专业技能的工人上岗工作,保证按照要求正确操作设备
	浮吊资料有误	保证平台称重结果的精度;设计阶段充分考虑实际施工过程,保证理论质量估算的合理性
2.332	信号不及时	避免突发恶劣海况造成的偶然载荷作用;保证人员工作状态,操作人员事先熟悉作业流程和操作方法;选择符合安全要求的海况进行作业
2.302	主机和舵性能不足	加强施工现场管理工作;落实施工现场各人员相应责任;施工作业时注意清场
2.273	载荷种类考虑不够	选择有经验的计算人员进行计算;选择有责任心的人员对计算结果进行校核

3.2.3　典型水下作业过程风险评估

跨接管安装过程、水下切割作业过程、水下检测过程、设备下放过程风险因素与控制措施见表 3 - 9 至表 3 - 12。

表 3 - 9　跨接管安装过程风险因素与控制措施

分值	风险因素	建议控制措施
3.119	飞溅剧烈	设计过程充分考虑飞溅作为一种载荷的影响,预留足够的安裕度;跨接管结构强度和索具连接状态方面都要保证飞溅状态下的安全性
3.032	海流变向	制订恶劣海况应急预案;保证抛锚拖船与甲板室定位工位沟通顺畅。利用水下 ROV 或潜水员帮助进行水下跨接管定位;在跨接管增加临时辅助配重设施,增加跨接管运动惯性,降低运动变化幅度
3.020	海流激荡	制订恶劣海况应急预案;切实关注天气变化,多渠道获取可靠信息。加强天气预报员和接收员责任心
2.996	下落打转	保证跨接管质量重心等信息准确可靠;保证索具和缆绳等连接装置的安装方式合理可靠;设置辅助绳索对跨接管状态进行辅助控制
2.995	长度不足	准确把握相关海域的水深变化情况
2.968	吊装失稳	准确把握目标海域的海况和天气状况;获得完整的作业船舶稳性资料。保证相对恶劣海况下作业的稳性衡准数满足规范要求
2.939	阻力过大	选择合适的流体力学软件对跨接管下放过程进行前期模拟;增加跨接管临时辅助配重结构,增大负浮力

表 3 -9(续 1)

分值	风险因素	建议控制措施
2.914	位置障碍	选择天气状况和海流状况较好的气象窗口进行安装作业;设计更加合理的水下对接结构,降低对接过程的位置敏感性;提前清除水下安装位置周围的障碍物,或选择相对平坦宽阔的泥面设置采油树设施;使用水下 ROV 或潜水员进行水下辅助定位操作
2.890	突发风暴	制订恶劣海况应急预案;随时关注天气变化,多渠道获取可靠信息;采用大抓力锚设备,提高船舶运动水平方向的恢复刚度
2.849	吊机故障	作业前对吊机设备进行试验,及时查找出可能存在的问题;作业过程中保持通信设备的正常工作,发现问题及时与上级进行沟通,共同讨论解决方案
2.773	船舶位移	采用合适的锚设备对船舶位置进行固定,增加船舶水平运动的刚度;设立专门的工位对船舶位置进行实时监控,发现意外的移动时及时进行调整;掌握准确的相关区域海底设施状况,及时安排合理的调整计划
2.757	标识不明	按照规范在合理位置设立明确的安全标识或操作标识,对不明确的安全标识或操作标识及时反馈意见并更新;作业过程中发现不明标识及时与上级进行沟通询问,确保操作正确
2.742	缆绳崩断	准确把握缆绳的标准抗拉能力,保证起重物不超出允许范围;作业缆绳定期保养,及时更换;起吊前进行外观检查,查看缆绳是否残损;检查缆绳的标志牌是否清楚。使用时注意缆绳弯折部位的保护,注意避免缆绳的磕碰
2.734	飞溅失稳	准确把握目标海域的海况和天气状况;获得完整的作业船舶稳性资料。保证相对恶劣海况下作业的稳性衡准数满足规范要求
2.682	意外坠落	吊装前检查缆绳和索具性能是否正常;起吊过程先进行试验性起吊,保证吊装系统的功能正常
2.647	出现走锚	随时监控船舶锚泊定位系统的状况,发现问题及时向上级汇报;选择合适的锚类型;对抛锚海域的泥面状况提前进行准确把握;保证需要更改锚位置时能够准确找到锚,例如保证锚上系缚浮筒的绳索结实可靠
2.636	缆绳缠绕	避免缆绳出现松弛状况;保证跨接管结构起吊后的平衡状态,采用辅助设施提供更多的平衡力
2.598	海流升沉	制订恶劣海况应急预案;保证索具及缆绳的强度足够,保证跨接管的起吊状态正常;切实关注天气变化,多渠道获取可靠信息

表 3-9(续 2)

分值	风险因素	建议控制措施
2.576	风态错估	制订恶劣海况应急预案;切实关注天气变化,多渠道获取可靠信息;加强天气预报员和接收员责任心
2.568	人为失误	提高操作人员的安全意识和责任意识;对专业工人进行阶段性的培训和审核工作,采取合适的奖惩制度
2.562	规章不足	总结员工的工作经验和教训,并结合专业的理论知识,将更多的操作形成明确的安全规章制度,组织相关人员进行学习
2.562	系泊失灵	对起锚机设备进行定期的维护和保养,作业前进行检测;选择合适的锚类型;对抛锚海域的泥面状况提前进行准确把握;随时监控船舶锚泊定位系统的状况,发现问题及时向上级汇报;保证需要更改锚位置时能够准确找到锚,例如保证锚上系缚浮筒的绳索结实可靠
2.544	运动异常	保证跨接管质量重心等信息准确可靠;保证索具和缆绳等连接装置的安装方式合理可靠;设置辅助绳索对跨接管状态进行辅助控制
2.512	规程有误	组织定期的技术交流会,对固定的规程制度进行反复实践并完善;作业过程中发现有误条款及时向上级领导汇报,准确描述说明情况,由负责领导进行决策和指挥
2.440	配合不当	保证作业过程中的通信设备正常工作,满足各个工位人员的沟通与交流;作业前期对各自任务进行明确的分工,并明确与相关人员的工作界面
2.419	下落失衡	保证跨接管质量重心等信息准确可靠;保证索具和缆绳等连接装置的安装方式合理可靠;设置辅助绳索对跨接管状态进行辅助控制
2.394	船只碰撞	与作业海域附近船舶保持良好交流沟通,设置显著标志进行警示;船舶舷边设置防撞缓冲装置
2.223	冲击变形	跨接管设计过程中考虑飞溅区的影响提供足够的强度;对跨接管结构薄弱部位设置特殊的安全防护

表 3-10　水下切割作业过程风险因素及控制措施

分值	风险因素	建议控制措施
3.464	切除点确定有误	切除前进行切除点位置的检测,切除中核实切除点与实际施工所需是否相符
3.464	水下阴暗	提高水下能见度,使用适当的照明措施;选择能见度较好的时间进行探查作业

表 3-10(续 1)

分值	风险因素	建议控制措施
3.000	水下电切割电弧光	控制水下电源的使用和防水,针对易发生击穿显现的点切割过程设立安全保护措施
	水压作用	水下切割作业操作人员采用应对水压干扰的设备;保证作业设备与作业水深相符
2.828	水下低压空间	施工前进行水下检测,对易产生水下低压空间的区域进行勘查,尤其是对废弃采油井等要进行仔细勘查
2.450	水下气切割	减少气切割使用,改进切割方式,对切割过程进行严格监控,及时测定切割溢出气体中的成分
	密封舱空间不足	水密舱下水前进行气密性检测;下放水密舱后进入水密舱施工前进行水密性检测
	海洋生物	施工海域对海洋生物密集度进行调查,对有攻击性海洋生物出现的海域进行海洋生物驱逐;做好潜水员自身的防护工作
	光线折射	提高水下施工安全性教育工作,针对易出现视觉错觉的施工操作进行研究,并普及安全教育
	海底地质条件	改善施工地点地质条件,适当回填、海床预处理等
	自动切割设备连接	自动切割设备启动前要核查安装到位,状态正常,自动化设备运行时需要有辅助监控设备
	爆破切割爆破失效	爆破切割过程中严格控制操作流程,实施前进行人员核对;实施爆破切割时必须严格控制炸药用量,以保证整个过程安全可靠
2.236	水密舱密封不牢	水密舱下水前进行气密性检测;下放水密舱后进入水密舱施工前进行水密性检测
	水下密封舱排水失效	密封舱投放前进行排水功能检测,使用中进行排水检测,成功后再进入施工
	热切割设备损坏风险	热切割过程产生的热量及时分散,减少热量累积,同时对易受热影响的设备进行重点防护;保护设备的同时进行热量控制,防止热量过度散失导致热切割失效
	冷切割设备损坏风险	切割作业过程中进行防护,防止其他施工设备人员靠近而被卷入,重要缆线必须脱离切割范围,稳定实现刀具的结合,减少刀具碰撞崩裂
	高压射流切割射流管破裂	高压施工设备进场前检查管线设备可靠性;施工中设立保护装置,防止爆裂管线事故扩大,施工中控制管线在切割范围之外,减少切割管线所受应力,设置管线余量
	热切割过程引起的触电和烫伤	建立严格的热切割设备管控措施,避免人员触电或烫伤

表 3 – 10(续 2)

分值	风险因素	建议控制措施
2.000	切割流程教育	施工人员应熟悉水下切割流程,对于不熟悉的应进行流程教育学习
	减压时间限制	对全体施工人员进行安全上浮作业减压时间教育,普及最短减压时间
	水面波浪	提前预测海况,估计施工最长用时并估计期间海况变换情况,进而达到在有限的时间里充分完成施工目的的同时又保证施工安全最有规划
	钻石链切割意外启动	严格按照钻石切割机操作流程进行操作;设置安全开关
	安全教育缺失	逐步建立安全教育体系,通过完整的安全教育体系能够应对施工风险。针对母船的各种安全事故及可能的安全管理理论进行安全教育,提高施工人员的施工素质,从而降低风险
	连续工作时间	减少人员持续工作时间,限制高风险行业人员连续工作时间
	施工人员经验	提高施工人员经验的传承,对于新工人在现场施工作业要求有老工人带领

表 3 – 11　水下检测过程风险因素与控制措施

分值	风险因素	建议控制措施
2.828	水下地质条件复杂	改善水下施工地点的地质条件,适当回填、海床预处理
2.450	恶劣气候影响	切实关注天气变化,多渠道获取可靠信息;加强天气预报员和接收员的责任心;加强突发环境变化应急规范和应急措施的制订
	海底能见度降低	提高水下能见度,使用适当的照明措施;选择能见度较好的时间进行探查作业
	海底矿物质干扰	水下探查时注意检测水下矿物分布情况,对于存在较多矿产的海床应在检测时尽量避免水下矿物的电磁干扰
	海底垃圾干扰	应在施工前期探查阶段进行海洋垃圾密集度的确定,如垃圾影响较大应及时进行清理后再进行施工
	检测设备与管道碰撞	严格控制检测装置使用流程,在重要易被碰撞损伤的关键部分设置保护装置
	检测设备丢失管道	时刻核查检测设备运行情况并记录,建立检测过程的监督机制
2.236	水下地质灾害	做好水下地质灾害应急预案
2.000	渔业活动干扰	调研施工区域渔业活动情况,对存在捕鱼作业的进行合理协调;对施工期不存在捕鱼作业而存在捕鱼作业历史的海域进行水下勘查。施工前要检查水下残留渔网的情况
	海底动物的袭击	作业前对海洋生物密集度进行调研;对存在有危险生物的地点对潜水员施加保护措施,并准备驱逐海洋生物的装置
	海底植物干扰	调查水下植物密集度,对于水下植物密集度过高的地点进行清理作业

表 3－11（续）

分值	风险因素	建议控制措施
2.000	管道铺设情况复杂	对复杂管道布置地区进行详细施工调查,对检测中的复杂管系建立防护措施,减少碰撞的可能性
	检测过程破坏管道	某些检测设备在使用过程中需要清理管道的应注意清理强度,需要破坏外管进行检测的需要尽量控制使用范围,转换检测方式
	检测设备在高压下进水	使用设备前进行水密性检测,不具备条件时进行外观检测;水下施工过程中严格控制设备作业深度,意外进水后迅速切断电源防止损伤扩大
	设备运行意外发生的碰撞	运行自动化检测设备时要使其在规定高度进行检测,控制设备运行轨迹上不存在障碍物
	设备检测方法存在隐患	定期检测相关设备,对存在安全隐患的检测设备及时予以更换
	设备操控失误	检测设备操作过于复杂时应对从事检测人员进行培训
	安全教育缺失	逐步建立安全教育体系;针对母船的各种安全事故及可能的安全管理理论进行安全教育,提高施工人员的施工素质
	连续工作时间	减少人员持续工作时间,对高风险行业限制人员连续工作时间
	施工人员经验	加强施工人员经验的传承,对于新工人在现场施工作业要求有老工人带领

表 3－12　设备下放过程风险因素与控制措施

分值	风险因素	建议控制措施
3.464	海流分布	施工前对海流进行调查,避开海流较大的区域工作
	下放设备大小	下放设备的质量和大小应与起吊设备能力相符
	水下结构复杂度	对复杂管道布置地区进行详细的施工调查,对检测中的复杂管系建立防护措施,减少碰撞的可能;重要复杂水下结构设立保护措施
3.000	下放定位不满足要求	严格按照下放定位的既定方案进行下放,不得随意更改作业工序
2.828	水面海况不佳	切实关注天气变化,多渠道获取可靠信息;加强天气预报员和接收员的责任心
	下放方法选择不当	下放作业前召集有经验的专家对下放方法进行讨论,确保选择的下放方法符合作业海域
	连接器可靠性不高	作业前检查连接器连接是否牢靠
	母船稳性变化	保证工作母船船稳性计算正确可靠;稳性校核人员认真核查;提供准确的驳船资料;设计时留有合适的安全裕度
	水下管道密集度高	下放点选择时注意避开管道密集区域;对水下管道密集区域的管道注意加防护措施

表 3 – 12(续)

分值	风险因素	建议控制措施
2.450	预定下放地点地质条件不佳	对水下海床地质情况进行调研;选择合适地质条件的区域作为下放点
	连接缆绳数量不足	加强起吊计算人员、校核人员的选拔,挑选信誉好的设计单位和工作人员;设计时保证起吊设备所承担能力保留足够的安全裕度;请有经验的专家对设计进行审查;检查计算吊缆数量时考虑因素是否全面
	夹具作用力应力集中	夹具与设备间设立应力缓冲垫层等;采用专用夹具对各种设备进行夹持吊放
	安全教育缺失	逐步建立安全教育体系;针对各种安全事故及可能的安全管理理论进行安全教育,提高施工人员的施工素质,从而降低风险
2.236	质量估计不足	设计阶段充分考虑实际施工过程,保证质量估算的合理性;质量估计时留有足够的安全裕度
2.000	连续工作时间	减少人员持续工作时间,对高风险行业限制人员连续工作时间

3.3　海洋工程海上作业风险数据库技术

3.3.1　风险数据库概述

海洋平台是为在海上进行钻井、采油、集运、观测、导航、施工等活动提供生产和生活设施的大型构筑物,其造价高昂,建造过程复杂,处于复杂多变的海洋环境中,涉及内容广泛,有大量人员、设备参与,安全隐患多。以上这些特点导致了海洋工程作业过程中事故一旦发生,巨大的人员伤亡、不可估量的经济损失和无法控制的环境污染都是不可避免的,陆上施工部分也同样如此。因此,海洋工程风险源辨识与分析及过往风险事故案例的总结显得尤为重要。

只有深入研究海洋工程作业各个过程,不断细化风险分析的研究对象,才能有针对性地对海洋工程作业风险进行分析。例如,在海洋工程平台陆上风险分析中,主要分析建造阶段的风险,但由于建造阶段和其他阶段(准备阶段、设计阶段等)存在必然的联系,其他阶段存在的风险也会影响到建造阶段,因此应对其他阶段进行了解,以便全面识别出建造过程中存在的风险因素。

为便于对海洋平台建造风险进行分析,需编写该工程相应的风险源数据库,将海洋平台建设过程中的风险进行识别并分类,组成风险源数据库(利用 mySQL 数据库),借以基于 Java 语言编写、运用 Struts2 + Spring + Hibernate 框架和 MVC 结构的服务器,呈现不同的用户管理页面,使海洋工程作业风险管理系统得以实现。

3.3.2　需求分析与功能结构

需求分析是软件系统设计的前提,也是一个软件项目的开端,一个项目能否成功开发大多取决于系统需求分析的好坏。需求分析这个过程是对待开发系统所要实现的功能、性能、可靠性及可行性准确描述的过程。通常需求分析包括可行性分析、功能分析、性能分析及网络结构需求分析等。本系统从总体上看是一个数据库管理系统,系统被用来存储、管理海洋工程作业过程中可能存在的风险源及与风险源相对应的国内外已发生的相关风险事件案例。由于风险源数据和相关风险案例事件数据有数量大、分类细、使用周期长、使用地点分散、管理难度大等特点,海洋工程作业风险管理系统应该能够为后续研究提供大量可靠的信息和便捷的检索手段。

海洋工程作业风险数据库管理系统从功能上来说,主要完成对海洋工程作业风险源信息、已发生的风险事件案例信息的录入、管理及维护,系统应具备较强的自我修复功能,应能够对不同的用户进行管理,分配给他们不同的权限,以保证系统的安全性。

通过对用户的充分调查,了解不同用户对系统的不同需求,系统的功能可划分为四大模块,分别是系统管理、风险模块管理、风险源管理和风险事故案例管理。

系统管理模块主要完成对系统的管理与维护,在本模块除了对系统的数据进行维护外,还要对不同的用户进行管理。系统用户角色可以分为系统管理员和一般用户等,对于每一个用户可以根据系统分配给他们相应的权限对其进行管理。

风险模块管理主要对海洋工程作业事件树、事故树的节点进行管理,明确各层级风险模块隶属关系。各级风险模块要包含基本的信息,如模块的编号、名称、概率等级、后果等级、风险权重、风险等级等,并能够搜索查询相应风险模块及该模块下的子模块或者风险源。

风险源管理部分主要囊括了某风险源的各项具体信息,如风险编号、名称、概率等级、后果等级、风险权重、风险等级及控制建议,同时如有与该风险源相关的风险事故案例应注明,并可以查询。

风险事故案例管理包括事故编号、事故标题、事故发生时间、录入时间、事故具体描述、处理措施及经验总结。同时应标明该风险事故案例对应的风险源,并可以查询。如果该风险案例对应的所有风险源被删除,则该风险源也被删除。海洋工程作业风险数据库管理系统的功能结构如图3-5所示。

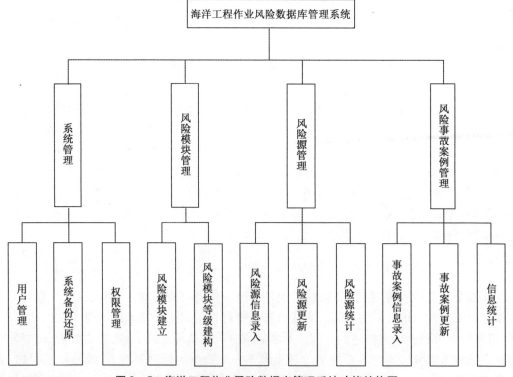

图3-5 海洋工程作业风险数据库管理系统功能结构图

3.3.3　用户结构划分

通过对海洋工程作业风险数据库管理工作进行调查研究和对系统使用群体的分析,使用海洋工程作业风险数据库管理系统平台的人员包括对各项风险模块、风险源及风险事故案例信息进行查询的普通用户和管理各项风险模块、风险源及风险事故案例信息,同时管理各个普通用户的管理员。如图 3－6 所示为用户角色划分,不同类型的用户具有不同的操作权限。

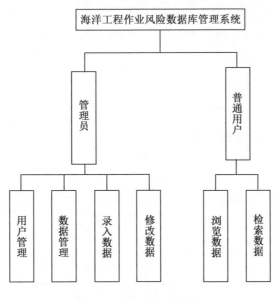

图 3－6　用户角色划分

管理员正常登录后,除了能浏览数据库中的数据或者输入关键词进行数据检索外,主要负责对数据库中的数据进行维护,包括录入数据和修改数据,以保证数据库中数据的正确性及完备性。同时,管理员负责对系统进行综合管理,包括对用户身份和权限进行管理,如图 3－7 所示。

普通用户需要输入用户名和密码进行登录,正常登录后,普通用户只能浏览数据库中的数据或者输入关键词进行数据检索,不能对数据库中的数据产生任何影响,如图 3－8 所示。

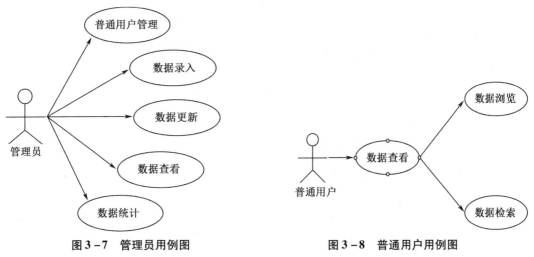

图 3－7　管理员用例图　　　　　　　　　图 3－8　普通用户用例图

3.3.4 系统需求建模

根据对数据库系统的需求进行全面分析,现将海洋工程作业风险数据库管理系统规划为以下几个功能模块,即用户登录模块、用户管理模块、数据查看与检索模块及数据录入与更新模块,分别对其进行介绍。

1. 用户登录模块

用户登录流程中,用户输入用户名和密码进行登录,将输入的用户名、密码与数据库中的信息进行对比,若不能匹配,则拒绝连接;若能够匹配,则进入系统,进行访问。

系统用户登录流程如图 3－9 所示。

2. 用户管理模块

用户管理流程中,管理员输入用户名和密码进行登录,将输入的用户名、密码与数据库中的信息进行对比,若不能够匹配,则拒绝连接,若能够匹配,并且有管理用户权限,则进入系统,进行访问。系统用户管理流程如图 3－10 所示。

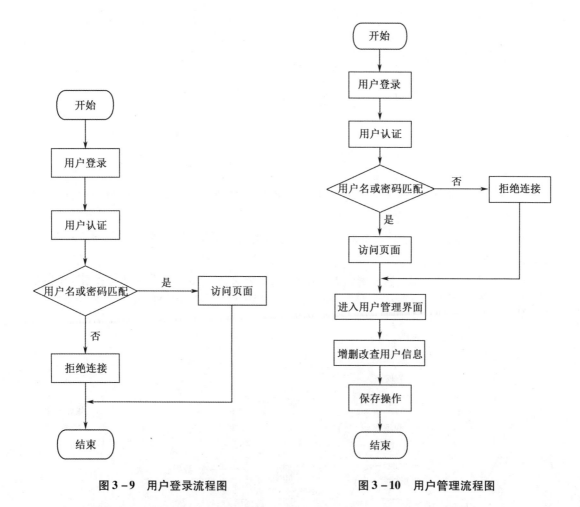

图 3－9 用户登录流程图   图 3－10 用户管理流程图

3. 数据查看与检索模块

进入系统后,用户可以选择浏览某个数据库中的所有记录,也可以选择特定数据库下的某个类别进行浏览,还可以输入关键词(如风险源编号、风险源名称、风险事故发生时间等)进行检索,随后点击选定的结果查看详细信息,数据查看完成后退出系统。

4. 数据录入与更新模块

管理员主要负责录入海洋工程作业风险源数据和海洋工程作业风险事故案例数据,并对数据库中的数据进行更新和维护,不断完善海洋工程作业风险管理系统,以保证系统中数据的正确性及完备性。管理员通过下载不同数据模板,按照要求填写相关信息,再上传至海洋工程作业风险管理系统,对系统内数据进行录入与更新。数据录入与更新模块流程如图 3 -11 所示。

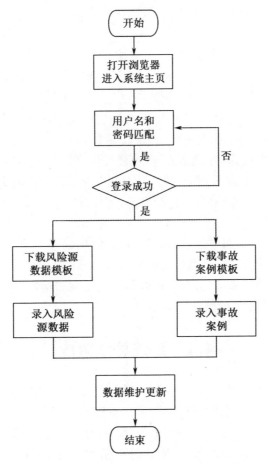

3 -11　数据录入与更新模块流程图

第4章　深水大型海上油气工程作业仿真系统总体架构与系统原理

4.1　系 统 功 能

面向深水大型海上油气工程设计、建造、安装、维修、生产、报废等阶段的工程仿真和训练仿真需求,以提升海洋工程作业安全水平、海洋工程装备作业效率、产品设计/建造/研发能力为目标,海洋工程作业仿真系统是以数学仿真和可视化显示为主,采用开放式的分布交互体系结构、先进的高性能计算机系统、完善的软件工具和支撑软件环境、实时网络、计算机成像显示系统的集成综合仿真平台,具备以下主要功能:

(1)浮托、吊装、水下维修等典型施工作业过程仿真预演,用以评估海上作业方案的可行性、安全作业限界,提前预报及避免风险,并对海上施工作业提供优化建议;

(2)海洋工程作业人员操作培训,包括起重、铺管、动力定位、锚处理、驾驶、ROV 等人员的操作规程和技能培训;

(3)环境仿真功能,包括海洋环境(风、浪、流及海床属性)、设备操作环境(半物理仿真作业控制台)、虚拟作业场景(三维海洋及海床、声效)等;

(4)仿真管理与评估功能,包括多套作业仿真系统同步运行、主要作业站位、仿真过程数据的监控和纪录,以用于可行性和风险评估。

4.2　系 统 总 体 架 构

基于海洋工程作业方案仿真预演、人员培训等主要功能需求,依据资源可共享、功能可扩展、平台可兼容的原则,仿真系统采用基于 HLA/RTI(高层体系结构/运行时接口)的分布交互式开放结构,主要出公共平台和专用平台两部分组成。公共平台主要包括具有共性的海洋环境模型、分布式仿真支撑环境、基础数据库等;专用平台包括反映海洋工程装备作业特性的动力学与运动响应等数学模型及专业仿真软件。其总体架构如图 4-1 所示。

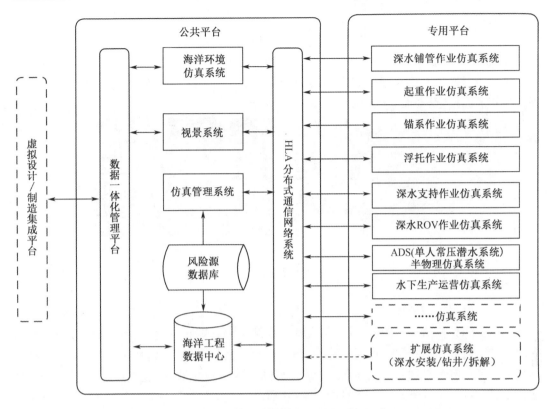

图 4 – 1　海洋工程作业仿真系统总体框架

4.2.1　公共平台

1. 海洋环境仿真系统

海洋环境仿真系统主要功能是为仿真平台上工程船只、海管的数学模型计算提供海洋环境信息输入,主要包括风、浪、流、海床属性等模拟,保证海洋环境模型的一致性,三维波浪/三维数字海床如图 4 – 2 所示。

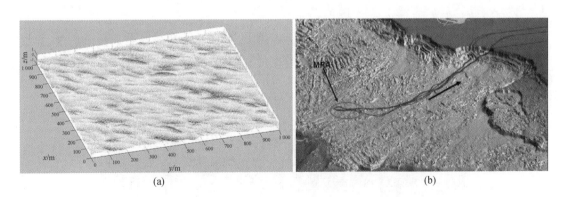

图 4 – 2　三维波浪/三维数字海床

2. 视景系统

视景系统功能是对海洋工程装备产品设计、建造、作业等场景进行可视化仿真,为设计人员、作业人员等提供如平面投影、立体投影、液晶显示屏、头盔等方式的虚拟三维显示,硬件主要由图形发生器、VR 显示设备组成,软件包括三维场景模型库、视景仿真、声响模拟等。球幕平面投影/平面立体投影如图 4-3 所示。

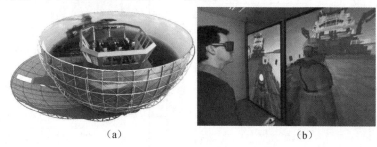

（a） （b）

图 4-3 球幕平面投影/平面立体投影

3. 仿真管理系统

作为协同作业仿真的控制中心,仿真管理系统主要功能包括:仿真流程控制,即仿真的启动、暂停、恢复、时间同步、仿真时钟推进等;初始仿真信息发布,包括仿真步长、初始海洋环境信息等具有逻辑联系的信息传递;联邦与联邦成员信息监控,包括联邦、成员数量、交互数据等信息。仿真管理中心实景如图 4-4 所示。

图 4-4 仿真管理中心实景

4. 风险源数据库

对海上作业、水下作业过程进行风险源分析研究,形成相应的风险管理技术指南,建立适用于我国海洋油气田开发工程的风险源数据库,指导作业方案的生成和预演。平台倾覆/火灾风险识别如图 4-5 所示。

（a） （b）

图 4-5 平台倾覆/火灾风险识别

5. 海洋工程数据中心

基于数据一体化管理平台,实现工程数据、仿真过程数据管理,用于设计数据、实船数据与仿真结果的对比分析和校核。

4.2.2　专用平台

1. 深水铺管/起重船作业仿真系统

以深水铺管起重船为对象,该系统通过进行起重、铺管、动态定位(dynamic positioning, DP)、压载、驾驶等作业的实时仿真,不仅能够对作业人员进行技能和应急操作培训,还可以实现作业方案的仿真预演与评估。201 船驾驶/起重模拟如图 4-6 所示。

|(a)|(b)|

图 4-6　201 船驾驶/起重模拟

2. 锚系作业仿真系统

以三用拖轮为对象,锚系作业仿真系统用于拖轮甲板作业、锚系处理、协同驳船浮托安装等作业仿真。拖轮锚系处理作业模拟如图 4-7 所示。

|(a)|(b)|

图 4-7　拖轮锚系处理作业模拟

3. 浮托作业仿真系统

浮托作业仿真系统以无动力驳船和半潜驳船为研究对象,通过对滑移装船、浮托安装等作业方案仿真,验证大型结构物装船、运输、安装等方案的可行性。导管架拖航/组块浮托安装如图 4-8 所示。

(a)   (b)

图 4 - 8　导管架拖航／组块浮托安装

4. 深水水下支持船作业仿真系统

深水水下支持船作业仿真系统以多功能水下工程船为对象，用于水下大型结构物安装、软管／脐带缆／电缆铺设、浮式生产设施锚系处理、饱和潜水支持、ROV 支持等作业仿真。水下安装作业仿真如图 4-9 所示。

(a)   (b)

图 4 - 9　水下安装作业仿真

5. 深水 ROV 作业仿真系统

深水 ROV 作业仿真系统以工作级 ROV 为对象，能够模拟 ROV 的水下作业、维修的独立作业与联合作业，用于 ROV 操控人员作业培训、水下作业维修作业方案的预演及评估。ROV 操控台／水下安装模拟如图 4 - 10 所示。

(a)   (b)

图 4 - 10　ROV 操控台／水下安装模拟

6. ADS 半物理仿真系统

ADS 半物理仿真系统用于 ADS 水下作业、管线维修、平台检测等作业仿真。ADS 水下作业如图 4 - 11 所示。

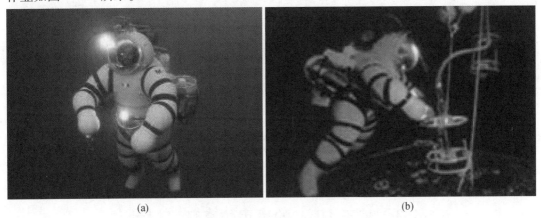

(a)　　　　　　　　　　　　　　(b)

图 4 - 11　ADS 水下作业

7. 水下生产运营仿真系统

深水油气管线距离长、高差大,所处海床温度低,传统水合物防治手段弊端明显,而且堵塞后的维修难度高、成本比陆地多数倍,深水油气管道水合物防治技术是管道安全流动和提高经济效益的保障。

8. 应急维修半物理仿真系统

应急维修半物理仿真系统以采油树、管汇、管道等深水维修作业为典型案例,对维修方案进行仿真预演与评估,主要用于水下生产系统故障维修预演、应急维修工机具作业仿真。ROV 水下应急维修/维修检查如图 4 - 12 所示。

(a)　　　　　　　　　　　　　　(b)

图 4 - 12　ROV 水下应急维修/维修检查

9. 未来扩展仿真系统

根据海洋工程上下游业务需求,仿真中心可以增加钻井、生产运营等仿真系统,扩展仿真中心功能。平台钻柱作业仿真如图 4 - 13 所示。

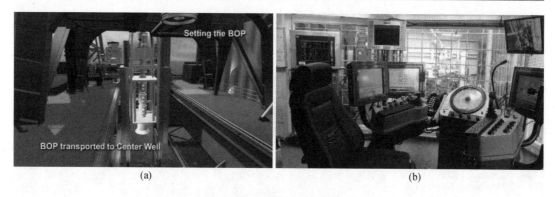

(a)   (b)

图 4 – 13　平台钻柱作业仿真

4.3　基于 HLA 的通用仿真环境设计

4.3.1　HLA 概述

HLA 是 1995 年 3 月美国国防部（DOD）发布的建模与仿真大纲（DOD M&S Master Plan）的第一个目标——开发建模和仿真通用技术框架中的首要内容,其主要目的是促进仿真应用的互操作性和仿真资源的可重用性。1996 年 10 月,美国国防部正式规定 HLA 为国防部范围内仿真项目的标准技术框架,开始推行 HLA,并用它代替原有的 DIS、ALSP 等标准。同时提交 IEEE 作为 IEEE 1516 发布,2000 年 9 月成为国际通用的标准。美国自 2001 年起只支持基于 HLA 仿真系统的开发,我国的航空、航天有关部门也在大力开展 HLA 的研究、开发和应用推广。

HLA 的基本思想就是使用面向对象的方法,设计、开发及实现系统不同层次和粒度的对象模型,来获得仿真部件和仿真系统高层次上的互操作性与可重用性。它包括三个方面:高层体系结构、任务空间概念模型（CMMS）和数据标准（DS）,其共同目标是实现仿真间的互操作,并促进仿真资源的重用,具体地说,就是通过计算机网络使得分散分布的各仿真部件能够在一个统一的仿真时间和仿真环境下协调运行,且可以重复使用。基于 HLA 标准的仿真系统能满足多方面的应用需求,具有如下优点。

（1）良好的重用性,使得为仿真应用开发的模型能在不同的仿真应用中实现共享,从而大大地节省新系统的开发费用和开发周期。

（2）良好的互操作性,使得不同的 HLA 应用模型能实现集成,实现基于网络的多子系统的交互和对抗仿真。

（3）能提供更大规模的将构造仿真/虚拟仿真/实物仿真集成在一起的综合环境。

（4）可以建立不同层次和不同粒度的对象模型。

4.3.2　基于 HLA 的仿真系统开发流程

海洋工程作业仿真系统是基于美国 IEEE 标准化委员会 IEEE 1516.3 HLA 标准、面向方案预演和分布训练的仿真系统,其开发与运行过程（图 4 – 14）分为以下 6 个步骤。

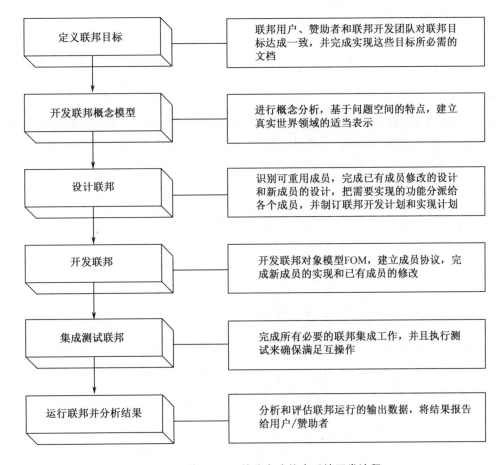

图 4 – 14　基于 HLA 的分布式仿真系统开发流程

1. 定义联邦目标

该步骤主要是明确联邦发起人需求并将需求描述细化成更具体、可评估的联邦目标。联邦发起人需求主要包括仿真任务关键特性的概要描述、逼真度的粗略需求、被仿真实体的行为需求、联邦剧情必须表示的关键事件、输出数据需求、可提供的支持联邦开发的资金/人力/工具/设施情况、作业安全限界/风险等限制条件。

定义联邦目标需要联邦用户和联邦开发团队之间紧密合作来确保对初始需求描述的正确分析和解释，从而达到和需求一致的目标。主要工作包括：分析需求描述文档、联邦可行性与风险分析、对联邦目标进行提炼和划分优先次序、与联邦用户讨论并确认联邦目标及可能用来支持计划的开发工具。

2. 开发联邦概念模型

联邦"想定"主要指对作业背景、资源部署、作业任务及作业过程等的设想和假定。本步骤在联邦"想定"的基础上，开发联邦剧情，建立联邦问题空间所涉及的真实世界域的适当描述，包括开发剧情、开发联邦概念模型和开发联邦需求三项活动。

完成"想定"并形成文档，以"想定"开发的结果作为输入，开发联邦相关的"真实世界"仿真模型，在概念层次上以"仿真对象"和"交互"描述功能。联邦"想定"开发主要是明确联邦中必须表示的主要实体，如作业船舶或设备，这些实体的功能、行为、相互间关系的概念描述及其与环境条件的关系(如海洋环境、海床等)。

3. 设计联邦

根据联邦"想定"、联邦概念模型和系统需求,确定联邦成员的构成及各联邦成员的对象信息和交互信息,制订联邦开发计划。

4. 开发联邦

该阶段涉及 FOM(联邦对象模型)的开发、联邦通用功能开发、"想定"实例化,最终的开发结果包括以标准的 OMT 格式描述的 FOM、以标准格式记录的联邦通用服务和资源的描述、联邦"想定"、RTI(运行时接口)初始化数据、联邦执行过程所需的数据。

5. 集成测试联邦

完成联邦的所有开发工作,并进行测试。联邦测试的目的是确认联邦需求是否获得满足、参与联邦的仿真应用是否具有兼容性和一致性。

6. 运行联邦并分析结果

运行联邦,分析仿真结果,并反馈给仿真试验人员。

4.4 系统运行流程

基于仿真系统开展深水大型海上油气开发工程作业方案预演,可检验施工方法、技术和装备的实际操作性,并研究各类应急反应预案和程序的科学性,不断提升施工作业能力,提高作业的安全性。海洋工程作业仿真系统运行流程如图 4 – 15 所示,其主要运行节点如下。

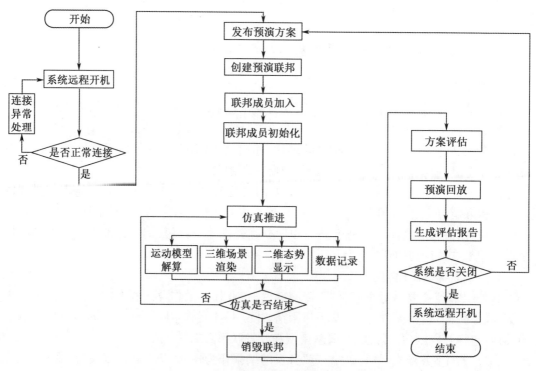

图 4 – 15   海洋工程作业仿真系统运行流程

1. 系统运行管理

全系统软硬件设备运行并监视其运行状态。

2. 发布预演方案

根据仿真预演科目,配置仿真资源以明确仿真参与的规模,主要包括作业海区环境、施工船舶及其装备类型等。

3. 创建和加入联邦

基于仿真预演科目生成联邦模型文件,将联邦成员实例化。

4. 联邦成员初始化

各联邦成员根据预演科目完成相应信息初始化,包括船舶初始浮态、初始位置等。

5. 仿真预演推进

主要完成船舶运动模型解算、二维态势/三维场景显示、数据收发及数据记录等过程,并时间推进到下一仿真步长。

6. 预演联邦销毁

当仿真科目结束或需要中断时,退出并销毁仿真联邦。

7. 预演回放与评估

分析和评价仿真得到的数据,并将结果反馈给用户,以用于评价作业方案可行性和优化方案。

第5章 深水大型海上油气工程作业风险防控仿真系统通信原理与数据标准

5.1 系统设计目标与需求规定

随着南海荔湾、文昌等深水油气工程项目的逐步实施,海洋作业工程由浅海逐步走向深海,深水水下作业面临巨大挑战,主要体现在:(1)相对于浅海和滩涂地区,深水作业的工况环境更为复杂、恶劣,受气候条件影响大,作业中使用的系统和设备常曝露于恶劣的气候条件和极高的机械负荷下;(2)海洋工程作业涉及钻井平台、生产平台、铺管船、起重船、ROV等多种配套装备,专业分工细,专业性强,对作业人员的专业技能和作业团队的生产组织协调配合提出了更高要求;(3)协同作业程度更高,为完成某一作业需要多个设备进行协同作业,如铺管船进行管道铺设作业时,利用ROV水下定位系统实时监测管道着床点的实际位置,并与理论计算着床点位置比对,如果偏差值超出设计范围,则需重新调整张紧器敷设张力;另外,ROV还需为铺管船提供水下视频监控辅助支持功能。

为了提前发现与规避施工作业中存在的风险,通过建立作业风险防控仿真系统在施工作业前进行预演,分析仿真数据为施工作业方案提供参考意见。仿真系统的设计需要满足几个目标:进行典型的海洋工程作业仿真;快速增加新的工程作业装备三维模型;不低于30 Hz/s的视景更新频率与物理模型结算速度;系统可以持续并稳定地运行;在仿真过程中系统因故障无法运行时,需保证仿真数据无丢失;提供扩展功能,支持导入新的数据模型与作业设备仿真软件。

5.1.1 系统功能规定

系统必须具备的基本功能如下。
(1)数据订阅/发布;
(2)仿真联邦建立/销毁;
(3)仿真联邦加入/退出;
(4)仿真时间推进;
(5)数据对象声明/删除;
(6)订阅数据更新;
(7)发布数据更新;
(8)仿真状态保存/恢复;
(9)网络断链恢复;
(10)系统运行日志记录;
(11)仿真科目创建与编辑。
系统必须具备的方案预演与评估功能如下。

（1）能够开展深水铺管起重船、深水多功能工程船与 ROV 协同作业仿真，实现水下生产设施安装及水下维修方案预演，评估方案的合理性及风险；

（2）能够开展驳船与拖轮协同作业仿真，实现浮托安装方案预演，评估布锚方案可行性和进船风险。

系统必须具备的人员培训功能：

(1)吊机作业培训，包括水下设施安装、平台设施安装等典型作业；

(2)锚处理作业培训，包括抛、起锚操作等；

(3)人工调载作业培训，包括预调载、载荷转移过程调载等；

(4)浮托安装指挥作业培训，包括移船就位、进退船等过程指挥。

5.1.2　输入输出要求

仿真系统将输入分为系统输入与仿真应用程序输入。系统输入是仿真作业的必要条件，如海洋环境信息、锚泊布置方案、施工设备的姿态等；仿真应用程序的输入包括接收系统中其他程序的数据，例如视景仿真程序接收运动仿真模型的姿态信息，用于显示仿真设备。

系统输入需要遵循预先制订好的格式，这样仿真系统才能正确地解读输入数据。仿真作业的剧情使用 JSON 格式存储，必须定义表 5－1 所示字段。

表 5－1　系统仿真作业剧情字段表

Subject	科目名称
Identification	科目唯一标识号
Member	参与仿真作业的成员
ServiceIP	通信服务器 IP 地址
ServicePort	通信服务器端口号
LastTime	最后修改时间
Purpose	仿真作业目的
POC	科目创建者
POC Organization	科目创建者所属组织
POC Telephone	科目创建者联系电话
POC Email	科目创建者邮箱

仿真应用程序在接入系统前时，需要依照系统对动态数据的要求提交一份订阅/发布表，其中制订了仿真应用程序输出/输入数据的类型、物理语义等，详细内容见本书 6.3 节。

仿真系统的输出包括仿真过程数据，为了满足不同数据的不同使用场景，对仿真过程数据提供了不同形式的输出形式：图标、曲线、极值表等；仿真系统还需把仿真作业的评估结果以报告的形式输出。仿真系统还需将运行日志(表 5－2)以可读的形式作为磁盘文件输出，方便在故障或错误发生时快速定位问题。

表5-2　运行日志定义字段

Time	时间
Level	警告级别
Line	行数
Content	警告内容

日志警告分为6个级别：trace、debug、info、warning、error、fatal。

仿真应用程序的输出也是依照程序的发布/订阅表，除此之外还需要依照系统日志输出格式将运行日志输出到磁盘文件。

5.1.3　故障处理要求

（1）可恢复的系统故障需记录到运行日志与运行警报文件中；

（2）致命故障须保存当前仿真程序的通信状态与内容，方可结束软件进程。

5.2　静态数据标准

5.2.1　三维模型（逻辑性）

视景仿真以构造仿真对象的三维模型，再现仿真对象的真实环境，达到逼真的仿真效果为主要目的，其实现思路主要分为视景仿真三维建模和视景仿真驱动两种。视景仿真三维建模主要包括模型设计与实现、场景构造与生成、纹理设计制作、特效设计等，其主要要求是构造出逼真的三维模型和制作出逼真的纹理和特效。视景仿真驱动主要包括场景驱动、模型调度处理、分布交互、实时大场景处理等，主要要求是高速逼真地再现仿真环境，实时地响应交互操作等。

1.三维模型数据库在仿真系统中的特点

视景仿真系统中，三维模型数据库与传统数据库不同，这是由其对实时性和交互性的实现要求决定的，如：

（1）尽可能少的模型多边形数量；

（2）尽可能简单的模型数据构造；

（3）便于进行遍历操作的数据库结构；

（4）数据库本身能够被程序快速读取。

由于模型服务的对象和使用目的的差别，大多数的传统三维建模软件所建立的三维模型数据库并不能完全符合上述要求。3DStudio MAX、MAYA等传统的三维图形建模软件包虽然可进行各类三维模型的创建，但面对可视化仿真系统的要求，还略显不足。它们往往以视觉效果为目标，而忽略场景的渲染效率。其结果通常是，一个优雅精细的模型包含成千上万个面，加上复杂的纹理，考虑到视景仿真提出实时渲染的要求，其过长的画面渲染时间显然不符合要求，无法作为视景仿真的开发工具。

在这样的背景下，Multigen Creator软件包的出现为服务于视景仿真系统的三维建模者提供了方便。它是针对可视化仿真的要求而设计开发的三维建模软件，能够在满足视景仿真的真实性和实时性要求的前提下,灵活高效地创建三维模型数据库。Creator 软件具有的独创的层次化数据结构(OpenFlight 数据结构)是其不同于传统三维建模软件的主要特点。OpenFlight 具有以节点为基础的多层结构,通过对不同层次的改变,可对模型的各部分进行轻松的修改和控制,符合渲染的实时性,可通过驱动软件进行操作。同时,OpenFlight 还可实现高级实时功能,如光点系统、多自由度操控、层次细节等,以及高级渲染功能,如对纹理动画的支持、逻辑筛选、公告牌渲染等。

2. 三维模型数据库的组成

基于视景仿真系统对三维模型的要求,三维场景中的模型可大致分为两类。

一是基于建模软件 MultiGen Creator,采用 OpenFlight 数据格式、层次化管理的静态模型数据库,主要包括:静态视景模型库(包括母船、目标船、助航标志、起重设备、水下作业工具、作业平台、铺管设备等三维模型)、大场景视景数据库(包括海洋、岛屿、陆地、植被等的建模)。

二是根据仿真系统逼真度的需要,基于 OpenGL 图形语言,根据真实数据资料实时生成的动态模型,主要包括海底地形的实时绘制和柔性胶带缆的动态模拟。

3. 三维模型的建立

视景仿真中三维模型建立主要包括数据采集、纹理图片处理、基于实际尺寸的外形建立、纹理映射及细节层次处理几个过程,如图 5 – 1 所示。

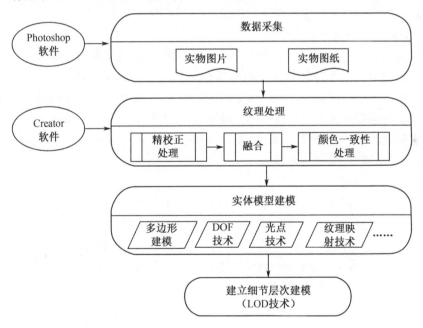

图 5 – 1　三维模型建立流程图

MultiGen Creator 软件中建模时,将实体模型按几何特性划分成一些相应的组节点,按层次划分的要求,这些组节点又划分为级别更低的组节点和具有相同级别的层次细节节点、多自由度控制节点等,相应地,它们又可继续划分为级别更低的节点,对某一父节点进行操作的同时会影响到该节点所属的所有子节点。在建模的过程中应用到的主要技术有LOD、DOF、光点技术和纹理映射技术。

4. LOD 模型

细节层次(Levels of Detail,LOD)模型是描述同一物体在不同细节程度下的显示状态的一组模型对象,这组模型对象包含多个代表不同 LOD 层次的模型,它们的区别在于模型的复杂程度不同。当场景中的模型距观察者较远时,受屏幕像素的制约,其外观细节无法在屏幕上显示,此时适当合并一些多边形不会影响到视觉效果,但却能有效减小模型复杂度,降低系统的开销。LOD 技术采用场景分块技术和可见消隐技术,通过为同一物体建立具有不同精细度的三维视景模型,可为观察者提供多视角场景,同时考虑到物体在屏幕中所占的比例,观察者可进行不同模型的选择,以降低模型的多边形数目。这些细节精度不同的模型一般在程序运行前建立,可从一个最高精度的模型出发,通过一系列的简化操作,如顶点删除、面片收缩和边压缩技术,来生成细节程度低的模型。

LOD 技术根据观察者选择的视景远近能够为模型呈现不同精细程度的画面,但在进行画面切换时偶尔会出现不顺畅的现象,即出现所谓的"popping"现象。针对这一问题,Creator 所提供的 Morphing 方法可有效地进行解决。在通过 LOD 进行视景距离切换时,Creator 为进行顺利过渡,会对当前视景模型的顶点进行过渡顶点的分配,即在互相切换的两个层次中对最近的顶点进行配对,当视点逐渐向中心靠近,过渡顶点随着距离的拉近而呈现,从而实现层次的顺利过渡。Morphing 过渡实际上是由 LOD 的中心(Center)、转入距离(Switch In)和过渡范围(Transition)三个属性控制的。通常将过渡范围设为 LOD 可视范围的 5% ~ 10%,过渡范围越短,转变过程就越快。Creator 将视距转变过程平均分为 10 段,目标层次模型会在 10 段过渡范围结束后呈现。

MultiGen Creator 还提供了可以根据一定的要求将包含细节较多的模型对象简化成对应的包含细节较少的模型对象的智能模型简化工具——Generate LOD,其工作原理是通过给模型对象建立一个包围它的三维参考栅格网,利用这个栅格来定义较低精度的 LOD 的顶点。由三维参考栅格网所确定的每个小三维网格空间被称作分解元,每一个分解元的几何中心是缺省的捕捉点。在分解元中,捕捉点会代替位于捕捉点指定空间范围内的所有顶点,从而剔除冗余顶点、简化三维模型。

5. DOF 自由度设定

DOF 节点使模型对象具有如平移、定轴转动等的活动能力,它可以控制其所有子节点按照预设的自由度范围运动。在本系统中实现螺旋桨的转动,舵、翼的摆动等,需要为这些部件设置 DOF 节点。设置 DOF 节点时,须以组节点或其他同级节点作为父节点。而后用 Position DOF 命令在模型上指定局部坐标系的坐标轴,再用 Set DOF Limits 命令选定运动方式,并设置 DOF 节点的自由度范围,DOF 即创建成功。而要想让 DOF 节点在程序中运动起来,还必须编程驱动。

6. 纹理映射

纹理即二维图像在三维模型表面的映射。通过对纹理的合理使用可达到不增加三维模型的多边形数量,同时可增加细节水平,达到获得照片级真实感的目的。二维纹理映射是从二维纹理平面到三维物体表面的一个映射,是将二维图像投射到几何形状上来产生特殊效果的技术。用系统的 u、v 坐标系对纹理进行定义,定义完成后,纹理图像会被映射到以 x、y、z 定义的几何坐标上。三维模型的投影过程也就是纹理旋转、改变的过程,模型映射到屏幕,相应地,映射后的纹理也会在屏幕上呈现。在使用纹理之前,要先将其加载到模型数据库的纹理调板中。MultiGen Creator 最大能支持 4 096 × 4 096 的图像纹理,并要求纹理

的尺寸必须是 2^N,如 32×32、128×128 等。随后,在纹理工具箱中选择合适的映射工具,将纹理贴在特定的模型表面上。不过需注意,MultiGen Creator 所支持的纹理格式固然很多,但有的格式虽然能在 MultiGen Creator 中正常使用,却在实时系统中无法正常显示。

7. 三维模型简模技术

应用于视景仿真的模型既要有较少的渲染面,又要有较高的逼真度。根据这种要求,细节部分应当使用纹理技术来表现,代替使用过多的面,多余的面则采用三维建模技术进行剔除。本书采用边折叠方法进行三维模型的简化。如图 5-2 所示,将原网格中的 u 点去除,得到简化后的网格。此时,以网格为整体来讲,减少了一个顶点、两个三角形和三条边,实现了模型的简化。简化效果还取决于被简化的点的选取方法。目前常用的方法有二次误差法、最短边法及 Melax 提出的一种快速有效的算法。每种算法都是一个判断标准,即判断哪些点需要删除。

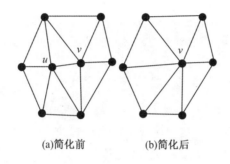

(a)简化前　　　　　(b)简化后

图 5-2　多边形网格的简化示意图

8. 三维建模初始设置规范

(1)采用统一的单位和比例尺,建议采用米制,保证三维模型外形结构的一致性;在模型分工之前,必须确定模型定位标准。一般这个标准会是一个 CAD 底图。制作人员必须依照这个带有 CAD 底图的文件确定自己分工区域的模型位置,并且不得对这个标准文件进行任何修改。导入软件里的 CAD 底图最好在 (0,0,0) 位置,以便制作人员的初始模型在零点处。

(2)采用不同渲染平台(如 Vega Prime、Quest3D 等)时应采用一致的模型纹理或图片,确保模型的外观效果基本一致。

(3)海工已有船舶、机具模型(如 PDMS、Inventor 等软件输出的模型),建议利用数据转换软件生成视景仿真软件所需格式的三维模型;删除场景中多余的面,在建立模型时,看不见的地方不用建模,对于看不见的面也可以删除,主要是为了提高贴图的利用率,降低整个场景的面数,以提高交互场景的运行速度,如 Box 底面、贴着墙壁物体的背面等。

(4)若没有现成模型,各课题组应采用同一数据来源(图纸等)进行三维建模,或者可采用某一课题组所建的模型进行格式转换。保持模型面与面之间的距离,推荐最小间距为当前场景最大尺度的 1/2 000。例如,在制作室内场景时,物体的面与面之间距离不要小于 2 mm;在制作长(或宽)为 1 km 室外场景时,物体的面与面之间距离不要小于 20 cm。如果物体的面与面之间贴得太近,会出现两个面交替出现的闪烁现象。模型与模型之间不允许出现共面、漏面和反面,看不见的面要删掉。在建模初期一定要检查共面、漏面和反面的情况。

(5)建模时最好采用 Editable Poly 面建模,这种建模方式在最后烘焙时不会出现三角面现象,如果采用 Editable Mesh 在最终烘焙时可能会出现三角面的情况。

5.2.2　命名标准

所有文件名称由字母、数字、符号构成,不能使用汉字。首先建立与三维模型同名的文件夹,该文件夹中包含以下几部分内容。

(1) *.flt 模型文件;

(2)textures 文件夹(名称固定);

(3)与模型同名的.txt 文档。

如图 5-3 所示。图中,textures 文件夹包含模型使用的所有贴图纹理;同名的.txt 文档记录模型的基本信息(主尺度、重心位置描述等)、更新时间、建模人员、DOF 节点、动画时间等。

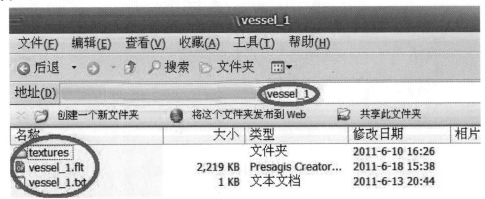

图 5-3　文件名称示意图

纹理的命名采用英文与数字组合形式,如模型名称为 vessel_1,则纹理名称可为 vessel1 -001、vessel1 - deck1、vessel1 - deck01 等。

5.2.3　格式转换标准

关于三维模型格式与转换,目前在 CAD 三维机械设计领域,国内和国外能形成多层次、多品种的三维建模软件,各行业的特点和设计师个人习惯不同,每个单位和设计师选用的软件各异,同时各种三维软件的数据记录和处理方式也不同,所以常出现以下问题:

(1)无法打开别人提供的三维模型;

(2)三维模型能够导入,但是会出现很多错误;

(3)耗费大量的时间,损耗效益。

为了不同单位或者各个建模工作人员能协调而高效地工作,有必要对软件之间的数据进行相互转化,这样可以在不同的企业和不同的部门间实现数据的快速传递和共享,如图 5-4 所示。

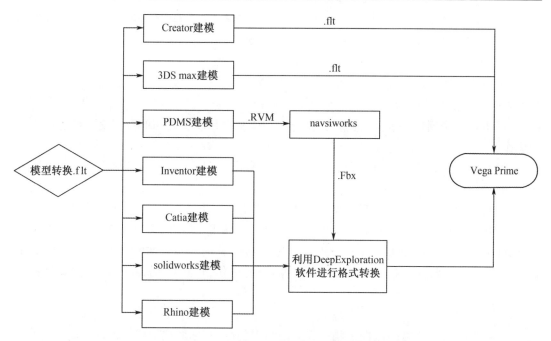

图5-4　常见各类三维建模软件之间的格式转换

5.3　动态数据标准

动态数据标准旨在建立数据采集、处理、存储、管理、分发等环节的技术规范,已实现各类模型、仿真和仿真子系统的数据共享,进而促进它们之间的互操作性和重用性。仿真系统数据标准化的重点包括以下两方面。

(1)数据表达的通用语义和语法

定义描述数据元素的通用词典,开发相应的辅助工具。

(2)保证数据质量

随着仿真技术的发展,在不同的阶段产生不同的数据标准协议。

5.3.1　坐标定义

采用WGS84大地坐标系,参考椭圆为WGS84-椭圆,投影方式选择墨卡托投影。墨卡托投影以赤道作为标准纬线,本初子午线作为中央经线,两者交点为坐标原点,向东向北为正,向西向南为负。

5.3.2　数据格式

为了达到促进仿真系统间的互操作,提高仿真系统及其部件的重用能力这一目的,采用对象模型(Object Model)来描述联邦及联邦中的每个成员,该对象模型描述了联邦在运行过程中需要交换的各种数据及相关信息。通常来讲,对象模型可以用各种形式来描述,我们选用一种统一的表格:对象模型模板(object model template,OMT)来规范对象模型的描述，OMT 是实现互操作和重用的重要机制之一。本节将详细介绍 DMSO HLA OMT V1.3 中各类表格的格式及构造这些表格的基本方法和依据。

1. 概述

HLA OMT 是一种标准的结构框架（或模板），它是描述 HLA 对象模型的关键部件，之所以采用标准化的结构框架，是因为它可以做到以下几点：

（1）提供一个通用的、易于理解的机制，用来说明联邦成员之间的数据交换和运行期间的协作。

（2）提供一个标准的机制，用来描述潜在的、联邦成员所具备的与外界进行数据交换及协作的能力。

（3）有助于促进通用的对象模型开发工具的设计与应用。

在 HLA OMT 中，HLA 定义了两类对象模型，一类是描述仿真联邦的联邦对象模型（federation object model，FOM）；另一类是描述联邦成员的成员对象模型（simulation object model，SOM）。这两种对象模型的主要目的都是促进仿真系统间的互操作和仿真部件的重用。

2. 联邦对象模型

HLA FOM 的主要目的是提供联邦成员之间用公共的、标准化的格式进行数据交换的规范，它描述了在仿真运行过程中将参与联邦成员信息交换的对象类、对象类属性、交互类、交互参数的特性。HLA FOM 的所有部件共同建立了一个实现联邦成员间互操作所必需的信息模型协议。

3. 成员对象模型（SOM）

HLA SOM 是单一联邦成员的对象模型，它描述联邦成员可以对外公布或需要订购的对象类、对象类属性、交互类、交互参数的特性，这些特性反映了成员在参与联邦运行时所具有的能力。基于 OMT 的 SOM 开发是一种规范的建模技术和方法，它便于模型的建立、修改、生成和管理，对已开发的仿真资源重用，促使建模走向标准化。

4. HLA OMT 的组成

HLA 对象模型（FOM 和 SOM）由几组相关的部件组成，HLA 要求将这些部件以表格的形式规范化。1998 年 4 月 20 日，美国国防部公布了 HLAOMT 的 1.3 版本，它是 DMSO HLA OMT 的正式定义。1.3 版本的 OMT 由以下 9 个表格组成，每个表格描述了联邦与联邦成员的一个方面：

（1）对象模型鉴别表记录与 HLA 对象模型相关的重要标识信息。

（2）对象类结构表记录所有联邦或联邦成员对象类的名称，并且描述了类与子类的关系。

（3）交互类结构表记录所有联邦或联邦成员交互类的名称，并且描述了类与子类的关系。

（4）属性表记录联邦或联邦成员中对象属性的特征。

（5）参数表记录联邦或联邦成员中交互参数的特征。

（6）枚举数据类型表用来对出现在属性表/参数表中的枚举数据类型进行说明。

（7）复杂数据类型表用来对出现在属性表/参数表中的复杂数据类型进行说明。

（8）路径空间表用来指定联邦中对象类属性和交互类的路径空间。

（9）FOM/SOM 词典用来记录上述各表中使用的所有术语的定义。

　　当描述一个仿真联邦或单个仿真系统(即联邦成员)的 HLA 对象模型时,必须使用上述所有表格,即 OMT 的各部件对 FOM 和 SOM 都适用。

　　一个 HLA 对象模型至少要包含一个对象类或交互类,但在某些情况下,描述对象模型的一些表可能是空表。例如,在一个联邦中,成员内部的对象之间存在信息交换,但各成员之间并不发送"交互实例",这样该 FOM 的交互类结构表将为空表,相应的参数表也会为空。一般情况下,如果一个联邦成员中的对象具有其他成员都感兴趣的属性,那么这些对象及其属性都需要在 SOM 中描述。但是,如果某个联邦成员甚至整个联邦只通过"交互实例"来交换信息,那么它对应的对象类结构表及属性表都将为空。对于 SOM 来说,其路径空间表总为空,因为它的信息交换仅局限于单个成员内部。而对于 FOM 而言,如果整个联邦都不使用数据分发管理(data distribut management,DDM)服务,其路径空间表也将为空。后面将对 HLA OMT 1.3 所涉及的 9 个表格逐一进行介绍。

5.3.3　对象模型鉴别表

1. 对象模型鉴别表作用

　　对象模型鉴别表记录了关于对象模型的描述信息,包括对象模型开发者的相关信息。设计 HLA 对象模型的关键目的在于可重用,这种重用包括对象模型级的重用,比如利用已有的 SOM 部件可以快速构造一个新的 FOM,在已有 FOM 的基础上可以快速开发新的 FOMO。在这两种情况下,为了促进对模型的重用,对象模型的描述信息应包括最少但足够的模型信息,这样当联邦开发者需要详细了解已有的 SOM 或 FOM 的构造细节时,对象模型鉴别表提供的模型描述信息就显得极为重要了。

2. 对象模型鉴别表格式

　　对象模型鉴别表由两列组成:第一列为描述对象模型所需数据的类别(Category),第二列为各类别所对应的信息(Information),其格式见表 5 - 3。

表 5 - 3　对象模型鉴别表

类别(Category)	信息(Information)
Name	
Version	
Date	
Purpose	
Application Domain	
Sponsor	
POC	
POC Organization	
POC Telephone	
POC Email	

　　表中各类别的含义如下:

　　Name:对象模型的名称。

Version：对象模型的版本标识。

Date：该版本对象模型的创建日期或最后修改日期。

Purpose：创建该联邦或成员的目的，也可包含对其特点的简短描述。

Application Domain：联邦或成员的应用领域。

Sponsor：负责（或资助）联邦或成员开发的机构。

POC：联邦或成员对象模型联系人的信息，应该包括联系人的职位及姓名。

POC Organization：联系人所属的单位。

POC Telephone：联系人电话。

POC Email：联系人的 E-mail 地址。

其中，POC（the point of contact for information on the federate or federation and the associated object model）用来指明模型的联系人信息。

所有的 HLA 对象模型都包括表中所列的各种对象模型原信息，对象模型的其他信息由对象模型开发者根据 HLAOMT 来确定。

5.3.4 对象类结构表

1. 对象类结构表基本作用和原理

在 HLA 中，对象类（Object Class）已经在上一章进行过描述，它实际上是对具有公共特性或属性的一组对象的抽象。对象类的每一个对象叫作该对象类的实例。HLA 对象模型的对象类结构是指联邦或成员范围内各对象类之间关系的集合，这种关系主要指对象类之间的继承关系，对象类结构表描述了联邦或联邦成员范围内对象之间的这种继承关系。类与子类的直接关系可采用在对象类结构表相邻列中包含相关类名的方法来表示，类与子类的非直接关系可通过继承的传递性从直接关系中得到。例如，如果 A 是 B 的超类，并且 B 是 C 的超类，则 A 是 C 的超类。超类和子类是互逆的关系，如果 A 是 B 的超类，则 B 是 A 的子类。子类可以看作其超类的具体化（或细化），它继承了其超类的属性，并且可以根据具体化的要求增加一些额外的属性。

在 HLA 中，对象类之间的关系也可以用它们的实例来表示，只有当对象类 B 的每个实例同时也是对象类 A 的实例时，我们才可以说对象类 A 是对象类 B 的超类。在这种概念下，我们很容易区分一个对象类的实例和它的导出实例（Derived Instance），一旦一个对象被声明为某一对象类的实例，那么它同时也将成为该对象类的所有超类的导出（或隐含）实例。例如，如果 M1 坦克是坦克的子类，那么一旦一个对象声明为 M1 坦克的实例，它将同时也成为坦克类的导出实例。当然，有些对象类（如上例中的坦克类）设计的主要目的是实现对其他对象类的组织和管理，它们并没有自己的实例，但这些抽象类仍然可以拥有自己的导出实例。

在对象类结构表中，没有超类的类称为根类，而没有子类的类称为叶子类。如果每个类只有一个直接超类，那么类结构为单继承，否则类结构为多继承。类结构是树型结构还是森林型结构（树型结构的集合），取决于是单继承还是多继承。极端情况下类结构可以是平的。HLA 要求对象类之间只能有单继承关系，不能存在多继承关系。对象类也可以没有子类。

2. 对象类结构表格式

在 OMT 的对象类结构表中，根类记在表的最左边一列，由此向右，顺序记录其子类直至叶子类。表的列数等于对象类结构的层次数,如果一张表记不下,则最后一列用 < ref > 转向附加的表格。

对象类结构表及后面的交互类结构表中对涉及类的各项描述均采用 BNF 规则,即

$$[< class > (< PS >)][, < class > (< PS >)] * | [< ref >]$$

其中,方括号中的内容可选,角括号中表示应该填写的内容,圆括号中的内容必须有,星表示零次或多次重复,而竖杠表示可根据需要在其连接的两边任选一项。

对象类名需用 ASCII 字符集定义。在 HLA 对象模型中,尽管单个对象类名不必是全局唯一的,但它和它的超类连接在一起(通过点符号)所组成的标识必须是全局唯一的。一个类名可以作为另一个类名的一部分,以利于表明两个类的关系。

在 SOM(或 FOM)的对象类结构表中,每一个对象类必须说明其 < P >(Publishable,可公布)和 < S >(Subscribable,可订购)的特性。一个对象类能被一个联邦成员公布是指该联邦成员有能力模拟该类对象的行为。一个对象类能被一个联邦成员订购是指该联邦成员具有利用该类对象信息的内在能力。可公布与可订购反映的都是联邦成员的内在能力。对每一个对象类的对象,可能具有的 < PS > 特性有以下三种:

(1)P 表明指定的对象类能被联邦成员公布,这同时要求联邦成员能够通过该对象类的名称向 RTI 注册该对象类的对象。

(2)S 表明该类对象的信息能够被联邦成员利用并产生响应。

(3)N 表明该类的对象既不能被联邦成员公布也不能被联邦成员订购,设计该对象类的目的在于方便模型的描述。

标识为 N 的对象类一般用来表示 N 个具有共同特性的抽象类。抽象类不能实例化,通常是不可公布的。当 N 个具体对象类的对象都具有共同的属性时,设立一个抽象类有助于简化对象的订购。

一个联邦成员对象类的能力可以是 < P >、< S >、< PS >(既订购又公布)、< N >(既不订购又不公布)四种之一。因此,SOM 中的对象类的 < PS > 项可以是{ P,S,PS,N}之一;而在 FOM 中,由于联邦中公布的类必须是可订购的,否则就没有必要公布,所以 FOM 中的< PS > 项应该是{S,PS,N}之一。

联邦成员可以订购类层次结构中任一层的类。通过订购一个指定对象类的所有属性,联邦成员将接收到该类及其子类所有实例的属性的更新值。如果联邦成员订购类层次结构中多个层次的类,那么 RTI 的"Discovery Object Class ＋"服务将会把一个对象标识为联邦成员订购的最低一层类的实例。对象类的层次结构为联邦成员提供了可方便地订购多个对象的手段。例如,联邦成员可以一次性订购联邦中所有的坦克、攻击机,至所有的地面目标、空中目标或海下目标。为了实现这种订购,RTI 必须知道联邦中所有的对象类及其属性。对象类的层次结构还简化了对属性的说明,因为这样可以将几个类公有的属性放在其超类中一次性定义,使得属性的管理变得简单。

3.对象类结构的设计原则

在 HLA 对象模型中,所有出现在对象模型其他表格中的对象类都必须包含在对象类结构表中。对 FOM 和 SOM 而言,其对象类层次结构的设计标准有着根本的区别,一个 FOM 的对象类结构是一个联邦中关于对象类划分的协议,它反映了联邦的各成员之间为了实现联邦执行目标而确定的对象类及其层次结构;而 SOM 的对象类结构表是一个联邦成员对所能支持的对象类的公告,即告知联邦开发者该联邦成员能公布什么和能订购什么。对于

FOM 和 SOM 的对象类结构表,HLA 并不要求某个特定的对象类或对象类结构必须记入其中。判断一个对象类是否要记入 FOM 的原则是看该对象类有无对象公开参与联邦的执行,即有无该对象的属性需要在联邦执行时公布。对联邦成员而言,其最基本的功能是参与联邦的执行,它的对象类结构应该根据该成员如何支持联邦范围内对对象类的公布和订购来确定。

层次丰富的对象类结构可以为联邦成员将来参与其他联邦的执行提供灵活性,但对联邦而言,应该根据参与联邦执行的所有成员的订购需求来确定对象类的结构和层次。如果将一系列具体的实体(如 Ml 坦克、F16 战斗机等)的对象类包括在 FOM 中,那么它可以很好地满足某些仿真系统中联邦成员的订购需求,但是如果联邦成员需要在更高的抽象层次上(如坦克、飞机或地面战车等)订购对象信息,那么就必须在 FOM 中增加一些对象类,因此如果一个联邦成员有能力在某个抽象层次上订购对象信息,那么在该抽象层次上的对象类就必须添加到联邦的对象类结构表中。

如果已有的 SOM 组合起来能够满足联邦的需求,那么可以简单地将已有的 SOM 组合起来形成一个新的 FOM。但有时需要对已有 SOM 中的对象进行重新分类才能够满足联邦的需求,在这种情况下,FOM 中类与子类的继承关系不一定出现在其成员的 SOM 中。

5.3.5　交互类结构表

1. 交互类结构表基本原理

在 HLA 中,交互是指一个成员中的某个或某些对象产生的、能够对其他成员中的对象产生影响的明确的动作。如同对象类结构表描述了对象类的层次关系一样,HLA 对象模型用交互类结构表来描述交互实例的类与子类的关系。在交互类结构表中,交互类的层次结构由不同交互类的一般化或具体化关系(即"继承"关系)组成。比如,一个"交战"交互类可以具体化为"空对地"交战、"舰对空"交战等交互类,而"交战"交互类则是这些具体交互类的一般化。在一个联邦或联邦成员中,如果没有一般化(即抽象)的交互类,那么其交互类结构是平的,它仅仅由一些相互之间没有继承关系的交互类组成。

在 HLA 对象模型中,交互类的层次结构主要用来支持对有继承关系的交互类的订购,当一个联邦成员订购了某个交互类,那么在联邦执行过程中,它将接收到所有属于该交互类及其子类的交互实例。例如,如果"空对地"交战、"舰对空"交战都是"交战"交互类的子类,那么对"交战"交互类的订购将导致接收到所有的"空对地"交战、"舰对空"交战交互实例。

交互参数可以用来记录反映交互实例特点的各种信息,例如交互参数可以记录对象类的名称、对象属性、字符串和数值常量等,接收到交互实例的对象将根据这些交互参数来确定该交互实例对它的影响。在联邦执行的过程中,无论联邦成员在什么时候激活"send Interaction"服务,所有可以使用的交互参数的值都将带有该交互类的名称。交互参数的标识符及相关的一些细节(如参数的分辨率、精度等)记录在 HLA 对象模型的参数表中。如同对象类的属性可以向下继承一样,交互类的参数也可以通过交互类的层次结构向下继承,其继承的机制和原则与对象类属性的继承机制和原则是一致的。

交互实例是仿真系统互操作的重要因素,因此接收到交互实例的不同联邦成员应该以一致的方式来处理交互实例,这样才能确保不同仿真系统间的互操作能力。另外,在系统仿真的过程中,为了支持对交互类的订购,RTI 必须知道联邦中所有的交互类型,所以在联邦执行中可能出现的所有交互类都必须记录在 HLA 对象模型中。

2. 交互类结构表格式

交互类的层次关系用交互类结构表来记录,交互类结构表的格式见表 5 - 4。表中最左边的一列记录交互类的根类。和对象类结构表一样,在随后的各类中记录交互类的层次结构一直到叶子类才能终止,如果一页纸不够,则在最后一列用 < ref > 转向续表。交互类名需用 ASCII 码字符集定义。在 HLA 对象模型中,单个的交互类名可以不唯一,但单个类名及其超类的类名通过点符号连接起来组成的标识符必须是唯一的。

表 5 - 4　交互类结构表

(< isr 》)	(< isr >)]	[< class > (< isr >)]	[< class > (< isr >)] [, < class > (< isr >)] * I [< ref >]
		[< class > (< isr >)]	[< class > (< isr >)] [, < class > (< isr >)] * I [< ref >]
		[< class > (< isr >)]	[< class > (< isr >)] [, < class > (< isr >)] * I [< ref >]
	[《 class >	[< class > (< isr >)]	[< class > (< isr >)] [, < class > (< isr >)] * I [< ref >]
		[< class > (< isr >)]	[< class > (< isr >)] [, < class > (< isr >)] * I [< ref >]
(< isr >)	[《 class >	[< class > (< isr >)]	[< class > (< isr >)] [, < class > (< isr >)] * I [< ref >]
		[< class > (< isr >)]	[< class > (< isr >)] [, < class > (< isr >)] * I [< ref >]

就像对象类结构表中的每一个类都必须标明其 < PS > 特性一样,交互类结构表中的每一个类也必须标明其 < ISR > 特性。对于特定的交互类,成员对其可能有四种能力:

(1)I——初始化(Initiates),指联邦成员能初始化和发出该类交互实例。

(2)S——感知(Senses),指联邦成员能订购该交互类和利用交互实例的信息(例如仅仅记录信息),但不要求能对受交互实例影响的对象进行操作。

(3)R——响应(Reacts),指联邦成员不仅能订购该交互类,而且还能通过适当操作受该类交互实例影响的对象来响应交互。

(4)N——成员当前对该交互类既不能初始化也不能感知和响应。

联邦成员初始化即每个交互类表示它不仅能公布该类交互,而且还能建立该类交互的初始化模型,并在初始化后有能力发送该类交互。一个联邦成员能感知一类交互,指的是它在订购该交互类后,能够利用该类交互提供的信息。感知能力强调在接收交互实例的基础上,能使用交互实例的信息。接收交互实例仅仅是所有 HLA 联邦成员的最基本的能力:一个联邦成员能响应交互类的必要条件是它能拥有交互实例的接受类(对象类)对象的 ID 码,或有能力公布接受类中受交互实例影响的那些属性,后一种情况,联邦成员必须能够更新接受类对象受交互实例影响的性质,以此来响应交互实例的效果。当然,不是所有交互都要直接改变属性的值,有些交互首先要改变对象的内部状态,然后通过对象的内部状态来影响属性的更新。简要地说,响应能力指联邦成员能适当响应来自“Receive Interaction +”的调用,这一响应能力包括适当地调整受影响的对象行为的能力,隐式地提供对对象属性的修改能力。

在一个联邦中,每个交互类至少应有一个成员能够初始化并发送它,并且至少应有一个成员能够感知或响应它,所以 FOM 中交互类的 < ISR > 项对应于集合{IS,IR,N},而 SOM 则对应于集合{I,S,R,IS,ISR,N}。

3. 说明

联邦成员之间的交互类一般都应该记录在 FOM 中,而成员内部的交互类则不需要出现在 FOM 中。比如,在工程仿真中,假设某个联邦成员用来仿真机车引擎的工作过程,联邦中如果没有其他联邦成员和引擎部件直接交互,那么反映引擎内部动态行为的交互类就不应该记录在 FOM 中。由于在仿真开发中联邦成员的开发往往是相互独立地进行,而且联邦成员当前支持的交互类,和将来成员要加入的其他联邦的关系并不清楚,因此当联邦成员对某个交互类的支持能力是 <IS> 或 <IR> 时,该交互类(表 5 - 4)一般应记录在 SOM 中。

5.3.6 数据协议发布

水下工程安全作业仿真测试装备系统数据发布订阅见表 5 - 5。

表 5 - 5 水下工程安全作业仿真测试装备系统数据发布订阅表

项目		属性中文名	类型	属性英文名	锚泊定位模型	进退船阶段的驳船运动模型	吊物动力学模型	起重机升沉补偿模型	船舶六自由度运动模型	综合管理与评估软件	视景仿真软件	海洋环境仿真软件	拖轮运动模型
拖轮运动模型	输出	经度	double	d Longitude							P		
		经度	double	d Latitude							P		
		升沉	double	d Pos Z							P		
		纵荡(纵向位移)	double	d Pos Y							P		
		横荡(横向位移)	double	d Pos X							P		
		纵倾角	double	d Pitch Ang							P		
		横倾角	double	d Roll Ang							P		
		艏摇角	double	d Yaw Ang							P		
		纵向速度	double	d Vel Y							P		
		横向速度	double	d Vel X							P		
		升沉速度	double	d Vel Z							P		
		纵倾角速度	double	d Pitch Ang Rate									
		横倾角速度	double	d Roll Ang Rate									
		艏摇角速度	double	d Yaw Ang Rate									
		纵向加速度	double	d Acce Y									
		横向加速度	double	d Acce X									
		升沉加速度	double	d Acce Z									
		纵倾角加速度	double	d Pitch Ang Rate Acce									
		横倾角加速度	double	d Roll Ang Rate Acce									

表 5－5（续 1）

项目		属性中文名	类型	属性英文名	锚泊定位模型	进退船阶段的驳船运动模型	吊物动力学模型	起重机升沉补偿模型	船舶六自由度运动模型	综合管理与评估软件	视景仿真软件	海洋环境仿真软件	拖轮运动模型
拖轮运动模型	输出	艏摇角加速度	double	d Yaw Ang Rate Acce									
		相对风向	double	d Direction to Wind									
		相对风速	double	d Velocity to Wind									
		对地航速	double	d Velocity to Ground									
		纵向拖缆力	double	d Tug Cable Force X									
		横向拖缆力	double	d Tug Cable Force Y									
		垂向拖缆力	double	d Tug Cable Force Z									
		纵向拖缆力矩	double	d Tug Cable Moment X									
		横向拖缆力矩	double	d Tug Cable Moment Y									
		垂向拖缆力矩	double	d Tug Cable Moment Z									
	输入	风向	double	d Wind Angle								S	
		风速	double	d Wind Speed								S	
		浪向	double	d Wave Angle								S	
		浪高(有义波高)	double	d Wave Height								S	
		浪周期	double	d Wave Period								S	
		流向	double	d Flow Angle								S	
		流速	double	d Flow Speed								S	
		潮汐高度	double	d Tide Height								S	
		码头高度	double	d Dock Height									
锚泊定位模型	输出	纵向拖缆力	double	d Tug Cable Force X		P							
		横向拖缆力	double	d Tug Cable Force Y		P							
		垂向拖缆力	double	d Tug Cable Force Z		P							
		纵向拖缆力矩	double	d Tug Cable Moment X		P							
		横向拖缆力矩	double	d Tug Cable Moment Y		P							
		垂向拖缆力矩	double	d Tug Cable Moment Z		P							
	输入	风向	double	d Wind Angle								S	
		风速	double	d Wind Speed								S	
		浪向	double	d Wave Angle								S	
		浪高	double	d Wave Height								S	
		浪周期	double	d Wave Period								S	
		流向	double	d Flow Angle								S	
		流速	double	d Flow Speed								S	
		潮汐高度	double	d Tide Height								S	
		码头高度	double	d Dock Height									

表 5 - 5（续 2）

项目		属性中文名	类型	属性英文名	锚泊定位模型	进退船阶段的驳船运动模型	吊物动力学模型	起重机升沉补偿模型	船舶六自由度运动模型	综合管理与评估软件	视景仿真软件	海洋环境仿真软件	拖轮运动模型
进退船阶段的驳船运动模型	输出	经度	double	d Longitude							P		
		经度	double	d Latitude							P		
		升沉	double	d Pos Z							P		
		纵荡（纵向位移）	double	d Pos Y							P		
		横荡（横向位移）	double	d Pos X							P		
		纵倾角	double	d Pitch Ang							P		
		横倾角	double	d Roll Ang							P		
		艏摇角	double	d Yaw Ang							P		
		纵向速度	double	d Vel Y							P		
		横向速度	double	d Vel X							P		
		升沉速度	double	d Vel Z							P		
		纵倾角速度	double	d Pitch Ang Rate									
		横倾角速度	double	d Roll Ang Rate									
		艏摇角速度	double	d Yaw Ang Rate									
		纵向加速度	double	d Acce Y									
		横向加速度	double	d Acce X									
		升沉加速度	double	d Acce Z									
		纵倾角加速度	double	d Pitch Ang Rate Acce									
		横倾角加速度	double	d Roll Ang Rate Acce									
		艏摇角加速度	double	d Yaw Ang Rate Acce									
		相对风向	double	d Direction To Wind									
		相对风速	double	d Velocity To Wind									
		对地航速	double	d Velocity To Ground									
	输入	风向	double	d Wind Angle							S		
		风速	double	d Wind Speed							S		
		浪向	double	d Wave Angle							S		
		浪高	double	d Wave Height							S		
		浪周期	double	d Wave Period							S		
		流向	double	d Flow Angle							S		
		流速	double	d Flow Speed							S		
		潮汐高度	double	d Tide Height							S		
		码头高度	double	d Dock Height									

表 5－5(续 3)

项目		属性中文名	类型	属性英文名	锚泊定位模型	进退船阶段的驳船运动模型	吊物动力学模型	起重机升沉补偿模型	船舶六自由度运动模型	综合管理与评估软件	视景仿真软件	海洋环境仿真软件	拖轮运动模型
载荷转移对象类	输出	船艉吃水	double	d Stern Draft							P		
		船艏吃水	double	d Head Draft							P		
		左舷吃水	double	d Left Draft							P		
		右舷吃水	double	d Right Draft							P		
		组块上船位移	double	d Offset							P		
		纵向受力	double	d X Ballast Force									
		横向受力	double	d Y Ballast Force									
		垂向受力	double	d Z Ballast Force									
		绕纵向受力矩	double	d Reel X Baallast									
		绕横向受力矩	double	d Reel Y Baallast									
		绕垂向受力矩	double	d Reel Z Baallast									
	输入	风向	double	d Wind Angle								S	
		风速	double	d Wind Speed								S	
		浪向	double	d Wave Angle								S	
		浪高	double	d Wave Height								S	
		浪周期	double	d Wave Period								S	
		流向	double	d Flow Angle								S	
		流速	double	d Flow Speed								S	
		潮汐高度	double	d Tide Height								S	
		纵荡	double	d Drive Pos Y		S							
		横荡	double	d Drive Pos X		S							
		升沉	double	d Drive Pos Z		S							
		横摇	double	d Drive Roll Ang		S							
		纵摇	double	d Drive Pitch Ang		S							
		艏摇	double	d Drive Yaw Ang		S							
		码头高度	double										
		本船初始吃水	double										
		载荷初始上船距离	double										
		千斤顶触发标志	bool										

表 5 –5（续 4）

项目		属性中文名	类型	属性英文名	锚泊定位模型	进退船阶段的驳船运动模型	吊物动力学模型	起重机升沉补偿模型	船舶六自由度运动模型	综合管理与评估软件	视景仿真软件	海洋环境仿真软件	拖轮运动模型
吊物动力学对象类	输出	加速度	double	d Acce									
		速度	double	d Vel the Cargo							P		
		位置	double	d Posit the Cargo									
	输入	主尺度	double	d Principal Dimensions									
		外力	double	d External Force									
		地球自转转向力	double	d Coriolis Force									
升沉补偿模型	输出	负载速度	double	d Load Vel									
		负载位置	double	d Load Posti							P		
		绳索张力	double	d Rope Tension									
	输入	纵荡	double	d Drive Pos Y					S				
		横荡	double	d Drive Pos X					S				
		升沉	double	d Drive Pos Z					S				
		横摇	double	d Drive Roll Ang					S				
		纵摇	double	d Drive Pitch Ang					S				
		艏摇	double	d Drive Yaw Ang					S				
		回转	double	d Slew									
		俯仰	double	d Boom									
		吊索起升	double	d Hoist									
综合管理与评估软件	输出	本船船名								P			
		本船类型	char	c Init Name						P			
		本船载况	double	i Init Ship Type						P			
		本船排水量	double	d Init Displacement						P			
		本船吃水	double	d Init Depth						P			
		初始经度	double	d Init Latitude						P	P		
		初始纬度	double	d Init Longitude						P	P		
		对地初始航向	double	d Init Heading						P			
		对地初始航速	double	d Init Speed						P			
		对水初始航向	double	d Init Course Water						P			
		对水初始航速	double	d Init Speed Water						P			

表 5 −5（续 5）

项目		属性中文名	类型	属性英文名	锚泊定位模型	进退船阶段的驳船运动模型	吊物动力学模型	起重机升沉补偿模型	船舶六自由度运动模型	综合管理与评估软件	视景仿真软件	海洋环境仿真软件	拖轮运动模型
综合管理与评估软件	输入	初始风向	double	d Wind Direction								P	
		初始风速	double	d Wind Velocity								P	
		初始阵风风向	double	d G Variation Direction								P	
		初始阵风风速	double	d G Variation Speed								P	
		初始浪向	double	d Wave Direction								P	
		初始波高	double	d Wave Height								P	
		最大波高	double	d Wave Max Height								P	
		浪向变化幅值	double	i Wave Spreading								P	
		初始波长	double	d Wave Length								P	
		波浪周期	double	d Wave Period								P	
		初始流向	double	d Current Direction								P	
		初始流速	double	d Current Velocity								P	
海洋环境对象类	输出	风向	double	d Wind Direction						P			
		风速	double	d Wind Velocity									
		浪向	double	d Wave Direction						P			
		波高	double	d Wave Height						P			
		波长	double	d Wave Length						P			
		波浪周期	double	d Wave Period						P			
		流向	double	d Current Direction						P			
		流速	double	d Current Velocity									
	输入	初始风向	double	d Wind Direction						S			
		初始风速	double	d Wind Velocity						S			
		初始阵风风向	double	d G Variation Direction						S			
		初始阵风风速	double	d G Variation Speed						S			
		初始浪向	double	d Wave Direction						S			
		初始波高	double	d Wave Height						S			
		最大波高	double	d Wave Max Height						S			
		浪向变化幅值	double	i Wave Spreading						S			
		初始波长	double	d Wave Length						S			
		波浪周期	double	d Wave Period						S			
		初始流向	double	d Current Direction						S			
		初始流速	double	d Current Velocity						S			

表 5 −5（续 6）

项目		属性中文名	类型	属性英文名	锚泊定位模型	进退船阶段的驳船运动模型	吊物动力学模型	起重机升沉补偿模型	船舶六自由度运动模型	综合管理与评估软件	视景仿真软件	海洋环境仿真软件	拖轮运动模型
视景仿真软件	输出	碰撞物体类型	double	i Collision Object Type									
		碰撞点数量	double	i Collision Num									
		碰撞点坐标	double	d Collision Position									
		碰撞法向	double	d Collision Direction									
		碰撞面积	double	d Collision Area									
	输入	风向	double	d Wind Direction								S	
		风速	double	d Wind Velocity								S	
		浪向	double	d Wave Direction								S	
		浪周期	double	d Wave Period								S	
		浪高	double	d Wave Height								S	
		流向	double	d Current Direction								S	
		流速	double	d Current Velocity								S	
		海底深度	double	d Water Deep									
		波浪谱名称	char	d Wave Spec									
		经度	double	d Longitude						S			S
		纬度	double	d Latitude						S			S
		纵向位置	double	d Surge						S			S
		横向位置	double	d Sway						S			S
		垂向位置	double	d Heave						S			S
		横倾角	double	d Roll						S			S
		纵倾角	double	d Pitch						S			S
		艏向角	double	d Yaw						S			S

注:P——右舷;S——左舷。

第6章 深水大型海上油气工程作业环境模拟技术

6.1 三维随机海浪模拟

6.1.1 海浪模拟方法介绍

海浪的模拟与仿真通常有三种方法:频率等分法、有理谱法和能量等分法。(1)频率等分法是基于海浪谱密度函数,对波浪作用的频率进行等份分割,然后利用分割后的频谱确定海浪的各次谐波幅值,建立海浪仿真模型;(2)有理谱法是基于有理谱理论,利用有理函数逼近海浪谱,然后在白噪声激励下求出形成滤波器的传递函数,即海浪成型模型;(3)能量等分法也是基于海浪谱密度函数,但其从能量等分的角度对频率进行分割。有理谱法采用逼近理论,因此会存在一定误差,能量等分法由于需要计算分割能量,从而逐级计算分割频率,算法比较烦琐,快速性受到了限制,而频率等分法既可以满足精确性,又可以相对快速地计算波形,本章也是采用频率等分法进行波浪的仿真模拟。

6.1.2 海浪谱

基于海浪谱的建模方法就是将随机海浪的特征抽象为随机过程的数学模型。海浪谱是海浪的重要统计特性,通过海浪谱可以得到固定点的海浪组成波能量相对于频率的分布。利用谱分析法预报船舶在不规则波中的性能,首先需要对航行海区的风浪谱密度进行估算,进而确定合适的波浪谱,选择正确的波浪仿真模型。近年来,海洋工作者根据大量的海上观测和理论计算得到了很多海浪谱的表达式,如常用的 Bretschneitder 谱、Pierson – Moskowitz(P – M)谱、ITTC 参数谱、JONSWAP 谱、Torsethaugen 谱等。本章以 P – M 谱、ITTC 双参数波能谱和 JONSWAP 谱为例进行海浪模拟研究比较,提出了一种适合浅海、深海及各种深度的海洋波浪模拟方法,使其可以更加贴近自然条件,比较真实地再现海洋波浪。

图 6 – 1 至图 6 – 6 所示分别为在海况为三级海况($H_s = 0.88$ m,$T_p = 7.5$ s)的 P – M 谱、ITTC双参数波能谱、JONSWAP 谱。

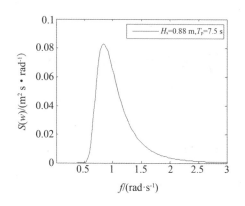

图 6-1 P-M 谱图

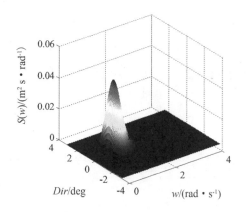

图 6-2 P-M 谱三级海况能量分布

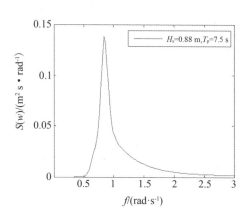

图 6-3 ITTC 双参数波能谱图

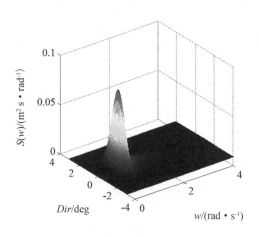

图 6-4 ITTC 双参数波能谱三级海况能量分布

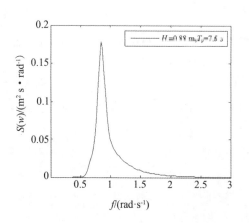

图 6-5 JONSWAP 谱图

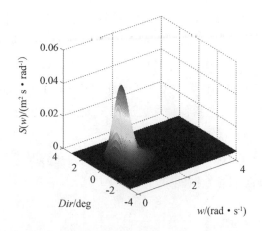

图 6-6 JONSWAP 谱三级海况能量分布

6.1.3　基于三种波能谱的三维不规则波浪模型

自然界中实际海面上的波浪是极其不规则的,在时域和空间域上具有不规则性和不重复性,每一个波的波高、波长和周期都是随机变化的,因此用规则波的固定表达式不能表达。为了便于问题的讨论,我们将波浪看作是由许多不同波长、不同振幅和随机相位的单元波叠加而成的。考虑到相位(相互间的时间)的随机不规则波,波面升高的数学表达式可以写成

$$\zeta(x,y,t) = \sum_{i=1}^{n} \sum_{j=1}^{m} A_{i,j} \cos(k_i x \cos\theta_j + k_i y \sin\theta_j - \omega_i t + \varphi) \tag{6.1}$$

其中　$A_{i,j}$——波幅;

　　　k_i——波数。

如果时间 t 保持不变,由式(6.1)可以看出波形可以看作位置坐标 x,y 的函数,kx、ky 每增加 2π,海面升高 ζ 保持不变,其间的距离为一个波长 λ,因此可以写成

$$k = \frac{2\pi}{\lambda} \tag{6.2}$$

如果位置坐标 (x,y) 固定不变,由式(6.2)可以看出波形可以看作时间 t 的函数,$\omega_i t$ 每增加 2π,海面升高 ζ 保持不变,波形传递一个波长所需的时间为波浪周期 T,则有

$$T = \frac{2\pi}{\omega} \tag{6.3}$$

如果在深水条件下,波长 λ、周期 T 和波速 c 之间存在如下关系

$$\begin{cases} \lambda = 1.56T^2 \\ T = \sqrt{\dfrac{2\pi}{g}\lambda} \approx 0.8\sqrt{\lambda} \\ c = \dfrac{\lambda}{T} = \sqrt{\dfrac{g}{2\pi}\lambda} = 1.25\sqrt{\lambda} \end{cases} \tag{6.4}$$

则由式(6.2)和式(6.4)可以得到

$$k = \frac{\omega^2}{g} \tag{6.5}$$

$$A_{i,j} = \sqrt{2S(w_i)D(\theta_j)\Delta w \Delta\theta}$$

1. P – M 谱

P – M 谱公式为

$$S(\omega) = \frac{8.1 \times 10^{-3} g^2}{\omega^5} \exp\left(-\frac{0.74g^4}{\omega^4 U_{\text{wind}}^4}\right) \tag{6.6}$$

其中　ω——波浪频率;

　　　U_{wind}——海面上 19.5 m 高空处风速。

2. ITTC 双参数波能谱

n 阶谱矩定义为

$$m_n = \int_0^\infty \omega^n S_x(\omega)\,\mathrm{d}\omega \tag{6.7}$$

由式(6.7)可以得出:

$$n = 0, m_0 = \int_0^\infty S_x(\omega) \mathrm{d}\omega = \sigma_x^2, \text{均方差};$$

$$n = 2, m_2 = \int_0^\infty \omega^2 S_x(\omega) \mathrm{d}\omega = \sigma_{\dot{x}}^2, \text{速度的均方差};$$

$$n = 4, m_4 = \int_0^\infty \omega^4 S_x(\omega) \mathrm{d}\omega = \sigma_{\ddot{x}}^2, \text{加速度的均方差}。$$

第十二届国际船模试验水池会议建议的双参数标准波能谱为

$$S(\omega) = \frac{A}{\omega^5} \exp\left(-\frac{B}{\omega^4}\right) \tag{6.8}$$

其中，$A = \dfrac{173 H_{1/3}^2}{T_1^4}$，$B = \dfrac{691}{T_1^4}$（$H_{1/3}$ 为有义波高；T_1 为波浪的特征周期，$T_1 = \dfrac{2\pi m_0}{m_1}$，如果缺乏波浪特征周期的资料，可以近似选取观察的平均周期 T，即 $T = T_1$）。

ITTC 双参数波能谱适用于表征非充分发展的海浪特征。

3. JONSWAP 谱

JONSWAP 谱公式为

$$S(\omega) = \alpha g^2 \frac{1}{\omega^5} \exp\left(-\frac{5}{4}\left(\frac{\omega_0}{\omega}\right)^4\right) \gamma^{\exp\left(-\frac{1}{2\sigma^2}\left(\frac{\omega-\omega_0}{\omega_0}\right)^2\right)} \tag{6.9}$$

其中　　ω_0——谱峰频率；

　　　　γ——谱峰升高因子，一般取 $1.5 \sim 6.0$，平均值为 3.3；

　　　　σ——谱峰形状参数，$\sigma = 0.07 \omega < \omega_0$，$\sigma = 0.09 \omega > \omega_0$；

　　　　α——无因次常数，$\alpha = 0.76 \bar{x}^{-0.22}$，一般 $\bar{x}$ 为 $10^{-1} \sim 10^5$；

　　　　ω——角频率。

当 γ 取 3.3 时，代入式（6.3）得到 JONSWAP 平均波能谱

$$S(\omega) = \alpha g^2 \frac{1}{\omega^5} \exp\left(-\frac{5}{4}\left(\frac{\omega_0}{\omega}\right)^4\right) 3.3^{\exp\left(-\frac{1}{2\sigma^2}\left(\frac{\omega-\omega_0}{\omega_0}\right)^2\right)} \tag{6.10}$$

由于海浪波能谱是一维的，而实际海浪是三维的，能量分布在广阔的频率和方向的范围内，为了能够表征海浪是与方向有关的，ITTC 建议采用方向谱函数，其形式为

$$D(\theta) = \frac{2}{\pi} \cos^2\left(\frac{\theta}{2}\right) \quad \left(|\theta| \leqslant \frac{\pi}{2}\right) \tag{6.11}$$

如果把波浪能量的频率分布与方向分布看成是无关的、线性的，可以用海浪谱函数与方向谱函数的乘积表示海浪的能量分布

$$S(\omega, \theta) = S(\omega) D(\theta) = \frac{173 H_{1/3}^2}{T_1^4 \omega^5} \exp\left(-\frac{691}{T_1^4 \omega^4}\right) \cdot \frac{2}{\pi} \cos^2\left(\frac{\theta}{2}\right) \tag{6.12}$$

采用频率等分法时，将频率分为 n 份，角频率 ω_i 可以表示为

$$\omega_i = \omega_{\min} + (i-1)\Delta\omega \quad (i = 1, 2, \cdots, m) \tag{6.13}$$

每份大小为

$$\Delta\omega = (\omega_{\max} - \omega_{\min})/m \tag{6.14}$$

$\omega_{\max}$、$\omega_{\min}$ 的选取是波浪模拟的关键，如果一味地增大频率区间，则会影响计算的速度，如果频率区间过小，则会影响计算精度，需要根据能量的分布选择频率分布区间。

方向角 θ_i 表示单个波的传播方向与坐标轴的夹角，理论上 θ 可选取 $0 \sim 2\pi$，但实际的波浪能量多分布在主传播方向两侧 $\pi/2$ 的范围内，因此只需要模拟 $\left[\theta - \dfrac{\pi}{2}, \theta + \dfrac{\pi}{2}\right]$ 的方向角

即可,θ 为波浪主传播方向。采用等分法,将方向划分为 n 个方向,方向角 θ_j 可以表示为

$$\theta_j = \theta - \frac{\pi}{2} + (j-1)\Delta\theta \quad \Delta\theta = \frac{\pi}{n} \tag{6.15}$$

划分等份 n,如果 n 越大则仿真精度越高,但相对应地计算量就越大,仿真速度越慢;相反地 n 越小,仿真精度越低,计算量越小,仿真速度越快,所以 n 的确定需要仿真精度与仿真速度协调考虑。

6.1.4　基于三种波频谱模型的分析

在三级海况下,分别用 P–M 谱、ITTC 双参数波能谱、JONSWAP 谱进行波浪模拟数值仿真。

对 P–M 谱、ITTC 双参数波能谱、JONSWAP 谱,采用相同的参数。取三分之一有义波高:$H_{1/3} = 0.88$ m;谱峰周期:$T_0 = 7.5$ s;频率份数 n 为 50;方向份数 m 为 40;选取 $\omega_{\min} = 0.5$ rad/s,$\omega_{\max} = 2$ rad/s,主方向 $\theta = 0°$,$t = 0$ s。波形图如图 6–7 至图 6–9 所示。

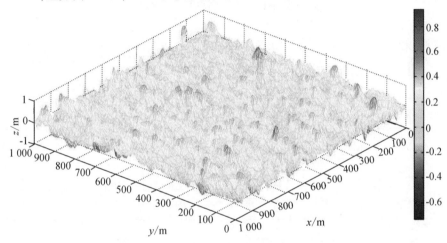

图 6–7　P–M 谱三级海况波形图($t = 0$ s)

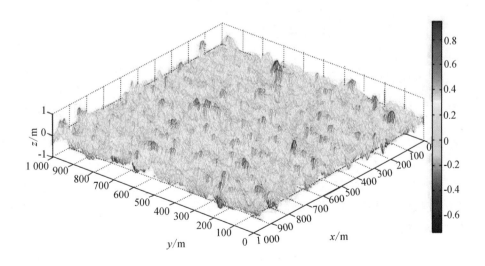

图 6–8　ITTC 双参数波能谱三级海况波形图($t = 0$ s)

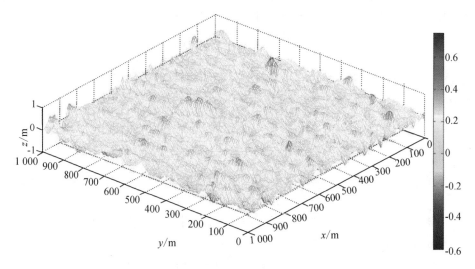

图 6 – 9 JONSWAP 谱三级海况波形图($t = 0$ s)

根据谱矩和波高的关系,仿真计算得到的有义波高和误差见表 6 – 1。

表 6 – 1 波高误差分析

三级海况	标准有义波高/m	仿真有义波高/m	误差/%
P – M 谱	0.88	0.872 54	0.85
ITTC 双参数波能谱	0.88	0.864 74	1.73
JONSWAP 谱	0.88	0.695 32	20.99

结果表明,P – M 谱和 ITTC 双参数波能谱仿真有义波高与标准有义波高偏差不大,JONSWAP 谱仿真有义波高与标准有义波高偏差较大。

6.1.5 典型双峰谱的波浪数值模型研究

1. 双峰谱的研究

目前,大多数研究集中在单峰波谱,但是由于波浪现象是由复杂原因引起的,受多种因素的影响,在大多数情况下,很少出现单独的风波,但会出现混合波,其波浪谱结构为双峰或多峰。因此,需要进行基于双峰谱的波浪数值模型研究。虽然双峰光谱模型随参数变化很大,但经典的双峰谱模型可以根据低中频分量和高频的频谱能量比分成三种主要类型,包括以风为主的混合波,等强度的风、涌混合波,及以涌浪为主的混合波。下面就来分析三种类型的混合波模型形态特征,以及风浪、涌浪与谱形的关系。

双峰波波频谱由低频分量和高频分量组成,每个分量由三个参数决定:有效波高 H_S、频谱峰值频率 ω_m 和形状参数 λ。

$$S(\omega) = \frac{1}{4} \sum_{j=1}^{2} \frac{\dfrac{4\lambda_j + 1}{4} (\omega_m^4)^{\lambda_j} H_{S,j}^2}{\Gamma(\lambda_j) \omega^{4\lambda_j + 1}} \exp\left[-\frac{4\lambda_j + 1}{4} \left(\frac{\omega_{m,j}}{\omega} \right)^4 \right] \tag{6.16}$$

其中　Γ——Γ 函数;

　　　j——低频分量和高频分量,$j = 1,2$;

　　　$H_{S,1}$、$H_{S,2}$——低频和高频下的有效波高;

　　　$\omega_{m,1}$、$\omega_{m,2}$——低频和高频下的频谱峰值频率;

　　　λ_1、λ_2——低频和高频下的形状参数。

频谱峰值周期可表示为

$$T_{m,j} = \frac{2\pi}{\omega_{m,j}} \quad (j = 1,2) \tag{6.17}$$

混合波的有效波高可以基于 Rice 的能量假设理论获得,即

$$H_S = \sqrt{H_{S,1}^2 + H_{S,2}^2} \tag{6.18}$$

基于表 6 – 2 的参数,可以得到三种混合波双峰谱模型,分别为图 6 – 10 至图6 – 12。

表 6 – 2　三种经典混合波波频谱的参数

混合波类型	低频的有效波高	低频阶段峰值分量	低频区形状参数	低频的有效波高	低频阶段峰值分量	低频区形状参数
以风浪为主	1.5	20	3	0.8	6	6
风、涌等强度	0.8	11	2.1	1	6	2.5
以涌浪为主	0.8	12	3	1.5	6	6

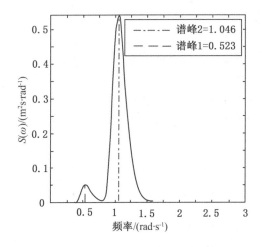

图 6 – 10　风浪占主要成分混合波双峰谱

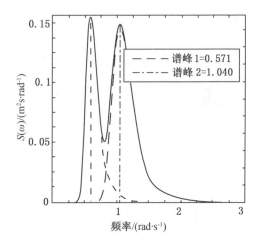

图 6 – 11　等强度风浪、涌浪混合波双峰谱

对于以风浪为主要成分的混合波,其波谱能量集中在高频峰值,中频为 1.046 rad/s,而只有很少的能量分布在频率为 0.523 rad/s 的低频峰值处。

对于风浪和涌浪比例均等的混合波的双峰谱,可以看出其中大多数能量在高频峰值(1.040 rad/s)和低频峰值(0.571 rad/s)处。

对于以涌浪为主的混合波的双峰谱,其中大多数波谱能量集中在频率为 0.313 rad/s 的低频峰值处,而相对较少的能量集中在高频峰值处频率为 1.046 rad/s。

综上所述,我们可以看出涌浪的能量集中在低频区,风浪的能量集中在高频区,由于混合波浪中风浪和涌浪所占的比例不同,所以双峰谱的能量分布也会随之变化。风浪占主要成分时双峰谱能量集中在高频区域;涌浪占主要成分时双峰谱能量集中在低频区域;当是等强度的风浪和涌浪的混合波时,低频区能量和高频区能量基本相同,双峰谱中会出现两个波高大约一致的能量波峰。

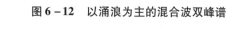

图 6 – 12　以涌浪为主的混合波双峰谱

2. 基于双峰谱的三维不规则波模型

对于双峰谱的三维波浪模型,由于双峰波能谱也是一维的,所以同样采用方向谱函数,即

$$D(\theta) = \frac{2}{\pi}\cos^2\left(\frac{\theta}{2}\right) \quad \left(|\theta| \leqslant \frac{\pi}{2}\right)$$

(6.19)

同样,把波浪能量的频率分布与方向分布看成是无关的、线性的,可以用海浪谱函数与方向谱函数的乘积表示海浪的能量分布,即

$$S(\omega,\theta) = S(\omega)D(\theta) = \frac{1}{4}\sum_{j=1}^{2}\frac{\dfrac{4\lambda_j+1}{4}(\omega_m^4)^{\lambda_j}H_{S,j}^2}{\Gamma(\lambda_j)\omega^{4\lambda_j+1}}\exp\left[-\frac{4\lambda_j+1}{4}\left(\frac{\omega_{m,j}}{\omega}\right)^4\right]\cdot\frac{2}{\pi}\cos^2\left(\frac{\theta}{2}\right)$$

(6.20)

其中　$H_{S,j}$——有义波高;

　　　　λ_i——波长。

同样,对于三维不规则波的模型,基于之前所提到理论,可以建立基于双峰谱的不规则波模型。

图 6 – 13 至图 6 – 15 显示了以风浪为主的混合波、等强度的风浪和涌浪的混合波和以涌浪为主的混合波的方向谱形式。类似于波谱的能量集中区域,可以看出波能量在每个方向上延伸。

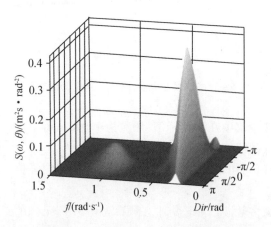

图 6 – 13　以风浪为主导的混合波的方向谱

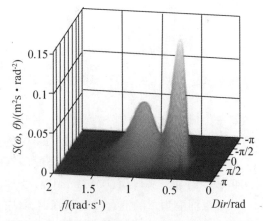

图 6 – 14　等强度的风浪和涌浪的混合波的方向谱

同样将波浪看作是由许多不同波长、不同振幅和随机相位的单元波叠加而成的。此时的波面高度方程为

$$z(x,y,t) = z_0 + \sum_{i=1}^{n} \sum_{j=1}^{m} A_{i,j}\cos(k_i x\cos\theta_j +$$
$$k_i x\sin\theta_j - \omega_i t + \varphi) \qquad (6.21)$$
$$A_{i,j} = \sqrt{2S(\omega_i)D(\theta_j)\Delta\omega\Delta\theta} \qquad (6.22)$$

用双峰谱,取三分之一有义波高:$H_{1/3} = 0.88$ m;谱峰周期:$T_0 = 7.5$ s;频率份数 n 为 50;方向份数 m 为 40;选取 $\omega_{\min} = 0.5$ rad/s,$\omega_{\max} = 2$ rad/s,主方向 $\theta = 0°$,$t = 0$ s。如图 6 – 16 所示。

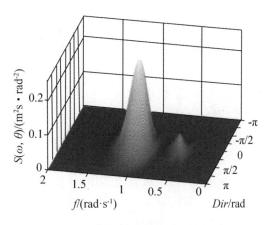

图 6 – 15　以涌浪为主的混合波的方向谱

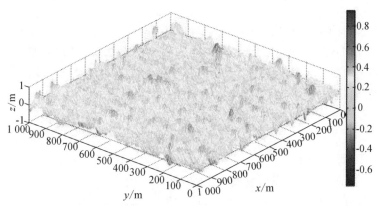

6 – 16　基于双峰谱的波浪高度场

6.2　三维海风模拟

6.2.1　风场的基本特性

风是大气边界层内空气流动的现象,并且其流动的速度和方向具有随时间和空间随机变化的特征。在自然界中,实际的风速和方向都是随时随地变化的,由于空气流动而在海面上形成的阵风可以认为是由两部分组成:平均风速和脉动风速。工程应用中,一般将风场风速的脉动分量看成与时间和空间相关的平稳各态历经随机过程。对于平均风速可以根据风速的长期统计资料进行计算,对于脉动风速可以看作平稳高斯随机过程,根据其功率谱函数进行时域脉动风速时程的数值模拟。

在惯性坐标系中,风场中任一点的风速可以分解为纵向、横向和垂向三个方向的平均风速与脉动分量的线性叠加。假设风速的横向和垂向的平均风速很小,可忽略不计,则风场中某点的风速可表示为

$$\begin{cases} \bar{u} = \bar{U}(z) + u(y,z,t) \\ v = v(y,z,t) \\ w = w(y,z,t) \end{cases} \qquad (6.23)$$

式中　$\bar{U}(z)$——平均风速;

　　　u——纵向上的脉动风速分量;

　　　v——横向上的脉动风速分量;

　　　w——垂向上的脉动风速分量;

　　　y、z——风场风速模拟位置的横向和垂向坐标;

　　　t——时间。

　　　u、v、w 都是时间 t 的函数;

6.2.2　平均风速模型

风在行进过程中由于地表摩擦阻力的作用,其动能会减小从而速度会降低,这种摩擦阻力由于风的湍流而向上传递,但随着距离地面高度的增加,风受地面摩擦阻力作用将减小,从而能量损失也变小。风速在垂直平面内随高度的变化称为风切变。目前,工程中常用的风切变模型有指数模型和对数模型。这里采用对数模型,即

$$\bar{U}(z) = \frac{u_*}{k}\ln\left(\frac{z}{z_0}\right) \qquad (6.24)$$

式中　$\bar{U}(z)$——平均风速;

　　　u_*——摩擦速度,对于充分发展的定常流是一个常数,这里取 $u_* = 0.3$;

　　　k——卡门(karman)常数,一般近似取 0.4;

　　　z_0——地面粗糙长度,通常较平坦的海面粗糙长度为 0.001 m。

图 6-17 为平均风速垂向分布。

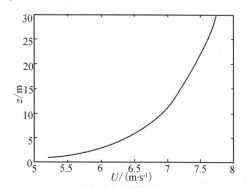

图 6-17　平均风速垂向分布

6.2.3　脉动风速谱

脉动风速谱描述紊流风的谱特性,对于频域内的随机响应分析,风速谱是必须的。湍流风具有很强的随机性,湍流风的统计特性可以用各方向的谱密度函数来描述,即采用谱密度函数来表示各频率下脉动风的能量分布。根据风的作用环境,风谱可分为陆地脉动风谱和海面脉动风谱。其中典型的陆地脉动风谱有 Davenport 谱、Kaimal 谱和 Harris 谱,典型的海面脉动风谱为 NPD 谱和 API 谱。本书主要研究海洋环境风场,所以选取 API 谱和 NPD 谱来模拟脉动风。表 6-3 是不同脉动风谱的简要介绍。

表6-3　不同脉动风谱的简要介绍

风谱分类	风谱名	特点
陆地脉动风谱	Davenport 谱	解决建筑物振动问题,没有反应湍流功率谱随高度的变化关系,高频部分偏高
	Harris 谱	对 Davenport 谱系数进行改进
	Kaimal 谱	考虑了大气湍流功率谱随高度的变化
	Ochi & Shin 谱	风能集中在低频区域
海面脉动风谱	API 谱	风能集中在低频区域,在海洋工程中应用较多
	NPD 谱	在海洋工程中应用较多

6.2.4　脉动相关性

脉动风在不同时间和空间上的相关性是风工程研究的一个重要参数,其相关程度可以分别在时域中用相关函数(correlation function)和频域中用相干函数(coherence function)来描述。除定义脉动速度功率谱外,为描述空间点之间的脉动速度关系,采用风场相关函数。

在时域中脉动风的相关性一般用相关函数来表示,相关函数分为自相关函数和互相关函数。由于自相关函数 $R_{xx}(\tau)$ 和互相关函数 $R_{xy}(\tau)$ 不能直接了解相关性大小,故引入自相关系数和 $\rho_{xx}(\tau)$ 互相关系数 $\rho_{xy}(\tau)$,其表达式为

$$\begin{cases} \rho_{xx}(\tau) = \dfrac{R_{xx}(\tau) - \mu_x^2}{\sigma_x^2} \\ \rho_{xy}(\tau) = \dfrac{R_{xy}(\tau) - \mu_x\mu_y}{\sigma_{xy}} \end{cases} \tag{6.25}$$

式中　μ_x、μ_y——随机变量 x、y 的平均值;

σ_x、σ_y——随机变量 x、y 的均方差值。

在频域中脉动风的相关性一般用相干函数来表示。风洞试验和实测表明,相干函数是一条指数衰减曲线。Davenport 给出了纵向脉动风速的竖向和横向相关函数的表达式为

$$Coh(r,\omega) = \exp\left(-\frac{\omega}{2\pi}\frac{[C_y^2(y_1 - y_2)^2 + C_z^2(z_1 - z_2)^2]^{1/2}}{\frac{1}{2}[U(z_1) + U(z_2)]}\right) \tag{6.26}$$

式中　ω——圆频率;

r——空间两点的距离;

y_1、y_2、z_1、z_2——分别为空间两点的横向坐标和竖向坐标,两点的连线与平均风速的方向垂直;

$U(z_1)$、$U(z_2)$——高度 z_1、z_2 处的平均风速;

C_y、C_z——横向和竖向相关的指数衰减系数,其取值可以由试验确定,根据风洞试验结果建议 $C_y = 16$、$C_z = 10$。

6.2.5　三维海风模型

对于脉动风场的模拟,目前无论是稳态或非稳态、均匀或非均匀、一维或多维、单变量或多变量,高斯或非高斯随机过程都提出了一系列的模拟方法,但归纳起来主要有三类:第

一类是利用三角函数叠加的谐波合成法(WAWS);第二类是基于数字滤波技术的线性滤波法(如自回归算法(AR)、移动平均算法(MA)及自回归移动平均算法(ARMA)等);第三类是利用小波在时域和频域上同时具有良好局部化特性,采用离散小波逆变换重构风速时程。谐波合成和线性滤波器法在这一领域应用最广。采用简谐波叠加法模拟风谱,首先要确定应用的脉动风速谱。

本章采用谐波合成法模拟风谱,根据 Shinozuka 理论,随机过程样本 $f(t)$ 可用下式表示

$$f(t) = \sum_{j=1}^{N} \sqrt{2S_v(\omega)\Delta\omega}\cos(\omega_j t + \varphi_j) \tag{6.27}$$

式中 N——充分大的正整数;

S——随机过程 G 的谱密度函数,当 N 足够大时模拟的随机过程趋近于高斯随机过程。

API 谱风能集中在低频区域,在海洋工程中应用较多,其脉动功率普为

$$S(\omega) = [\sigma(z)]^2/\omega_p \times 1/(1 + 1.5\omega/\omega_p)^{5/3} \tag{6.28}$$

$$\text{或 } S(f) = [\sigma(z)]^2/f_p \times 1/(1 + 1.5f/f_p)^{5/3}$$

$$f_p = 0.025u(z)/z, \omega_p = 2\pi f_p$$

$$\sigma(z) = 0.15 (z/z_s)^{-0.125} \quad (z \leqslant z_s)$$

$$\sigma(z) = 0.15 (z/z_s)^{-0.275} \quad (z \geqslant z_s)$$

式中 $u(z)$——z 高度处平均风速;

z_s——标准高度,$z_s = 20$ m;

f_p——风谱测量获得的平均频率;

$\sigma(z)$——z 高度处风速脉动的标准差。

一维 m 变量的平稳高斯随机过程 $\{f_j(t)\}$($j=1,2,\cdots,m$),其互相关函数矩阵和互谱密度矩阵分别为 $R(\tau)$ 和 $S(\tau)$。互相关函数矩阵的元素与互谱密度矩阵的元素存在维纳 – 辛钦关系式。根据 Shinozuka 的理论,作用在结构第 j 个质点处的脉动风荷载可表示为

$$f_j(t) = 2\sum_{m=l}^{j}\sum_{l=1}^{N} |H_{jm}(\omega)| \sqrt{\Delta\omega}\cos[\omega_m t - \theta_{jm}(\omega_{ml}) + \varphi_{ml}] \tag{6.29}$$

$$\omega_{ml} = (l-1)\Delta\omega + \frac{m}{n}\Delta\omega \quad (j = 1,2,\cdots,N) \tag{6.30}$$

$$\theta_{jm}(\omega) = \tan^{-1}\left\{\frac{\text{Im}[H_{jm}(\omega)]}{\text{Re}[H_{jm}(\omega)]}\right\} \tag{6.31}$$

式中 $H_{jm}(\omega)$——$S(\omega)$ 的 Cholesky 分解矩阵 $\boldsymbol{H}(\omega)$ 中的元素,即

$$S(\omega) = \boldsymbol{H}(\omega) \cdot \boldsymbol{H}^{T*}(\omega) \tag{6.32}$$

(其中,$\boldsymbol{H}^{T*}(\omega)$ 为 $\boldsymbol{H}(\omega)$ 的共轭转置矩阵);

N——风谱在频率内的划分数,理论上应有 $N \to \infty$,实际上 N 为充分大的正整数即可保证模拟的精度,为了能在计算中使用 FFT 技术,一般取 $N = 2^\alpha$,α 为正整数;

$\Delta\omega$——频率增量,$\Delta\omega = \omega_{up}/N$(其中,$\omega_{up}$ 为上界截止频率,即当 $\omega > \omega_{up}$ 时 $S(\omega) = 0$);

φ_{ml}——均匀分布于 $[0,2\pi]$ 区间的随机相位角;

ω——频率。

不同风速 API 谱和 NPD 谱的对比如图 6-18 和图 6-19 所示。

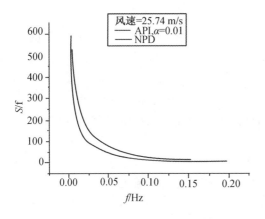

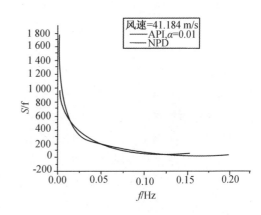

图 6 - 18　风速为 25. 74 m/s 时的 API 谱和 NPD 谱　　图 6 - 19　风速为 41. 184 m/s 时的 API 谱和 NPD 谱

6.3　海　流　模　拟

6.3.1　海流模拟要求

由于海洋平台模拟操作系统中需实现对整体海洋环境的模拟,因此除了风与波浪的模拟之外,还需进行海流的模拟工作。海流模拟方法及相应的模拟结果需要满足以下要求。

(1)在实际自然环境中,海流的流速在一定时间段内通常具有较高的稳定性,瞬时流速在该时间段的平均流速附近产生微幅的随机变化。因此,在进行海流流速的模拟时,应同时体现其随机性及相对较好的稳定性。

(2)由于模拟操作系统中模拟的是深水海洋环境,因此在模拟同一水深处海流流速与流向的随机变化之外,还需要模拟不同深度水层处的海流流速与流向的垂向随机变化。

6.3.2　海流随机变化特性

由于模拟操作系统中不仅要模拟特定水深处海流的随机变化,还需进行不同深度水层处的海流模拟,因此需要对同一水层海流的随机变化特性及不同水层海流的垂向分布特性进行分析与总结。通过对实测资料的分析与总结,得出海流随机变化的基本特性。

1. 海流流速随时间及水深变化的特性

(1)由于地球自转的影响,海流流速变化呈现周期性变化的特点,变化周期一般为 24 h;

(2)尽管短时间(如 1 h)内海流流速较为稳定,但是在一天时间内,海流流速随时间变化较为明显,并且变化幅度较大;

(3)随着水深的增加,海流流速的平均值与最大值会逐渐减小。

2. 海流流向随时间及水深变化的特性

(1)海流流向不具有短时间与长时间分布规律及变化幅度不同的特点;

(2)随着水深的增加,海流的主导流向会缓慢地产生逆时针偏转;

(3)随着水深的增加,海流流向的集中性逐渐降低,流向变化幅度增大,瞬时流向分布的分散度逐渐增加。

3. 海洋激流特性

国内外研究人员对海流变化的长期观察发现,海洋中除了存在具有一定统计规律的常规性海流之外,还存在突发性的异常海水流动,称为海洋激流现象。在模拟系统中同样需要进行海洋激流的模拟工作。

海洋激流具有以下特性:

(1)海洋激流发生时,瞬时流速会在很短的时间内产生急剧增大现象,即海洋激流的流速同时具有绝对流速大及相对流速变化大的特性;

(2)海洋激流持续时间较短,通常只持续20~30 min;

(3)由于海洋激流是海水突发性的异常流动,因此具有非常大的随机性。

6.3.3　海流的模拟

1. 流速模拟

根据海流流速分布特性,流速具有短时间内较为平稳但一天内变化幅度较大的特点,设定1 h为时间界限。另外,还根据平均流速随水深增加而减小的特点,设定不同水深处平均流速的相应变化。海流流速随机性变化的具体模拟方法如下。

(1)向模拟操作系统中输入当日海流的平均流速,在日平均流速上下一定范围内进行正态随机取值,产生海流的每小时平均流速。由于海流流速一天内变化幅度较大,因此其随机变化幅度设为±30%。然而,若各小时平均流速均由日平均流速直接随机取值获得,则会出现流速突变幅度过大的问题,而实际情况中流速的变化具有一定的连续性。因此,为减小流速变化落差,采用通过前一小时平均流速随机取值得到下一小时平均流速的模拟方法。

(2)模拟得到每小时平均流速后,海流每小时内的瞬时流速在其相应平均流速周围进行微幅的随机变化,变化幅度为±5%。

(3)设定输入的流速值为50 m水深处的平均流速值,根据对实测资料的统计,给出其余各水深流速与50 m水深流速的比例参数,计算得到100 m、200 m及300 m水深处的平均流速。各水深处具体的比例参数值为100 m水深取0.8,200 m水深取0.6,300 m水深取0.5。

2. 流向模拟方法

由流向分布及变化特性,设定主导流向随水深变化规律及各水深处瞬时流向的变化幅度。海流流向随机性变化的具体模拟方法如下。

(1)由于流向分布规律不具有与风向类似的每小时内占主导的特定方向,因此在进行流向模拟时将24 h作为整体模拟时间段。

(2)向模拟系统中输入50 m水深处的主导流向,根据对实测资料的统计,给出其余各水深流向与50 m水深流向之间的偏差度,计算得到100 m、200 m及300 m水深处的主导流向。各水深处具体的偏差度为100 m水深为5°,200 m水深为20°,300 m水深为45°。

(3)得到各水深的主导流向后,在其上下一定范围内进行正态随机取值,产生各水深处的瞬时流向,并且流向变化幅度随水深增加而增大。各水深处具体的流向变化幅度为50 m水深为±30°,100 m水深为±45°,200 m水深为±60°,300 m水深为±90°。

3. 海洋激流模拟方法

由于海洋激流具有流速变化幅度非常大且随机性非常强的特点,因此采用在常规海流模拟结果的基础上完全随机取值的方法来模拟海洋激流。海洋激流的具体模拟方法如下。

(1)随机选取一天中某一时刻作为海洋激流开始的时间点,海洋激流持续时间为 20 ~ 30 min 的随机值。

(2)由于海洋激流的流速较大,一般会达到常规流速的 2 ~ 3 倍,因此设定海洋激流发生时,在常规流速的基础上乘以一定的比例参数来得到海洋激流的瞬时流速,比例参数为 [2,3] 满足均匀分布的随机值。

6.3.4　海流模拟实现过程及结果

根据上述的海流流速、流向及海洋激流的模拟方法,利用 Matlab 软件进行编程来实现对海流随机变化的动态模拟仿真。向模拟操作系统中输入当日平均流速值及当日主导流向,模拟得到各水深处的各小时平均流速、各时刻瞬时流速及瞬时流向的模拟结果。向模拟操作系统中输入平均流速值 20 cm/s,模拟得到的 200 m 水深处各小时平均流速及各时刻瞬时流速的模拟结果如图 6 - 20 和图 6 - 21 所示。

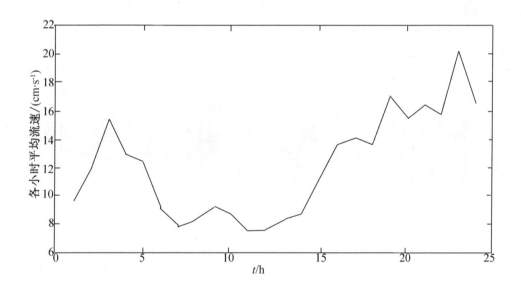

图 6 - 20　各小时平均流速时历曲线(200 m 水深)

向模拟操作系统中输入主导流向 270°,模拟得到的 200 m 水深处各时刻瞬时流向的模拟结果如图 6 - 22 所示。

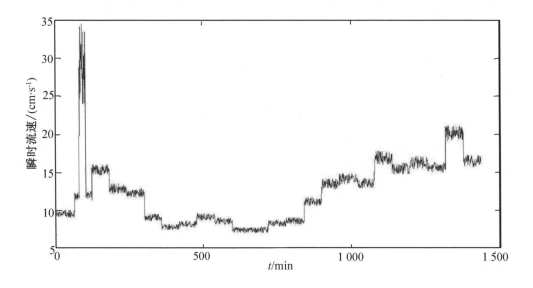

图 6-21　各时刻瞬时流速时历曲线（200 m 水深）

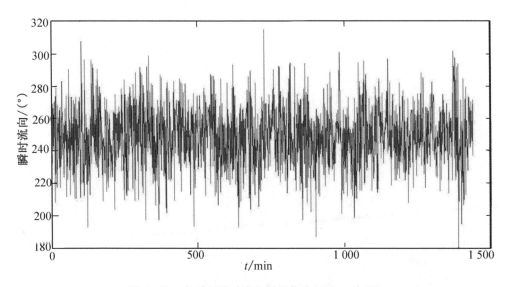

图 6-22　各时刻瞬时流向时历曲线（200 m 水深）

6.4　复杂海床模拟技术

以三维海床调查数据为基础,将海底地形、地貌、地层等数据进行有效组织,研制开发一套能够直观揭示三维海床特性的数值仿真系统,实现海床实际构造特征的可视化。该仿真系统可以直观查明海床特性,能够模拟海底管道在海床上的路由状态,为海底管道路由选择及埋深等问题的优化设计提供决策基础,为海床冲淤演变提供基础数据,对于促进我国海洋工程装备的产业化开发,打破国外的技术垄断,实现我国深海高效、安全、环保的油气开发,具有重要的现实意义。

6.4.1　常用软件及分析工具介绍

在海底这一特殊而复杂的地质环境下,建立三维海底地层非常重要,它可以让人们更加直观地了解沉积物的地下分布情况和几何形态,最大限度地增强地质分析的准确性,使之做出符合地质现象分布变化规律的工程设计与施工方案。

目前,常用的三维海底地层建模与可视化软件主要有:(1)三维数据可视化 Fledermaus,是 IVS 3D 公司出品的一套功能强大的交互式三维数据可视化系统,可用于海洋(海岸、海底)、地质资源调查、军事等领域,它可以完成包括海洋(海岸、海底)资源调查与制图、环境影响评估、采矿、地质调查及各种研究工作。(2)海洋数据视图(ocean data view,ODV),是由德国 Alfred Wegener 研究所研制开发的一个海洋学应用软件包,ODV 具有一系列丰富的功能,可解决海洋水文数据分析中的诸多问题。(3)JewelSuite Geologic Modeling Software,是美国 BakerHughes 公司推出的新一代油藏模拟软件,它融合了先进的计算机技术、石油地质技术、建模专利技术,以其独创的 JewelSuite 专利网格计算方法,完全彻底、快速精确地表征地下真实的构造,使得多断层、复杂构造的地质建模变得方便快捷。

除此之外,还有应用于海底管道不平整度分析的 SAGE Profile 3D 软件,深水铺管模拟软件(simulation of pipelaying,SIMLA)和 DEEPLINE 等,以上软件虽然在某些方面都具有各自的优势,但是应用于一些特殊区域的深水油气开发环境中可能会遇到一些问题,而且在使用上述商业软件的过程中无法直接修改源程序或者扩展软件功能。因此,需要研制开发一套能够直观揭示三维海床特性的数值仿真系统,实现海床实际构造特征的可视化,并不断开发完善使其功能越来越强大。

6.4.2　海床地层建模及可视化

在 Visual Studio 2013 开发环境中,可运用图形可视化界面开发工具 QT 设计图形用户界面。运用 C++语言编程读取基于海床的三维调查数据(海底地形、地貌、地层等),调用可视化工具包 Visualization Toolkit(VTK)的库文件,构建三维海床地层模型,实现海量多源异构数据的集成管理和海底空间数据的集成建模。在主窗口进行三维海床地层模型的可视化,并运用 C++语言编程实现三维数据浏览、图层管理、三维数据查询等基本功能。在三维海床地层模型、可视化及三维空间分析的基础上,利用 C++语言和可视化工具包 VTK 组合编程,开发三维数字海床数值仿真软件。软件开发技术方案的框架结构如图 6-23 所示,开发过程涉及的每个软件名称和其版本信息见表 6-4。

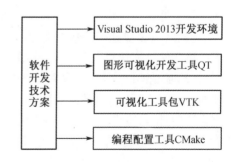

图 6-23　软件开发技术方案的框架结构

表 6-4　开发软件版本列表

序号	软件名称	版本	备注
1	Windows	Win7 或 Win10	操作系统
2	Visual Studio	Visual Studio 2013	开发环境
3	CMake	CMake - 3.5.0	编译配置工具
4	QT	qt - opensource - windows - x86 - msvc2013_64_opengl - 5.3.2	图形化界面设计开发工具
5	VTK	VTK - 6.3.0	可视化实现工具

注:除了 1 和 2,其他都是开源的。

三维数字海床数值仿真系统的技术路线如图 6-24 所示。

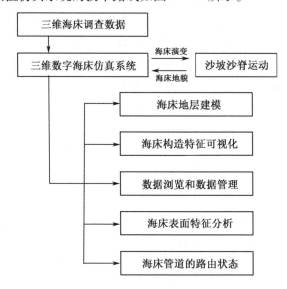

图 6-24　三维数字海床数值仿真系统的技术路线

整个可视化建模过程如下(图 6-25)。

(1)导入需要建模的数据文件。大多数情况下,数据文件均包含三维坐标信息,经编程实现将几何数据信息保存为 *.gli 文件格式。

(2)加载 GLI 文件,读取文件中的点、线、面信息并进行建模。读取点信息,首先通过关键词#Point 确定要读取的是点数据信息,读取每个点的序号 ID 和 x、y、z 坐标值并存储在对应容器中;记录点信息中的网格密度;存储每个点的名称,方便以后快速高效地检索到目标点;对点进行建模,将点信息加入存储点的对应容器中,在此过程中建立一棵 octtree,快速确定物体在 3D 场景中的位置;将每个点加入到点链表中,建立一个信号,发送到 VTK 窗口。用相似的方法读取边和面的信息,首先读取边和面各个参数的值,存在相对应的数据结构当中,将边和面存储在相应的容器当中,然后将边和面加入链表当中,建立一个信号,发送到 VTK 窗口。

(3)VTK 窗口收到地理数据添加的信号之后,创建更新数据浏览的槽,加载建模之后的数据,在 VTK 窗口上更新显示,最终实现数据的可视化。

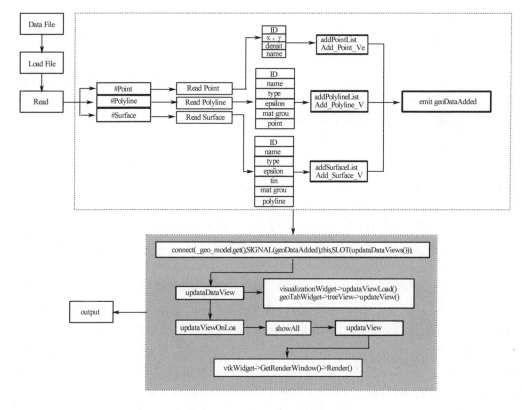

图 6 - 25　三维可视化建模过程

6.4.3　海床模拟关键技术和算法实现

在设计开发三维数字海床数值仿真软件的过程中,主要采用了三项关键技术:(1)运用 Visual C + +语言调用 VTK 类实现可视化;(2)运用高级编译配置工具 CMake 管理 C + +和 QT 工程;(3)运用 QT 信号槽机制实现图形可视化的控制。

设计开发完成的三维数字海床数值仿真系统,能够将海底地形、地貌、地层等数据进行有效组织,实现了三维海底地层建模及其构造特征的可视化。同时,它还提供了多种输入和输出接口,能够输出高精度的三维海床地层模型数据,不仅为海床冲淤演变提供了基础数据,而且为海洋环境仿真系统中的海洋场景模块提供了数据接口。

1. 运用 Visual C + +语言调用 VTK 类实现可视化

软件在读取基于海床的三维调查数据之后,利用 Visual C + +语言和可视化工具包 VTK 组合编程,实现三维地层建模及其可视化。

VTK 是开源的免费软件系统,主要用于三维计算机图形学、图像处理和可视化。VTK 是在面向对象原理的基础上设计和实现的,它是一套跨平台的 C + +库,对 OpenGL 作了较全面的封装,将各种三维模型的存储、运算、显示、交互等内容都以类的方式封装起来了,并且提供比 OpenGL 强大得多的功能。它的内核是用 C + +构建的,包含大约 250 000 行代码,2 000 多个类,还包含几个转换界面,因此也可以自由地通过 Java、Tcl/Tk 和 Python 等各种语言使用 VTK。

VTK 以用户使用的方便性和灵活性为主要原则,具有的特点如下。

（1）具有强大的三维图形功能。VTK 既支持基于体素（voxel – based rendering）的体绘制（volume rendering），又保留了传统的面绘制，从而在极大地改善可视化效果的同时，又可以充分利用现有的图形库和图形硬件。

（2）VTK 的体系结构使其具有非常好的流（streaming）和高速缓存（caching）的能力，在处理大量的数据时不必考虑内存资源的限制。

（3）VTK 能够更好地支持基于网络的工具（如 Java 和 VRML）。随着 Web 和 Internet 技术的发展，VTK 有着很好的发展前景。

（4）能够支持多种着色（如 OpenGL 等）。

（5）VTK 具有设备无关性，使其代码具有良好的可移植性。

（6）VTK 中定义了许多宏，这些宏极大地简化了编程工作并且加强了一致的对象行为。

（7）VTK 具有更丰富的数据类型，支持对多种数据类型进行处理。

（8）VTK 可跨平台，既可以工作于 Windows 操作系统又可以工作于 Unix 操作系统，极大地方便了用户。

VTK 采用管线机制来实现可视化，根据所获取原始数据的类型及所要得到的显示结果选择适当的算法构建起自己的可视化流程（图 6 – 26）。建立管线（也可称为可视化流程）就是将源（source）、过滤器（filter）和映射器（mapper）连接起来，分别对应于 VTK 类库中的 vtkSource、vtkFilter、vtkMapper。vtkSourc 为整个可视化流程的开始（如读取数据，定义具体的行为和接口）。vtkFilter 对数据进行各种处理，将原始数据转换为可以直接用某种算法模块进行处理的类型。vtkMapper 将经过各种过滤器处理后的应用数据映射为几何数据，为原始数据与图像数据之间定义了接口。用 vtkActor 类来表达绘制场景中的一个实体，将几何数据的属性告诉绘制对象，然后通过 vtkRender 类将结果在窗口中显示出来。

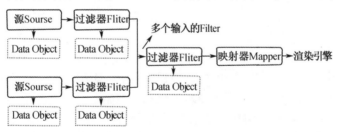

图 6 – 26　VTK 实现可视化管线的机制

2. 运用高级编译配置工具 CMake 管理 C + + 和 QT 工程

图形界面设计开发工具 QT 将源代码交给 C + + 编译器之前会实现将一些扩展的语法去除，这一操作被称为 MOC，它的全称是 Meta – Object Compiler，也就是元对象编译器。QT 程序在交由标准编译器编译之前，先要使用 MOC 分析 C + + 源文件。如果它发现在一个头文件中包含了宏 Q_OBJECT，则会生成另外一个 C + + 源文件，这个源文件中包含了 Q_Object 宏的实现代码。这个新的文件名字将会是在原文件名前面加 MOC 构成。这个新的文件同样将进入编译系统，最终被链接到二进制代码中去。

QT 的编译过程如图 6 – 27 所示，具体说明如下。

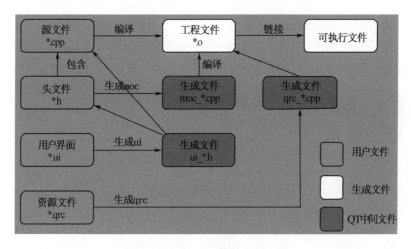

图 6 - 27　Cmake 管理 QT 工程

(1)编译 UI 文件,生成 UI 头文件,输出的 UI 头文件定义了 MOC 的自定义生成步骤。

(2)编译 UI 实现文件,输出 MOC 代码文件。UI 实现文件一方面继承自 QT 的 UI 相关类,例如 QWidget、QMainWindow,另一方面包含了 UI 头文件,而这个头文件由于自定义了生成步骤,则会同时输出 MOC 代码文件。这个 MOC 代码文件和 UI 实现文件,分别实现了 UI 类的两部分:QT 的 MOC 机制和基本的 C++类实现。这很巧妙,分两部分来定义一个标准的 C++类,其中一部分是编译了另外一部分后生成的。这个 MOC 代码文件很简单,就是 Q_Object 宏定义的实现代码部分。

(3)编译 MOC 代码文件,生成可执行文件。

QT SDK 中已经包含了 QMake 用于处理跨平台的编译问题。然而,还存在其他编译工具,如 autotools、SCons 和 CMake。这些工具满足不同的需求,如外部依赖。当 KDE 项目从使用 QT3 升级到使用 QT4 时,整个项目将构建工具从 autotools 转而使用 CMake。这使得 CMake 在 QT 开发世界中在用户数及功能支持和质量上占有了特殊的位置。

CMake 与 QT 结合的项目,最基本的就是需要一个工程的源代码及文本文件,包括源文件及头文件,其次需要一个 CMakeList. txt 文件替换 QMake 需要使用到的工程文件,在编译这个工程时,可以创建一个 build 目录,并在其内使用 CMake 及 Make 来编译。创建一个 build 目录的原因是想达到"out - of - source"编译的目的,这样可以把编译过程中产生的中间文件与源代码隔离开来。

CMake 中使用的参数代表指 CMakeLists. txt 文件所在的目录。CMakeLists. txt 文件控制了整个编译的过程。

用户编写的文件在编译过程中被 QT 的工具处理,并整合到整个编译流程是用 qmake 处理的,它隐藏了这个流程中的很多细节。当用户使用 CMake 的时候,这些中间过程必须要显式地进行处理,也就是说,在头文件中如果有使用 Q_Object 宏的话,则这个文件需要被 MOC 处理,∗. ui 文件也必须要由 uic 处理,∗. qrc 文件需要由 rcc 程序处理。一般地,CMakeList. txt 应包含的基本内容如图 6 - 28 所示。

```
Cmakelist.txt☒
    #包含所有源文件
        Set(project_srcs   main.cpp)
    #包含所有UI文件
        Set(project_uis   windows.ui)
    #包含所有头文件
        Set(project_moc_hdrs   projectfile.h)
    #引用QT模块
        Set(QT_USE_NAME TRUE)
    #生成对应的ui_*.cpp
        QT_wrap_ui( )
    #生成对应的moc_*.cpp
        QT_wrap_cpp( )
    #将生成的文件路径包含进来
        Inclnde_directories( )
    #生成相应的qrc_*.cpp
        QT_add_resources( )
    #生成可执行文件，链接到qt动态库
        Add_executable( )
        Target_link_libraries( )
```

图 6 – 28 CmakeList. txt 的一般格式

相比于 QMake,CMake 提供了更多的功能,最显著的获益是 CMake 支持"out – of – source"编译,这样做使得对源代码的版本跟踪变得更加方便。同样地,使用 CMake 的另外一个好处不只是针对 QT,CMake 使得添加额外的库的支持变得更加容易,如针对不同的平台,链接不同的库或者是将 QT 与其他库一起使用以构建较大型的程序,此时 CMake 的优势开始显现。其他强大的功能是具有了在一次设置的过程中产生不同版本的应用程序的能力,也就是说,针对一个单一的配置文件,可以产生多种不同的编译过程。

CMake 与 QMake 之间的选择其实很简单,对于只使用 QT 的项目,QMake 是个很好的选择。而当编译的需求超过了 QMake 的处理能力或者使用 QMake 配置变得很复杂时,CMake 可以替代它。由于在软件开发中使用了 VTK,因此选择使用 CMake 来管理整个软件工程会更加方便。

3. 运用 QT 信号槽机制实现图形可视化的控制

三维数字海床仿真系统中建立了很多的对象,对象与对象之间有很多的交互关系,因此需要使用信号槽机制将这些对象连接起来。

信号槽是观察者模式的一种实现,或者说是一种升华。一个信号就是一个能够被观察的事件,或者至少是事件已经发生的一种通知。当对象改变其状态时,信号由该对象发射出去,而且对象只是负责发送信号,并不知道另一端是谁在接收这个信号。这样就做到了真正的信息封装,能确保对象被当作一个真正的软件组件来使用。一个槽就是一个观察者,通常就是在被观察的对象发生改变的时候——也可以说是信号发出的时候——被调用的函数,用于接收信号,而且槽只是普通的对象成员函数。一个槽并不知道是否有任何信号与自己相连接,而且对象并不了解具体的通信机制。可以将信号和槽连接起来,形成一种观察者 – 被观察者的关系。当事件或者状态发生改变时,信号就会被发出;同时,信号发出者有义务调用所有注册的对这个事件(信号)感兴趣的函数(槽)。

信号和槽是多对多的关系。一个信号可以连接多个槽,而一个槽也可以监听多个信号。所有从 QObject 或其子类派生的类都能够包含信号和槽。因为信号与槽是通过 QOb-

ject 的 connect( )成员函数来实现的:connect(sender, SIGNAL(signal), receiver, SLOT( ));
其中 sender 与 receiver 是指向对象的指针,SIGNAL( ) 与 SLOT( ) 是转换信号与槽的宏。

信号槽依然是 QT 库的核心之一,其他许多库也提供了类似的实现,甚至出现了一些专门提供这一机制的工具库。本系统涉及很多观察者与被观察者之间的信息交互,所以大量使用了信号槽技术来实现。

信号槽机制类似于 Windows 下的消息机制,基于回调函数,QT 中用信号和槽来代替函数指针,使程序更加安全简洁。信号和槽机制是 QT 的核心机制,可以将互不相关的对象绑定在一起,实现对象之间的通信。

在进行信号和槽的连接时 QT 所做的工作就是找出要连接的信号和槽的索引,QT 会在 Meta Object 的字符串表中查找对应的索引。每一个对象有一个 connection vector,每一个信号有一个 QObjectPrivate::Connection 的链表,这个 vector 就是与这些链表相关联的。每一个对象还有一个反向链表,它包含了这个对象被连接到的所有的 connection,这样可以实现连接的自动清除。而且这个反向链表是一个双重链表,如图 6 – 29 所示。

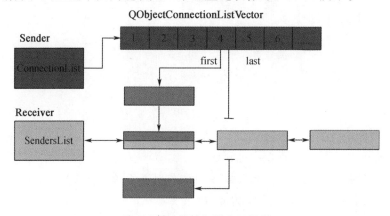

图 6 – 29　信号与槽双重链表

其特点如下。

(1)一个信号可以连接多个槽:其中 sender 与 receiver 是指向对象的指针,SIGNAL( )
与 SLOT( ) 是转换信号与槽的宏。

(2)多个信号可以连接同一个槽:即无论是哪一个信号被发射,都会调用这个槽。

(3)信号可直接相互连接:发射第一个信号时,也会发射第二个信号。

(4)连接可以被移除:这种情况用得比较少,因为在对象被删除时,QT 会自动移除与这个对象相关的所有连接。

6.4.4　系统功能及模拟实例

1. 三维数字海床数值仿真系统的建模

三维数字海床数值建模包括以下流程:在对获得的数据进行处理后,对各层剖面数据进行插值,将离散点数据转换成连续的曲面数据,再根据得到的插值之后的数据利用三角剖分算法转换生成与其相对应的界面不规则三角网(TIN)。下面是空间插值及三角剖分的主要算法介绍。

（1）空间插值

根据已有的点图数据，对点数据进行插值处理，最终生成 asc 文件。生成 asc 文件过程：给出点图数据，输入指定间隔值，用点类（包含 x、y、z 坐标值）数组接受读取的点图数据，计算所有点数据中 x、y 的最大值和最小值，即对 asc 文件进行边界界定，有了边界和间隔，就能得出生成 acs 文件中所有点的 x、y 坐标值和点数目，用插值算法对所有对应点进行 z 值的插值，将其值放入一个点类数组之中，就可以生成 asc 文件。

本系统应用的主要的插值算法有：

①邻近元插值算法

对需要插值的点取其一定范围内的所有点，将这些点的 z 值相加除以该范围内的点数目，计算 z 值的平均值，实现该位置的 z 值插值。如果需要插值的点在一定范围内没有任何点数据，则将该点插值为 $-9\ 999$（该数值可调整）。

算法特点：简单快速的插值算法，空间复杂度和时间复杂度都较低，插值速度快，但对于点不密集的点图数据来说，插值准确度较低，且插值后的图不够圆滑。

②反距离权重插值法

反距离权重公式为

$$z_0 = \frac{\sum_{i=1}^{s} z_i \frac{1}{d_i^k}}{\sum_{i=1}^{s} \frac{1}{d_i^k}} \tag{6.33}$$

其中　z_0——被插值点的垂直高度；

　　　z_i——已知各数据点的垂直高度；

　　　d_i——被插值点到第 i 个已知数据点的水平距离，其中 $i = 1, 2, \cdots, s$；

　　　k——加权幂指数，一个大于 0 的常数。

在邻近元插值法中，在一定范围内的点对需要插值的点的影响权重是一样的，这样会使得插值准确度降低，而在反距离权重插值法中，距离需要插值点的距离越近，权重就越大，距离越远，权重就越小。这样生成的图更加圆滑，插值的准确度也更高，但空间复杂度和时间复杂度都要比邻近元插值法高。

系统插值算法使用的是邻近元插值法和反距离权重插值法的结合，在需要插值点一定范围内进行反距离权重插值，即用邻近元插值法限定范围，在这个范围内使用反距离权重法。在邻近元插值法基础上对不同距离点区分权重，在反距离权重法基础上减少计算点数目，不对所有点进行权重计算，以此求得时间复杂度、空间复杂度与插值准确度之间的平衡。

（2）三角剖分

TIN 是最常用的表面构模技术，TIN 又叫"曲面数据结构"，在地理信息系统中有着广泛应用。基于实际采样点构造不规则三角网的方法是将散乱分布的数据点进行三角剖分，使离散分布的采样点形成连续的不规则三角面网。要说三角剖分，Delaunay 规则（Delaunay triangulation algorithm）是目前三角剖分理论的基础，很多三维的剖分优化准则实际上都是对它的扩展。三维三角剖分通常有两类，其一是将点投影到某一平面，运用平面的三角剖分算法完成剖分，而三维点间连接关系不变，这种方法将三维问题转化为平面问题，可称为平面投影法；其二是直接由三维点来构造剖分，称为直接剖分法。

Delaunay 三角剖分算法是最常用的一种平面点集的剖分算法,实际上,Delaunay 三角剖分算法是基于 Delaunay 原理的一类三角剖分算法的总称。总体来说,Delaunay 三角剖分算法可分为以下几种。

①翻边算法

Lawson 基于最小内角最大优化准则提出了一种二维点集 Delaunay 三角剖分翻边算法。该算法的思想是:给定一个二维离散点集,首先对其进行一次初始三角剖分,然后根据最小内角最大化准则判断初始三角剖分中形成凸四边形的共边三角形是否满足优化准则;如果不满足,就交换四边形的两条对角线。一次次循环直到所有的三角形都满足最小角最大优化准则为止,如图 6 - 30 所示。

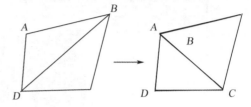

图 6 - 30　翻边算法的基本思想

②逐点插入算法

该算法的基本思想是:首先构造点集的一个初始三角剖分,然后逐一地在当前三角剖分中插入一个新点;在插入过程中,要根据 Delaunay 三角剖分空外接圆进行三角网格优化,直到整个点集为空集为止(图 6 - 31)。

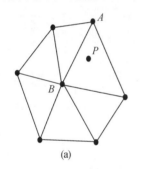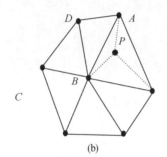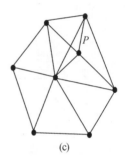

图 6 - 31　逐点插入算法的基本思想

逐点插入算法是目前最为简单、最为流行的一种 Delaunay 三角剖分算法,该算法思想简单、易懂,可推广到维数更高空间的三角剖分中。

③分割合并算法

分割合并算法主要根据数学递归思想,递归将点集分割成规模相当的两部分子集,然后对分割出来的点集进行 Delaunay 三角剖分,再递归地将两个相邻 Delaunay 三角剖分进行合并组合,从而生成整个点集的 Delaunay 三角网格(图 6 - 32)。虽然分割合并算法实现的时间效率很高,但它的编程却非常复杂。

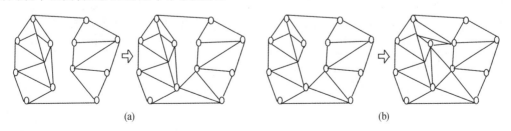

图 6 - 32　分割合并算法的基本思想

2. 三维数字海床数值仿真系统的界面设计

在 Visual Studio 2013 开发环境中,运用图形可视化界面开发工具 QT,对三维数字海床数值仿真软件的用户界面进行设计和优化。用户界面由菜单栏、数据浏览窗口、视图控制工具条、图形渲染窗口和图形控制窗口五个部分组成(图 6 - 33)。

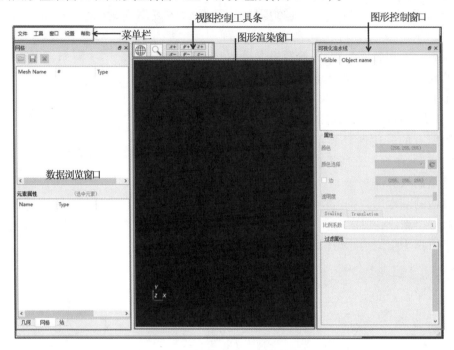

图 6 - 33   三维数字海床数值仿真系统的界面

(1)菜单栏

文件菜单栏包括对文件的打开、保存、导入和导出等功能,具体二级菜单设置如图 6 - 34 所示。

工具菜单栏包括网格处理、合并几何图形和文件转换功能,具体二级菜单设置如图 6 - 35 所示。

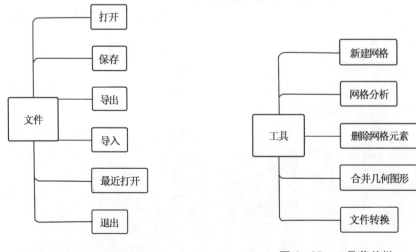

图 6 - 34   文件菜单栏   图 6 - 35   工具菜单栏

窗口菜单栏包括对数据浏览窗口中几何数据浏览、站点数据浏览和网格数据浏览等的控制,具体二级菜单设置如图6-36所示。

设置菜单栏包括对数据浏览窗口和图形可视化窗口的设置,具体二级菜单设置如图6-37所示。

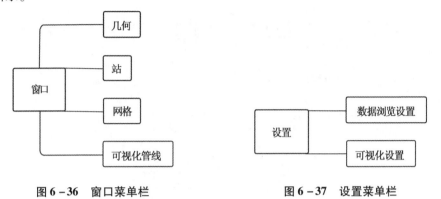

图6-36　窗口菜单栏　　　　　　　　图6-37　设置菜单栏

帮助菜单栏包括版权和软件信息查询,具体二级菜单设置如图6-38所示。

(2)数据浏览窗口

数据浏览窗口的隶属关系如图6-39所示,其功能主要包括:

①几何数据(如点、线、面和体)的基本信息的浏览、选择及查询;

图6-38　帮助菜单栏

②研究区域的网格信息的浏览和查询;

③站点数据的浏览、查询和绘图。

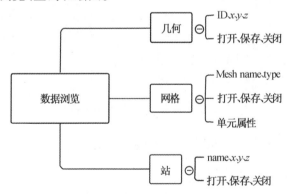

图6-39　数据浏览窗口

(3)视图控制工具条

视图控制工具条主要实现对图形的基本控制(如放大、缩小和旋转)、整体场景和视角切换等功能,具体功能如图6-40所示。

(4)图形控制窗口

图形可视化控制窗口的主要功能如图6-41所示,主要包括:①对多个图层进行管理,可以选择是否显示该图层的数据信息;②修改指定图层的属性,如颜色、图形表和透明度;③有选择性地对x轴、y轴及z轴按比例进行缩放,例如对于水平范围比较大而垂直方向变化范围比较小的研究区域,可以选择适当地放大 z 轴的显示比例,便于分析地层结构;④对图形的过滤控制。

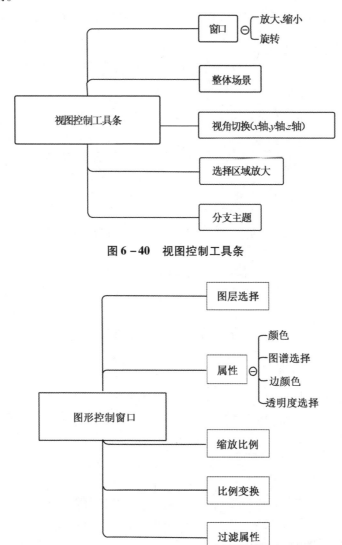

图 6 - 40 视图控制工具条

图 6 - 41 图形控制窗口

3. 构建三维海床地层模型和可视化

三维数字海床数值仿真系统能够读取基于海床的三维调查数据,将海底地形、地貌、地层等数据进行有效组织,构建三维海床地层模型,实现海床实际构造特征的可视化及海量多源异构数据的集成管理。

在开发软件的过程中,编程实现了对三维海床表面数据文件 *.pts 格式的支持,能够快速读取每一行数据信息,并对信息进行分析处理,以构建三维海床地层模型。某 *.pts 文件格式的三维海床表面数据文件在水平方向的轮廓如图 6 - 42 所示。

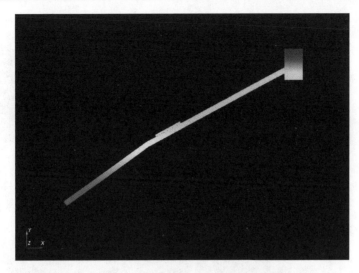

图 6-42　某 ∗.pts 格式文件的三维海床表面可视化

对提取的三维海床数据信息进行网格划分,通过生成三维网格的形式,实现三维海底地形的可视化,通过生成网格的方式实现可视化的实例如图 6-43 所示。

图 6-43　通过生成网格的方式实现可视化

4. 实现三维数据浏览和图层管理功能

以某研究区域的数据集为例,描述软件的三维数据浏览和图层管理功能。

(1)三维数据浏览

在图 6-44 左侧的数据浏览窗口可以看到几何数据的详细信息,包括点(Points)、线(Polylines)、面(Surfaces)等。任意点击其中一条线(比如名称为"Line0"的线),则在图形显示窗口高亮显示它所在的那条线;当点击展开"Line0"左侧向下的箭头时,可以看到组成该条线的所有点信息,包括点的序号以及每个点的 x、y、z 坐标值。

在图 6-45 左侧的数据浏览窗口可以看到网格数据的详细信息,包括网格单元的序号和类型,已实现的三维数据浏览功能是后续开发海床表面铺管方案优化和评估的基础。任意点击其中一个网格单元(比如"Element 18"),在元素属性窗口则显示组成该网格单元的点序号和每个点的 x、y、z 坐标值,同时在图形显示窗口高亮显示该网格单元所在的位置。

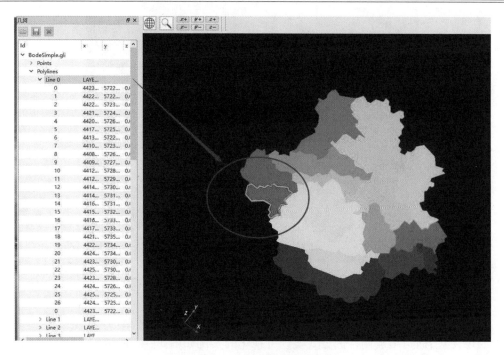

图6-44　几何数据的浏览和显示

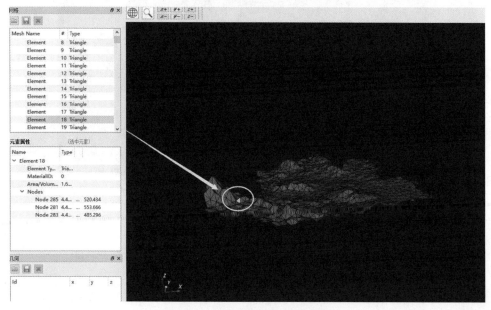

图6-45　网格数据的浏览和显示

（2）多个图层管理

可视化流水线窗口允许对多个图层进行管理（例如一个包含点、线、面和网格信息的数据集），可以通过勾选或取消可视化流水线窗口的多选框来控制需要显示的数据信息。图6-46至图6-50给出了点、线、面和网格数据图层都选择的情形，以及仅选择四个图层中某一个图层数据时的图形可视化效果。此功能实现了海量多源异构数据的集成管理和海底空间数据的集成建模。

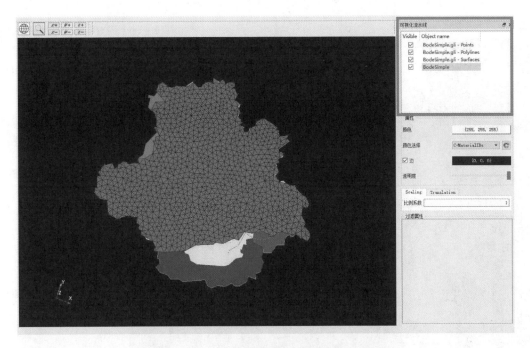

图 6 - 46　点、线、面和网格数据图层都选择的视图

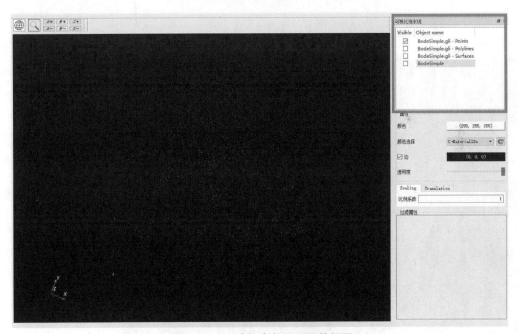

图 6 - 47　只选择点数据图层的视图

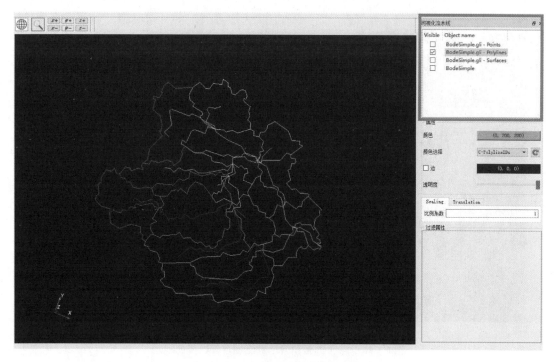

图6－48　只选择线数据图层的视图

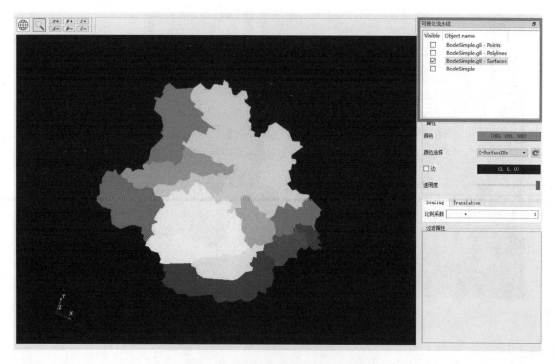

图6－49　只选择面数据图层的视图

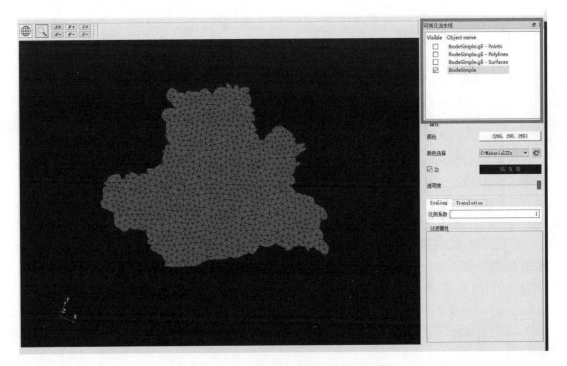

图 6 – 50　只选择网格数据图层的视图

第7章 深水大型海洋油气工程作业运动响应与水动力数学模型原理

仿真系统的研制的首要工作是必须对船舶的运动做出正确的描述,建立能够反映船舶运动的特征、变化规律及相互作用关系的船舶运动数学模型。一个错误的运动模型将给受训人员错误的信息反馈,其结果是颠覆性的。因此,运动数学模型是关系到仿真系统研制成功与否的关键,是衡量仿真系统逼真度的核心指标。

船舶与海洋工程作业是复杂的耦合运动,在作业时船舶不仅受到风、浪、流外力的共同作用,还涉及动力定位系统。根据以上因素,建立船舶数学模型的数值仿真流程如图7-1所示。

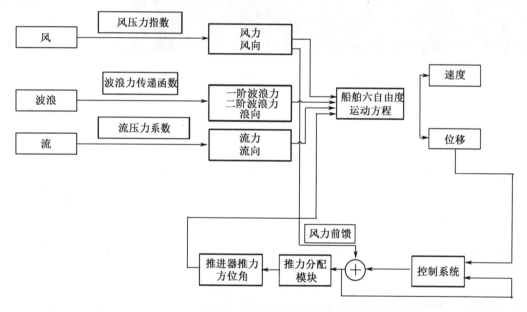

图7-1 船舶运动数学模型仿真流程图

7.1 船舶六自由度运动数学模型

7.1.1 坐标系的建立

模拟器系统的船舶运动数学模型采用如图7-1所示的两种坐标系:一是空间固定坐标系 $O_0X_0Y_0Z_0$,其中原点 O_0 可以任意选择,O_0X_0 轴指向正北,O_0Y_0 轴指向正东,O_0Z_0 轴垂直向下为正,$X_0O_0Y_0$ 平面位于静水面内;另一个是随船运动坐标系 $Gxyz$,其中原点 G 为船舶重点,G_x 轴指向船首,G_y 轴指向右舷,G_z 轴垂直向下指向龙骨。通常在 $t=0$ 时选取坐标系原

点 O_0 和 G 的位置一致。在图 7 - 2 中，ψ 为航向角，U 为船舶运动的合速度，U_T 和 U_R 为绝对和相对风速，ψ_T 和 α_R 为绝对和相对风舷角，U_C 和 ψ_C 分别为流速和流向角，ψ_C 为绝对波向角，β 为漂角，δ 为舵角，取右舵为正。下面在图 7 - 2 所示的两种坐标系中建立船舶运动数学模型。

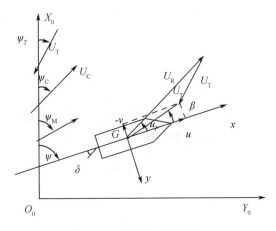

图 7 - 2　船舶运动坐标系

7.1.2　空间运动方程

现分别从动量定理推导平移运动方程，从动量矩定理推导旋转运动方程。设质量为 m，在最一般情况下船体坐标原点不在重心处，重心在固定坐标系下的位置向量为 $R_G = (x_G, y_G, z_G)^T$，由理论力学的动量定理可知，刚体动量的绝对变化率等于该瞬时其所受外力的合力，即

$$\frac{\mathrm{d}H}{\mathrm{d}t} = F_\Sigma \tag{7.1}$$

其中，F_Σ 为船舶所受的外力。

刚体的重心速率 U_G 与原点速度 U 有 $U_G = U + \Omega \times R_G$，刚体的动量为 $H = mU_G$，由此得到

$$H = mU + m\Omega \times R_G \tag{7.2}$$

由此

$$\frac{\mathrm{d}H}{\mathrm{d}t} = m\frac{\delta U}{\delta t} + m\frac{\delta \Omega}{\delta t} \times R_G + \Omega \times (mU + m\Omega \times R_G) \tag{7.3}$$

将式(7.3)代入式(7.1)得平移方程的向量为

$$m\left[\frac{\delta U}{\delta t} + \frac{\delta \Omega}{\delta t} \times R_G + \Omega \times U + \Omega \times (\Omega \times R_G)\right] = F_\Sigma \tag{7.4}$$

式中

$$\frac{\delta \Omega}{\delta t} = (\dot{u}, \dot{v}, \dot{w})^T$$

$$\Omega \times U = (\omega q - vr, ur - \omega p, vp - uq)^T$$

$$\frac{\delta \Omega}{\delta t} \times R_G = (z_G \dot{q} - y_G \dot{r}, x_G \dot{r} - z_G \dot{p}, y_G \dot{p} - x_G \dot{q})^T$$

$$\Omega \times (\Omega \times R_G) = \begin{bmatrix} (y_G p - x_G q)q + (z_G p - x_G r)r \\ (z_G q - y_G r)r + (x_G q - y_G p)p \\ (x_G r - z_G p)p + (y_G r - z_G q)q \end{bmatrix}$$

式中　m——船舶运动时的质量；

U——船舶运动坐标系下的原点速度；

Ω——船舶角速度；

R_G——重心 G 在运动坐标系下位置向量。

根据动量矩定理:刚体对原点动量矩的绝对变化率等于该瞬时其所受外力对原点的矩,即

$$\frac{\mathrm{d}L}{\mathrm{d}t} = T_{\sum} \tag{7.5}$$

式中　L——刚体的总动量矩,$L = I\Omega + R_G \times mU$;

$T_{\sum}$——船舶所受的外力合力对原点的力矩。

经过一系列的变换与推导可得

$$I\frac{\delta\Omega}{\delta t} + \Omega \times I\Omega + R_G \times m\frac{\delta U}{\delta t} + R_G \times (\Omega \times mU) = T_{\sum} \tag{7.6}$$

式中

$$I\frac{\delta\Omega}{\delta t} = \begin{bmatrix} I_x & I_{xy} & I_{zx} \\ I_{xy} & I_y & I_{yz} \\ I_{zx} & I_{yz} & I_z \end{bmatrix}\begin{bmatrix} \dot{p} \\ \dot{q} \\ \dot{r} \end{bmatrix}$$

$$\Omega \times I\Omega = \begin{bmatrix} (I_{zx}p + I_{yx}q + I_z r)q - (I_{xy}p + I_y q + I_{yz}r)r \\ (I_x p + I_{xy}q + I_{zx}r)r - (I_{zx}p + I_{yz}q + I_z r)p \\ (I_{xy}p + I_y q + I_{yz}r)p - (I_x p + I_{xy}q + I_{zx}r)q \end{bmatrix}$$

$$R_G \times m\frac{\delta U}{\delta t} = m\begin{bmatrix} y_G\dot{\omega} - z_G\dot{v} \\ z_G\dot{u} - x_G\dot{\omega} \\ x_G\dot{v} - y_G\dot{u} \end{bmatrix}$$

$$R_G \times (\Omega \times mU) = m\begin{bmatrix} y_G(vp - uq) + z_G(\omega p - ur) \\ z_G(\omega q - vr) + x_G(uq - vp) \\ x_G(ur - \omega p) + y_G(vr - \omega q) \end{bmatrix}$$

其中,I 为船舶的惯量矩阵。

将式(7.4)与式(7.6)写为矩阵形式得到完整的六自由度方程:

$$m\left\{\begin{bmatrix} \dot{u} \\ \dot{v} \\ \dot{\omega} \end{bmatrix} + \begin{bmatrix} \omega q - vr \\ ur - wp \\ vp - uq \end{bmatrix} + \begin{bmatrix} z_G\dot{q} - y_G\dot{r} \\ x_G\dot{r} - z_G\dot{p} \\ y_G\dot{p} - x_G\dot{q} \end{bmatrix} + \begin{bmatrix} y_G(vp - uq) + z_G(\omega p - ur) \\ z_G(\omega q - vr) + x_G(uq - vp) \\ x_G(ur - \omega p) + y_G(vr - \omega q) \end{bmatrix}\right\} = \begin{Bmatrix} X \\ Y \\ Z \end{Bmatrix} \tag{7.7}$$

$$\begin{bmatrix} I_x & I_{xy} & I_{zx} \\ I_{xy} & I_y & I_{yz} \\ I_{zx} & I_{yz} & I_z \end{bmatrix}\begin{bmatrix} \dot{p} \\ \dot{q} \\ \dot{r} \end{bmatrix} + \begin{bmatrix} (I_{zx}p + I_{yx}q + I_z r)q - (I_{xy}p + I_y q + I_{yz}r)r \\ (I_x p + I_{xy}q + I_{zx}r)r - (I_{zx}p + I_{yz}q + I_z r)p \\ (I_{xy}p + I_y q + I_{yz}r)p - (I_x p + I_{xy}q + I_{zx}r)q \end{bmatrix} +$$

$$m\begin{bmatrix} y_G\dot{\omega} - z_G\dot{v} \\ z_G\dot{u} - x_G\dot{\omega} \\ x_G\dot{v} - y_G\dot{u} \end{bmatrix} + m\begin{bmatrix} y_G(vp - uq) + z_G(\omega p - ur) \\ z_G(\omega q - vr) + x_G(uq - vp) \\ x_G(ur - \omega p) + y_G(vr - \omega q) \end{bmatrix} = \begin{bmatrix} K \\ M \\ N \end{bmatrix} \tag{7.8}$$

考虑到船舶的对称性,认为转动惯量 $I_{xy} = I_{zx} = I_{zy} = I_{xz} = I_{yz} = 0$ 如果将运动坐标系建立在重心处则式(7.7)和式(7.8)可变换为

$$\begin{cases} m(\dot{u} - vr + wq) = X \\ m(\dot{v} - wp + ur) = Y \\ m(\dot{w} - uq + vp) = Z \\ I_x\dot{p} + (I_z - I_y)qr = K \\ I_y\dot{q} + (I_x - I_z)rp = M \\ I_z\dot{r} + (I_y - I_x)pq = N \end{cases} \tag{7.9}$$

7.1.3　船舶外力分析

当船舶航行在海面上时,许多外力因素将会影响船舶的受力(例如船体、舵、螺旋桨等)船本身推动周围的水产生一定的运动,同时,水对船舶也有一个反作用力,即流体动力;船舶航行所受周围环境的影响,受到风、浪、流等引起的外力;船舶持续受到浮力与重力的作用。本书主要考虑由船体运动所产生的流体动力,推进器的力,风、浪、流的力。

20世纪70年代,日本拖曳水池委员会(JTTC)组织相关家学者,成立了船舶操纵运动数学模型研讨小组(shipmanoeuvring mathematical model group,MMG)。该小组在20世纪70年代末提出了著名的船舶操纵分离模型。MMG模型的主要特点是将作用在船舶上的流体动力和力矩按照物理意义分解为作用于船体、敞水螺旋桨和敞水舵上的流体动力和力矩,以及它们之间的相互干涉的流体动力和力矩。

根据MMG思想,将船舶所受的外力在形式上可以表示为

$$\begin{cases} X = X_H + X_T + X_{wave} + X_{wind} + X_{current} + X_{HS} \\ Y = Y_H + Y_T + Y_{wave} + Y_{wind} + Y_{current} + Y_{HS} \\ Z = Z_H + Z_T + Z_{wave} + Z_{wind} + Y_{current} + Z_{HS} \\ K = K_H + K_T + K_{wave} + K_{wind} + K_{current} + K_{HS} \\ M = M_H + M_T + M_{wave} + M_{wind} + M_{current} + M_{HS} \\ N = N_H + N_T + N_{wave} + N_{wind} + N_{current} + N_{HS} \end{cases} \tag{7.10}$$

其中,下标 wind,wave,current 表示风、浪、流;H 表示裸船体力;T 表示推进器;HS 表示非流体动力。

式(7.10)中有个别项取值为0,如 $Z_{wind} \approx 0$,具体计算方法在以后章节中进行讨论。

由于在波浪中船舶运动的复杂性,在分析与处理船、桨、舵和环境外力之间的影响时,基于以下假定条件简化模型:

(1)分别单独考虑船、桨、风、浪、流的流体动力;

(2)船、桨之间的相互干扰按静水中的方法处理;

(3)忽略环境外力即风、浪、流对船、桨流体动力的影响;

(4)忽略船舶在波浪中振荡频率对船舶运动水动力系数的影响,即将船舶摇荡运动也看作低频运动。

7.2 船体水动力分析

7.2.1 惯性类水动力

为了能合理地表示作用于船体上的流体动力,明确数学模型中每一项水动力的物理含义,将裸船体在实际流体中作非定常运动时所受的流体动力分为由惯性引起的惯性类和由黏性引起的非惯性类两类来考虑,并忽略其相互影响。

当船体在理想流体中作非定常运动时所受到的水动力,其大小与物体运动的加速度成比例,方向与加速度方向相反,而比例常数称为附加质量,用 λ_{ij} 表示,可理解为在 i 方向船舶以单位(角)速度运动时,在 j 方向所受到的流体惯性力。

一个任意形状的物体运动时共有 36 个附加质量,可列成方阵如下:

$$\begin{bmatrix} \lambda_{11} & \lambda_{12} & \lambda_{13} & \lambda_{14} & \lambda_{15} & \lambda_{16} \\ \lambda_{21} & \lambda_{22} & \lambda_{23} & \lambda_{24} & \lambda_{25} & \lambda_{26} \\ \lambda_{31} & \lambda_{32} & \lambda_{33} & \lambda_{34} & \lambda_{35} & \lambda_{36} \\ \lambda_{41} & \lambda_{42} & \lambda_{43} & \lambda_{44} & \lambda_{45} & \lambda_{46} \\ \lambda_{51} & \lambda_{52} & \lambda_{53} & \lambda_{54} & \lambda_{55} & \lambda_{56} \\ \lambda_{61} & \lambda_{62} & \lambda_{63} & \lambda_{64} & \lambda_{65} & \lambda_{66} \end{bmatrix} \tag{7.11}$$

在势流理论中,有

$$\lambda_{ij} = -\rho \iint_s \varphi_i \frac{\partial \varphi_j}{\partial n} \mathrm{d}s \quad (i,j = 1,2,\cdots,6) \tag{7.12}$$

由势流理论可知:

$$\lambda_{ij} = \lambda_{ji} \quad (i,j = 1,2,\cdots,6) \tag{7.13}$$

由式(7.13)对称性可知,36 个系数 $\lambda_{ij}(1 \leq i,j \leq 6)$ 中,实际上最多只有 21 个量式是待求的。根据 λ_{ij} 的定义,其中 $\varphi_i, \varphi_j (i,j = 1,\cdots,6)$ 是物体沿运动坐标系坐标轴以单位速度平移时,或绕坐标轴以单位角速度旋转时所引起的速度势。因为在动坐标系下观察,φ_i, φ_j $(i,j = 1,\cdots,6)$ 与实际无关,则可以导出 λ_{ij} 是一个与时间无关的常数。另外,因为 φ_i, φ_j $(i,j = 1,\cdots,6)$ 与物体作何种不定常的运动无关,则附加质量 λ_{ij} 亦与物体作何种不定常运动无关。附加质量 λ_{ij} 只取决于船舶的形状、运动坐标系的选择与流场的物理特性。

由于船舶是关于中纵剖面对称的物体;因此,当船舶平行于对称面运动时,例如,沿 ox 轴平移运动或绕 oy 轴转动,则周围流场也是对称于 oxz 平面的,船舶所受到的流体压力也是对称的,故流体动力的合力在 oy 轴上的投影为零,力对 ox、oz 轴的力矩也为零,所以:

$$\begin{cases} \lambda_{12} = \lambda_{14} = \lambda_{16} = 0 \\ \lambda_{32} = \lambda_{34} = \lambda_{36} = 0 \\ \lambda_{52} = \lambda_{54} = \lambda_{56} = 0 \end{cases} \tag{7.14}$$

由此,式(7.11)可简化为

$$\begin{bmatrix} \lambda_{11} & 0 & \lambda_{13} & 0 & \lambda_{15} & 0 \\ 0 & \lambda_{22} & 0 & \lambda_{24} & 0 & \lambda_{26} \\ \lambda_{31} & 0 & \lambda_{33} & 0 & \lambda_{35} & 0 \\ 0 & \lambda_{42} & 0 & \lambda_{44} & 0 & \lambda_{46} \\ \lambda_{51} & 0 & \lambda_{53} & 0 & \lambda_{55} & 0 \\ 0 & \lambda_{62} & 0 & \lambda_{64} & 0 & \lambda_{66} \end{bmatrix} \qquad (7.15)$$

当物体在无边际理想流体中运动时,流体扰动运动的动能为

$$T = \frac{1}{2} \sum_{1}^{6} \sum_{1}^{6} \lambda_{ij} v_i v_j \quad (i,j = 1,2,\cdots,6) \qquad (7.16)$$

其中,$v_1 = u, v_2 = v, v_3 = w, v_4 = p, v_5 = q, v_6 = r$ 根据式(7.15),将式(7.16)展开可得

$$T = \frac{1}{2} (\lambda_{11} u^2 + \lambda_{22} v^2 + \lambda_{33} w^2 + \lambda_{44} p^2 + \lambda_{55} q^2 + \lambda_{66} r^2$$

$$+ 2\lambda_{13} uw + 2\lambda_{15} uq + 2\lambda_{24} vp + 2\lambda_{26} vr + 2\lambda_{35} wq + 2\lambda_{46} pr) \qquad (7.17)$$

流体扰动运动的动量 H_i 与动能 T 的关系为

$$H_i = \frac{\partial T}{\partial v_i} (i = 1,2,\cdots,6) \qquad (7.18)$$

将式(7.17)代入式(7.18)中展开,可得流体动量、动量矩在运动坐标系上的投影:

$$\begin{cases} H_1 = H_x = \dfrac{\partial T}{\partial u} = \lambda_{11} u + \lambda_{13} w + \lambda_{15} q \\[2mm] H_2 = H_y = \dfrac{\partial T}{\partial v} = \lambda_{22} v + \lambda_{24} p + \lambda_{26} r \\[2mm] H_3 = H_z = \dfrac{\partial T}{\partial w} = \lambda_{33} w + \lambda_{13} u + \lambda_{35} q \\[2mm] H_4 = L_x = \dfrac{\partial T}{\partial p} = \lambda_{44} p + \lambda_{24} v + \lambda_{46} r \\[2mm] H_5 = L_y = \dfrac{\partial T}{\partial q} = \lambda_{55} q + \lambda_{15} u + \lambda_{35} w \\[2mm] H_6 = L_z = \dfrac{\partial T}{\partial r} = \lambda_{66} r + \lambda_{26} v + \lambda_{46} p \end{cases} \qquad (7.19)$$

船体所受惯性类水动力 F_{I} 和力矩 M_{I} 为

$$\begin{cases} F_{\mathrm{I}} = -\dfrac{\mathrm{d}H}{\mathrm{d}t} \\[2mm] M_{\mathrm{I}} = -\dfrac{\mathrm{d}L}{\mathrm{d}t} \end{cases} \qquad (7.20)$$

将式(7.19)代入式(7.20),展开即可得到作用于船体的惯性类水动力:

$$-X_{\mathrm{I}} = \frac{\mathrm{d}H_x}{\mathrm{d}t} + qH_z - rH_y = \lambda_{11}\dot{u} + \lambda_{13}\dot{w} + \lambda_{15}\dot{q} + \lambda_{33} wq + \lambda_{13} uq + \lambda_{35} q^2$$

$$- \lambda_{22} vr - \lambda_{24} pr - \lambda_{26} r^2$$

$$-Y_{\mathrm{I}} = \frac{\mathrm{d}H_y}{\mathrm{d}t} + rH_x - pH_z = \lambda_{22}\dot{v} + \lambda_{24}\dot{p} + \lambda_{26}\dot{r} + \lambda_{11} ur + \lambda_{13} wr + \lambda_{15} qr$$

$$- \lambda_{33} wp - \lambda_{13} up - \lambda_{35} pq$$

$$- Z_\mathrm{I} = \frac{\mathrm{d}H_z}{\mathrm{d}t} + pH_y - qH_x = \lambda_{33}\dot{w} + \lambda_{13}\dot{u} + \lambda_{35}\dot{q} + \lambda_{22}vp + \lambda_{24}p^2 + \lambda_{26}pr$$
$$- \lambda_{11}uq - \lambda_{13}wq - \lambda_{15}q^2$$

$$- K_\mathrm{I} = \frac{\mathrm{d}L_x}{\mathrm{d}t} + (qL_z - rL_y) + (vH_z - wH_y)$$
$$= \lambda_{44}\dot{p} + \lambda_{24}\dot{v} + \lambda_{46}\dot{r} + (\lambda_{66} - \lambda_{55})qr + (\lambda_{26} + \lambda_{35})vq + \lambda_{46}pq - \lambda_{15}ur$$
$$+ \lambda_{33}vw + \lambda_{13}uv - \lambda_{22}vw - \lambda_{24}wp - (\lambda_{35} + \lambda_{26})wr$$

$$- M_\mathrm{I} = \frac{\mathrm{d}L_y}{\mathrm{d}t} + (rL_x - pL_z) + (wH_x - uH_z)$$
$$= \lambda_{55}\dot{q} + \lambda_{15}\dot{u} + \lambda_{35}\dot{w} + (\lambda_{44} - \lambda_{66})pr + \lambda_{24}vr + \lambda_{46}r^2 - \lambda_{26}vp - \lambda_{46}p^2$$
$$+ (\lambda_{11} - \lambda_{33})uw + \lambda_{13}w^2 + \lambda_{15}wq - \lambda_{13}u^2 - \lambda_{35}uq$$

$$- N_\mathrm{I} = \frac{\mathrm{d}L_z}{\mathrm{d}t} + (pL_y - qL_x) + (uH_y - vH_x)$$
$$= \lambda_{66}\dot{r} + \lambda_{26}\dot{v} + \lambda_{46}\dot{p} + (\lambda_{55} - \lambda_{44})pq + (\lambda_{15} + \lambda_{24})up + \lambda_{35}wp - \lambda_{46}qr$$
$$+ (\lambda_{22} - \lambda_{11})uv + \lambda_{26}ur - \lambda_{13}vw - (\lambda_{24} + \lambda_{15})vq$$

$$(7.21)$$

7.2.2 黏性类水动力

以上裸船体所受到的惯性类水动力是在理想流体的假设下存在的,而事实上,船舶航行时受到的流体动力需要考虑周围黏性的影响,即要受到黏性类流体动力和力矩,一般与其本身几何形状(如船长、船宽、型深、方形系数等形状参数)有关,由于船体本身庞大,因而作用于裸船体的黏性类水动力是影响船舶运动的重要因素。

1. 线性水动力的表达

$$\begin{cases} X_\mathrm{HL} = X_0 + X_u\Delta u + X_v v + X_w w + X_p p + X_q q + X_r r \\ Y_\mathrm{HL} = Y_0 + Y_u\Delta u + Y_v v + Y_w w + Y_p p + Y_q q + Y_r r \\ Z_\mathrm{HL} = Z_0 + Z_u\Delta u + Z_v v + Z_w w + Z_p p + Z_q q + Z_r r \\ K_\mathrm{HL} = K_0 + K_u\Delta u + K_v v + K_w w + K_p p + K_q q + K_r r \\ M_\mathrm{HL} = M_0 + M_u\Delta u + M_v v + M_w w + M_p p + M_q q + M_r r \\ N_\mathrm{HL} = N_0 + N_u\Delta u + N_v v + N_w w + N_p p + N_q q + N_r r \end{cases} \quad (7.22)$$

式中,X_0、Y_0、Z_0、K_0、M_0、N_0 为船体在以 $u = u_0$,$v = w = p = q = r = 0$ 做匀速直线运动时,作用于各方向的水动力,其中 X_0 为船体直线航行时的阻力;由于船体左右舷的对称性,这里不考虑螺旋桨对船体的影响,故 $Y_0 = N_0 = 0$;同时 Z_0 为船舶直航时所受到的总浮力,与重力大小相等,相互抵消;K_0、M_0 分别为船舶直航时所受到的横摇力矩与纵摇力矩,理想状态下,船舶直航时不受外界干扰时,一般无横摇与纵摇位移,故认为 $K_0 = M_0 = 0$。

由于船体左右舷的对称性,当 v、p、r 改变方向时,力 X 的大小和方向都不改变,故力 X 是 v、p、r 的偶函数。因而,X 的表达式中不含 v、p、r 的奇次幂项。

由于船体左右舷的对称性,当 v、p、r 改变方向时,力 Y 的大小不变而方向相反,故力 Y 是 v、p、r 的奇函数。因而,Y 的表达式中不含 v、p、r 的偶次幂项。同时,当 u、w、q 大小变化时,不产生 Y 方向的力,故 $Y_u = 0$、$Y_w = 0$、$Y_q = 0$。

由于船体左右舷的对称性,当 v、p、r 改变方向时,力 Z 的大小和方向都不改变,故力 Z 是 v、p、r 的偶函数。因而,Z 的表达式中不含 v、p、r 的奇次幂项。

由于船体左右舷的对称性,当v、p、r改变方向时,力矩K的大小不变而方向相反,故力矩K是v、p、r的奇函数。因而,K的表达式中不含v、p、r的偶次幂项。同时,当u、w、q大小变化时,不产生K方向的力矩,故$K_u = 0$、$K_w = 0$、$K_q = 0$。

由于船体左右舷的对称性,当v、p、r改变方向时,力矩M的大小和方向都不改变,故力矩M是v、p、r的偶函数。因而,M的表达式中不含v、p、r的奇次幂项。

由于船体左右舷的对称性,当v、p、r改变方向时,力矩N的大小不变而方向相反,故力矩N是v、p、r的奇函数。因而,N的表达式中不含v、p、r的偶次幂项。同时,当u、w、q大小变化时,不产生N方向的力矩,故$N_u = 0$、$N_w = 0$、$N_q = 0$。

经过以上船舶对称性分析后,裸船体的线性水动力可转化为

$$\begin{cases} X_{\text{HL}} = X_0 + X_u \Delta u + X_w w + X_q q \\ Y_{\text{HL}} = Y_v v + Y_p p + Y_r r \\ Z_{\text{HL}} = Z_u \Delta u + Z_w w + Z_q q \\ K_{\text{HL}} = K_v v + K_p p + K_r r \\ M_{\text{HL}} = M_u \Delta u + M_w w + M_q q \\ N_{\text{HL}} = N_v v + N_p p + N_r r \end{cases} \quad (7.23)$$

2. 关于纵向阻力的表达

当纵向速度由u_0增大到$u_0 + \Delta u$时,纵向阻力按展开式为

$$X(u) = X_0 + X_u \Delta u + X_{uu}(\Delta u)^2 \quad (7.24)$$

因此,式(7.24)中$X_0 + X_u \Delta u$即为纵向阻力的线性部分,在实际表达中,将$X(u)$直接拟合成为u的多项式以表示纵向阻力。

3. 非线性水动力的影响

当船舶作剧烈运动时,有较大的速度及角速度,流体绕向船体产生较大的分离,且出现强烈的涡流,产生了非线性的迎流阻力,使得流体动力呈现强烈的非线性,为了表达水动力的非线性性质,将船体看成是一个以船宽为展、船长为弦的展弦比较小的机翼,费加也夫斯基引用了短翼理论中的环流——分离理论。按照这一理论,展弦比较小的机翼在流体中等速运动的流体动力可以看成是由线性和非线性两个部分所组成。流体动力的线性成分是由于沿翼弦流动的二因次有环流纵向绕流所引起,其大小与迎角成正比;而流体动力的非线性成分则是由于垂直于翼面的横向分流在翼展两侧分离绕流所引起,这一部分流体动力具有横向迎流阻力的性质,因而其大小与迎流速度平方成正比而其方向和流动方向相反。因此,考虑非线性影响较大的流体动力,有

$$\begin{cases} Y(v) = Y_v v + Y_{v|v|} v|v| \\ Y(r) = Y_r r + Y_{r|r|} r|r| \\ K(p) = K_p p + K_{p|p|} p|p| \\ N(r) = N_r r + N_{r|r|} r|r| \end{cases} \quad (7.25)$$

上述非线性表示也满足船体对称性的分析。

4. 各自由度间耦合的影响

由于船体表面是一个曲率非常复杂的曲面,因而当船舶在某一个自由度产生运动时,相应的其他自由度要因此受到流体动力的作用,同理,当船舶在某两个自由度产生运动时,其他自由度要因此受到这两个自由度共同的流体动力的影响,在某种程度上,这种耦合的

影响较大,故这些耦合是不能忽略的。

加速度所引起的水动力和速度所引起的水动力之间的相互影响甚微,故方程中只考虑速度与角速度之间对于水动力影响较大的量,如

$$X(v,r) = X_{vv}v^2 + X_{vr}vr + X_{rr}r^2 \tag{7.26}$$

其中,$X_{vr}vr$ 即为 v、r 耦合对 X 的影响。此式满足船体对称分析。

同理,考虑角速度 r 对横向力 Y 的耦合影响,以及速度 v 对摇艏力矩 N 的耦合影响,则有:

$$\begin{cases} Y(v,r) = Y_v v + Y_r r + Y_{v|v|}v|v| + Y_{r|r|}r|r| + Y_{v|r|}v|r| \\ N(v,r) = N_v v + N_r r + N_{r|r|}r|r| + N_{|v|r}|v|r \end{cases} \tag{7.27}$$

7.2.3　水动力表达

裸船体流体动力的综合表达式就是将惯性力和黏性力相加,其能够较详细地表达船舶在航行时由于船体速度的变化而产生的各种流体动力。但是此表达式很复杂,里面掺和着一些虽然物理意义明确但其数量级较小的量,尤其是表达式中各惯性类水动力的表示,多数惯性类水动力的系数都是相对较小的。这种复杂的表达式是无法应用在船舶运动方程中而进行求解的,因而,在尽可能地减小表达式对船舶运动方程求解结果准确度的影响的前提下,必须对其进行简化,以求更清晰地表达裸船体所受各个流体动力的物理意义,也有利于针对流体动力系数进行理论分析、数值预报及试验测量。

简化的原则:

(1)考虑船舶回转直径较大,且在回转过程中弱机动性的特点,船舶在回转过程中的速降不明显,即 $\Delta u \approx 0$,因此,由 Δu 引起的黏性水动力较小,可以忽略。

$$Z_u \Delta u \approx 0 M_u \Delta u \approx 0$$

(2)考虑到一般大型船舶船体型线的特点,以及船舶在回转过程中的运动特点,部分黏性水动力对于船舶运动的影响比较轻微,因此忽略 $X_w w$、$X_q q$、$N_p p$。

(3)附加质量相对于船舶的质量、附加转动惯量相对于船舶的转动惯量量级略小,因此要忽略一些对于计算结果影响较小的惯性类水动力。因此只保留 $\lambda_{11},\lambda_{22},\cdots,\lambda_{66}$。

经过以上简化裸船体流体动力表达式为

$$\begin{cases} X_H = -\lambda_{11}\dot{u} - \lambda_{33}wq + (\lambda_{22} + X_{vr})vr + X(u) + X_{vv}v^2 + X_{rr}r^2 \\ Y_H = -\lambda_{22}\dot{v} - \lambda_{11}ur + \lambda_{33}wp + Y_v v + Y_p p + Y_r r + Y_{v|v|}v|v| + Y_{r|r|}r|r| + Y_{v|r|}v|r| \\ Z_H = -\lambda_{33}\dot{w} - \lambda_{22}vp + \lambda_{11}uq + Z_w w + Z_q q \\ K_H = -\lambda_{44}\dot{p} - (\lambda_{66} - \lambda_{55})qr - (\lambda_{33} - \lambda_{22})vw + K_v v + K_r r + K_p p + K_{p|p|}p|p| \\ N_H = -\lambda_{66}\dot{r} - (\lambda_{55} - \lambda_{44})pq - (\lambda_{22} - \lambda_{11})uv + N_v v + N_r r + N_{r|r|}r|r| + N_{|v|r}|v|r \end{cases} \tag{7.28}$$

将以上所得表达式进行归纳、总结可得如下船舶在波浪中运动的六自由度方程组:

$$
\begin{cases}
(m + \lambda_{11})\dot{u} - (m + \lambda_{22})vr + (m + \lambda_{33})wq \\
\quad = X(u) + X_{vr}vr + X_{vv}v^2 + X_{rr}r^2 + X_T + X_{\text{wave}} + X_{\text{wind}} + X_{\text{current}} + X_{HS} \\
(m + \lambda_{22})\dot{v} - (m + \lambda_{33})wp + (m + \lambda_{11})ur \\
\quad = Y_v v + Y_p p + Y_r r + Y_{v|v|}v|v| + Y_{r|r|}r|r| + Y_{v|r|}v|r| + Y_T + Y_{\text{wave}} + Y_{\text{wind}} + Y_{\text{current}} + Y_{HS} \\
(m + \lambda_{33})\dot{w} - (m + \lambda_{11})uq + (m + \lambda_{22})vp \\
\quad = Z_w w + Z_q q + Z_T + Z_{\text{wave}} + Z_{\text{wind}} + Y_{\text{current}} + Z_{HS} \\
(I_x + \lambda_{44})\dot{p} + \left[(I_x - I_y) + (\lambda_{66} - \lambda_{55})\right]qr + (\lambda_{33} - \lambda_{22})vw \\
\quad = K_v v + K_r r + K_p p + K_{p|p|}p|p| + K_T + K_{\text{wave}} + K_{\text{wind}} + K_{\text{current}} + K_{HS} \\
(I_y + \lambda_{55})\dot{q} + \left[(I_x - I_z) + (\lambda_{44} - \lambda_{66})\right]pr + (\lambda_{11} - \lambda_{33})uw \\
\quad = M_w w + M_q q + M_T + M_{\text{wave}} + M_{\text{wind}} + M_{\text{current}} + M_{HS} \\
(I_z + \lambda_{66})\dot{r} + \left[(I_y - I_z) + (\lambda_{55} - \lambda_{44})\right]pq + (\lambda_{22} - \lambda_{11})uv \\
\quad = N_v v + N_r r + N_{r|r|}r|r| + N_{v|r|}v|r| + N_T + N_{\text{wave}} + N_{\text{wind}} + N_{\text{current}} + N_{HS}
\end{cases}
\tag{7.29}
$$

以上水动力参数均可由经验公式或试验得到,以下为部分水动力系数经验公式求解。

周昭明对元良诚三图谱进行了多元回归分析,可以得到船舶在平面运动附加质量估算公式。

$$
\frac{\lambda_{11}}{m} = \frac{1}{100}\left[0.398 + 11.988C_b\left(1 + 3.73\frac{T}{B}\right) - 2.89C_b\frac{L}{B}\left(1 + 1.13\frac{T}{B}\right)\right.
$$
$$
\left. + 0.175C_b\left(\frac{L}{B}\right)^2\left(1 + 0.541\frac{T}{B}\right) - 1.107\frac{L}{B}\frac{T}{B}\right]
$$

$$
\frac{\lambda_{22}}{m} = 0.882 - 0.54C_b\left(1 - 1.6\frac{T}{B}\right) - 0.156(1 - 0.673)C_b\frac{L}{B}
\tag{7.30}
$$
$$
+ 0.826\frac{T}{B}\frac{L}{B}\left(1 - 0.678\frac{T}{B}\right) - 0.638\frac{T}{B}\frac{L}{B}\left(1 - 0.669\frac{T}{B}\right)
$$

$$
\sqrt{\frac{\lambda_{66}}{mL^2}} = \frac{1}{100}\left[33 - 76.85C_b(1 - 0.784C_b) + 3.43\frac{L}{B}(1 - 0.63C_b)\right]
$$

式中　L——船长;

　　　B——船宽;

　　　C_b——方形系数。

用田才福造给出的经验公式可估算出

$$
\frac{\lambda_{33}}{m} = 0.8\frac{B}{2d}C_w
\tag{7.31}
$$

其中,C_w 为水线面系数;d 为吃水。

船体绕 ox 轴转动惯性矩及附连贯性矩采用杜埃尔采公式计算

$$
I_x + \lambda_{44} = m(B^2 + 4z_G^2)/(12g)
\tag{7.32}
$$

其中,z_G 为船舶重心高度,如果原点在中心处则为 0。

按田才福造给出的近似公式可估算出

$$
\frac{\lambda_{55}}{m} = 0.83\frac{B}{2d}C_p^2(0.25L)^2
\tag{7.33}
$$

其中，C_p 为菱形系数。

$$I_z = m \times (0.245L)^2 \tag{7.34}$$

贵岛胜郎在 1990 年通过比较井上系列船模试验的船型后，综合了集装箱,客滚船等较新船型,对 10 艘实用船型进行了一系列的船模试验,由此得到的近似估算公式如下。

纵向流体动力可表示为

$$\begin{cases} X_{vv} = \dfrac{1}{2}\rho LT\left(0.4\dfrac{B}{T} - 0.006\dfrac{L}{T}\right) \\[2mm] X_{vr} = C_m \cdot m_{22} - m_{22} = (1.11C_b - 0.07)m_{22} - m_{22} \\[2mm] X_{rr} = \dfrac{1}{2}\rho L^3 T\left(0.0003\dfrac{L}{T}\right) \end{cases} \tag{7.35}$$

横向流体动力可以表示为

$$\begin{cases} Y_v = -\dfrac{1}{2}\rho LTV\left(\dfrac{\pi}{2}\lambda + 1.4C_b\dfrac{B}{L}\right)(1 + 0.67\tau') \\[2mm] Y_r = \dfrac{1}{2}\rho L^2 TV\dfrac{\pi}{4}\lambda(1 + 0.80\tau') \\[2mm] Y_{v|v|}v|v| = \dfrac{1}{2}\rho LT\left[0.048\,265 - 6.293(1 - C_b)\dfrac{T}{B}\right] \\[2mm] Y_{r|r|}r|r| = \dfrac{1}{2}\rho L^3 T\left[0.004\,5 - 0.445(1 - C_b)\dfrac{T}{B}\right] \\[2mm] Y_{v|r|}v|r| = \dfrac{1}{2}\rho L^2 T\left[-0.379\,1 + 1.28(1 - C_b)\dfrac{T}{B}\right] \end{cases} \tag{7.36}$$

式中　λ——展弦比，$\lambda = 2T/L$；

　　　τ——艏艉吃水差，$\tau = d_a - d_f$，$\tau' = \tau/T$。

转艏流体动力可以表示为

$$\begin{cases} N_v = -\dfrac{1}{2}\rho L^2 TV\lambda\left(1 - 0.27\dfrac{\tau'}{l_v}\right) \\[2mm] N_r = -\dfrac{1}{2}\rho L^2 TV(0.54\lambda - \lambda^2)(1 + 0.30\tau') \end{cases} \tag{7.37}$$

其中，$l_v = \lambda / \left(\dfrac{\pi}{2}\lambda + 1.4C_b\dfrac{B}{L}\right)$

$$\begin{cases} N_{r|r|}r|r| = \dfrac{1}{2}\rho L^4 T\left[-0.080\,5 + 8.609\,2\left(C_b\dfrac{B}{L}\right)^2 - 36.981\,6\left(C_b\dfrac{B}{L}\right)^3\right] \\[2mm] N_{vvr} = \dfrac{1}{2}\rho L^3 T\left[-6.085\,6 + 137.473\,5\left(C_b\dfrac{B}{L}\right) - 1\,029.514\left(C_b\dfrac{B}{L}\right)^2 + 2\,480.608\,2\left(C_b\dfrac{B}{L}\right)^3\right] \\[2mm] N_{vrr} = \dfrac{1}{2}\rho L^4 T\left[0.063\,5 + 0.044\,145\left(C_b\dfrac{T}{L}\right)\right] \end{cases}$$

$$\tag{7.38}$$

7.3　螺旋桨推力计算模型

Ayaz 对传统推进船舶操纵运动方程进行了改进,提出了适用于吊舱推进的操纵运动方程,以及吊舱诱导的推进力和船体力计算的改进模型,考虑由吊舱推进器引起的推力和侧向力,吊舱推进器水动力(矩)的计算公式如下:

$$
\begin{cases}
X_T = (1 - t_{pod}) T \\
Y_T = -(1 + a_{Hpod}) H\cos\delta + X_{pod}\sin\delta \\
K_T = z_{pod} Y_{pod} \\
N_T = -[1 + a_{Hpod}(x_{Hpod}/x_{pod})] x_{pod} H\cos\delta - x_{pod} X_{pod}\sin\delta
\end{cases}
\tag{7.39}
$$

式中　H、T——由吊舱推进器产生的推力和侧向力;

　　　　t_{pod}——螺旋桨抽吸系数;

　　　　a_{Hpod}——吊舱诱导的侧向力系数;

　　　　x_{Hpod}——吊舱 - 船体侧向力系数作用点的纵向坐标;

　　　　x_{pod}、z_{pod}——吊舱压力中心的纵向坐标和垂向坐标;

　　　　t_{pod}、a_{Hpod}——水动力系数,通过试验或经验公式确定。

将以上计算所得到的确定推力/力矩加入六自由度方程中。

7.4　环境干扰力计算模型

7.4.1　风载荷模型

对于在水面航行的船舶来说,风载荷的作用主要体现在船舶水线面以上暴露在空气中的部分。风作用在船体造成流体动力 $\vec{F}_{wind}$ 和力矩 $\vec{M}_{wind}$,在船舶运动的情况下有分量 X_{wind},Y_{wind},N_{wind},K_{wind},M_{wind}。要获得准确的风载荷则需要进行风洞模型试验,测得较准确的载荷系数进行计算。在动力定位系统中将风力作为前馈力,需要建立精确的风载荷模型,尽管风洞试验费用昂贵,但从提高精度及经济性能方面考虑,风洞试验是必不可少的。

海风对船舶所产生的纵荡力风力和力矩一般体现在对水平运动和横摇运动的作用上,忽略其对垂荡的干扰。假设风速在海面上船舶净高以内不随高度变化而变化,则作用在船体上的风压力和力矩利用经验公式分别计算如下:

$$
\begin{cases}
X_{wind} = 0.5\rho_a A_f V_{wr}^2 C_{wx}(\alpha_R) \\
Y_{wind} = 0.5\rho_a A_s V_{wr}^2 C_{wy}(\alpha_R) \\
Z_{wind} \approx 0 \\
K_{wind} = Y_{wind} z_s \\
M_{wind} = X_{wind} z_f \\
N_{wind} = 0.5\rho_a A_s V_{wr}^2 C_{wn}(\alpha_R)
\end{cases}
\tag{7.40}
$$

式中　ρ_a——空气密度;

　　　　C_{wx}、C_{wy}、C_{wn}——风压力和力矩系数,可以根据风向角、装载状况及船首形状由经验

公式得到,也可由风洞试验得到;

  α_R——风弦角;

  z_s——船舶横向受风作用点的高度到取矩点的距离;

  z_f——船舶纵向受风作用点的高度到取矩点的距离;

  A_f——船体水线以上的正投影面积;

  A_s——船体水线以上的侧投影面积;

  V_{wr}——相对风速,在动力定位过程中由于船速较小,可以近似认为相对风速 V_{wr} 就是海面风的速度。

7.4.2 海流载荷模型

海流是船舶在海上航行或作业过程中遇到的另一种扰动力,它可以引起船舶的偏航,引起动力定位船舶位置变化。通常,流从时间上分为定常和非定常,从地理位置上分为均匀流和非均匀流,到目前为止,大多数针对大洋中航行的船舶的运动数学模型对流的处理都采用了定常和均匀的假定,即流速的数值和方向不随时间和空间点的位置而变化。

一般地,类似风压作用力的计算方法,流的作用力可以表达为

$$\begin{cases} X_{current} = 0.5\rho_c A_{fw} V_{cr}{}^2 C_{cx}(\alpha_c) \\ Y_{current} = 0.5\rho_c A_{sw} V_{cr}{}^2 C_{cy}(\alpha_c) \\ N_{current} = 0.5\rho_c A_{sw} L_{OA} V_{cr}{}^2 C_{cn}(\alpha_c) \end{cases} \tag{7.41}$$

式中 ρ_c——水的密度;

  A_{fw}、A_{sw}——船舶水线以下正投影面积和侧投影面积;

  L_{OA}——船舶总长;

  α_c——相对流向角;

  C_{cx}、C_{cy}、C_{cn}——x,y 方向的流压力系数及绕 z 轴的流压力矩系数,可由风洞试验结果;

  V_{cr}——相对流速。

7.4.3 波浪载荷模型

波浪的干扰力是各种干扰力中最复杂的一种。波浪的干扰力一般分为两种:一种是一阶干扰力,也称高频波浪干扰力;另一种是二阶波浪力,也称波浪漂移力。

1. 一阶波浪力计算模型

依据概率统计理论,不规则波的波面可以看作是由一系列具有不同的频率、波数、波幅、传播方向及随机分布初相位角的规则波叠加而成。在实际应用中寻求海浪的统计特性,通常采用"波能谱"的概念来描述海浪。

海浪形成的过程是风把能量传递给水的过程。这一过程大致可分为两个阶段,第一阶段为波浪生长阶段,当风最初作用于海面上时,海面开始出现较小的波,随着时间的增长,风不断地把能量传递给水,波浪越来越大,显然这一阶段海浪比较复杂,其统计特性随时间不断变化,这一阶段的海浪描述相当复杂。但是,当波浪渐趋稳定时,波的能量达到一定值,其统计特征基本上不随时间变化,为了这一阶段海浪的数学描述,应用波谱密度函数,从大量观察分析结果表明海浪及船舶在波浪中的运动等均属于狭带谱的正态随机过程,因此基于以下假设:

（1）波浪为弱平稳的、各态历经的、均值为零的正态（高斯）随机过程。

（2）波谱的密度函数为窄带。

（3）波峰（最大值）在统计上是独立的。

由波的方向性谱密度，不规则波的波面可用下列随机积分表示来描述：

$$\zeta(\xi,\eta,t) = \int_{-\frac{\pi}{2}}^{\frac{\pi}{2}} \int_0^\infty \cos\left[k(\xi\cos\theta + \eta\sin\theta) - \omega t + \varepsilon(\omega,\theta)\right] \sqrt{2S_\zeta(\omega,\theta)\mathrm{d}\omega\mathrm{d}\theta} \tag{7.42}$$

其中，$S_\zeta(\omega,\theta)$ 为波谱密度函数，表示不规则波浪中各种频率波的能量在总能量中所占的分量。

仅考虑波沿主浪向运动的情况，并将式（7.42）转化为随船坐标系下表示为

$$\zeta(x,y,t) = \int_0^\infty \cos\left[k(x\cos\mu - y\sin\mu) - \omega_e t + \varepsilon(\omega)\right] \sqrt{2S_\zeta(\omega)\mathrm{d}\omega} \tag{7.43}$$

为了方便计算，将波能谱密度函数进行离散，用求和形式代替上式的积分如下

$$\zeta(x,y,t) = \sum_{i=1}^n \sqrt{2S_\zeta(\omega_i)\Delta\omega}\cos\left[k_i(x\cos\mu - y\sin\mu) - \omega_{ei}t + \varepsilon_i\right] \tag{7.44}$$

其中，相位角 ε_i 可视为均匀分布在 $[0,2\pi]$ 的随机变量。

由于不规则波可看作是多个规则谐波分量叠加的结果，因而航行于不规则波浪中的船舶所受到的主干扰力仍然依据傅汝德克雷洛夫（Froude-Krylov）假设。

深水中不规则波浪对船体的主干扰力（力矩）仍然是对压力差沿船体表面进行的积分，将船体简化成箱体，经推广可得不规则波对船体的主干扰力和力矩的数学模型表达如下：

$$X_w = -\sum_{i=1}^n \frac{4\rho g^3}{\omega_i^4 \sin\chi}E_i\left(1 - e^{-\frac{\omega_i^2 d}{g}}\right)\sin\frac{\omega_i^2 L\cos\chi}{2g}\sin\frac{\omega_i^2 B\sin\chi}{2g}\sin\left(\left(\omega_i - \frac{\omega_i^2 V\cos\chi}{g}\right)t - \varepsilon_i\right)$$

$$Y_w = \sum_{i=1}^n \frac{4\rho g^3}{\omega_i^4 \cos\chi}E_i\left(1 - e^{-\frac{\omega_i^2 d}{g}}\right)\sin\frac{\omega_i^2 L\cos\chi}{2g}\sin\frac{\omega_i^2 B\sin\chi}{2g}\sin\left(\left(\omega_i - \frac{\omega_i^2 V\cos\chi}{g}\right)t - \varepsilon_i\right)$$

$$Z_w = -\sum_{i=1}^n \frac{4\rho g^3}{\omega_i^4 \sin\chi\cos\chi}E_i\left(1 - e^{-\frac{\omega_i^2 d}{g}}\right)\sin\frac{\omega_i^2 L\cos\chi}{2g}\sin\frac{\omega_i^2 B\sin\chi}{2g}\cos\left(\left(\omega_i - \frac{\omega_i^2 V\cos\chi}{g}\right)t - \varepsilon_i\right)$$

$$K_w = -\sum_{i=1}^n \frac{4\rho g^3}{\omega_i^4 \cos\chi}E_i\left(1 - e^{-\frac{\omega_i^2 d}{g}}\right)\sin\frac{\omega_i^2 L\cos\chi}{2g}\sin\frac{\omega_i^2 B\sin\chi}{2g}\sin\left(\left(\omega_i - \frac{\omega_i^2 V\cos\chi}{g}\right)t - \varepsilon_i\right)z_b$$

$$+ \sum_{i=1}^n \frac{2\rho g^2}{\omega_i^2 \cos\chi}E_i\left(1 - e^{-\frac{\omega_i^2 d}{g}}\right)\sin\frac{\omega_i^2 L\cos\chi}{2g}\sin\left(\left(\omega_i - \frac{\omega_i^2 V\cos\chi}{g}\right)t - \varepsilon_i\right)$$

$$\left(\frac{2g^2\sin\frac{\omega_i^2 B\sin\chi}{2g}}{\omega_i^4 \sin^2\chi} - \frac{Bg\cos\frac{\omega_i^2 B\sin\chi}{2g}}{\omega_i^2 \sin\chi}\right)$$

$$M_w = \sum_{i=1}^n \frac{2\rho g^2}{\omega_i^2 \sin\chi}E_i\left(1 - e^{-\frac{\omega_i^2 d}{g}}\right)\sin\frac{\omega_i^2 B\sin\chi}{2g}\sin\left(\left(\omega_i - \frac{\omega_i^2 V\cos\chi}{g}\right)t - \varepsilon_i\right)$$

$$\left(\frac{2g^2\sin\frac{\omega_i^2 L\cos\chi}{2g}}{\omega_i^4 \cos^2\chi} - \frac{Lg\cos\frac{\omega_i^2 B\cos\chi}{2g}}{\omega_i^2 \cos\chi}\right)$$

$$N_w = -\sum_{i=1}^n \frac{2\rho g^2}{\omega_i^2}E_i\left(1 - e^{-\frac{\omega_i^2 d}{g}}\right)\sin\frac{\omega_i^2 B\sin\chi}{2g}\cos\left(\left(\omega_i - \frac{\omega_i^2 V\cos\chi}{g}\right)t - \varepsilon_i\right)$$

$$\left(\frac{2g^2\sin\dfrac{\omega_i^2 L\cos\chi}{2g}}{\omega_i^4\cos^2\chi}-\frac{Lg\cos\dfrac{\omega_i^2 B\cos\chi}{2g}}{\omega_i^2\cos\chi}\right) \tag{7.45}$$

其中，$E_i=\sqrt{2S_\zeta(\omega_i)\Delta\omega}$ 为各离散规则波的单幅值。

一阶波浪干扰力和力矩的幅值通常要比相应的推力或船体的流体动力大一个数量级。但是船舶本身的动态特性相当于一个低频滤波器，对于较高频率的波浪干扰力具有很强的衰减作用，故船舶在一阶波浪力和力矩的干扰力的摇荡运动的振幅通常会局限于安全的范围内。

2. 二阶波浪力计算模型

船舶漂浮在波浪上，船舶会受到不规则波浪漂移力即二阶波浪漂移力的作用，船舶会缓慢地漂移原来的位置，出现长周期大振幅的漂移运动。二阶波浪漂移力由于数值较小，且目前还没有较为成熟的试验方法，因此很难用试验方法精确测量。目前，国内外发展了很多种理论计算的方法来计算二阶波浪漂移力，也可以通过经验公式进行计算作用于船舶上的波浪力可用式(7.46)进行计算。

不规则波浪漂移力可以看成各种频率的规则波浪漂移力的叠加，其表达式如下。

$$\begin{cases} F_{X\mathrm{wa}} = 2\displaystyle\int_0^\infty S(\omega)\,C_{X\mathrm{WD}}\mathrm{d}\omega \\[2mm] F_{Y\mathrm{wa}} = 2\displaystyle\int_0^\infty S(\omega)\,C_{Y\mathrm{WD}}\mathrm{d}\omega \\[2mm] N_{\mathrm{wa}} = 2\displaystyle\int_0^\infty S(\omega)\,C_{N\mathrm{WD}}\mathrm{d}\omega \end{cases} \tag{7.46}$$

式中　ω——波浪频率；

　　　$S(\omega)$——波浪谱密度；

　　　$C_{X\mathrm{WD}},C_{Y\mathrm{WD}},C_{N\mathrm{WD}}$——波浪与船作用不同方位时的系数。

7.5　动力定位系统的功能和组成

7.5.1　概述

目前，动力定位船舶的应用相当广泛，铺管、采矿、挖泥等领域都有动力定位船舶的身影。尽管它们的用途不同，但是船舶配有的动力定位系统的基本结构是一致的。

动力定位系统一般由传感器系统、推进器系统、控制器系统及动力系统组成。传感器系统包括位置基准传感器(提供船舶的位置信息)、艏向传感器(测量船舶运动的艏向)和风传感器(测量风速和风向)等。传感器系统将测量到的各种信息传递给控制系统，以便控制器计算、分析和处理，给出推进器指令信息。目前的控制器多为计算机，其灵活性和可靠性表现良好。动力系统的执行机构为推进器系统，用于抵抗各种环境干扰因素的力和力矩。恰当的力和力矩能够抵消或削弱各种环境的干扰，使得船舶保持一定的艏向、速度或者保持在一定的位置范围内。动力系统为其他各个系统提供原动力，保证他们的正常工作。

根据动力定位船舶的工作特点，动力定位系统对船舶的控制分为几种不同的模式：手动模式、自动定位模式、自动跟踪模式及目标跟踪模式等。

7.5.2 动力定位的模式与功能

1.动力定位的模式

动力定位系统可以采用几种不同的模式对船舶进行控制。这些模式的不同点在于其位置和速度设定点的产生方式不同。

①手动模式:允许操作人员使用操作杆手动控制船舶的位置和艏向。

②自动定位模式:自动地保持要求的位置和艏向。

③自动区域定位模式:在最小能耗条件下自动将船舶控制在允许区域内,并将艏向保持在允许的艏向范围内。

④自动跟踪模式(低速和高速):可以使船舶跟踪由一组航迹点描述的指定航迹。

⑤自动航迹模式:可以使船舶自动沿预设航向行驶。

⑥目标跟踪模式:可以使船舶自动跟踪一个连续变化的位置设定点。

(1)待命模式

待命模式是动力定位系统处于准备就绪状态但不能对船舶进行控制的一种等待和复位模式。

(2)手动模式

在手动模式中,操作员使用操纵杆控制船舶的位置。操纵杆指令可以使船舶沿纵向和横向运动(沿纵荡轴和横荡轴),以及进行转艏运动(绕艏摇轴)。

在手动模式下可以使用下述功能:

①操纵杆增益选择

②环境力补偿

③船首/船尾旋转

在手动模式下,可以单独使用自动定位来控制纵荡方向或横荡方向的运动。这一特征通常与自动艏向控制相结合,这样操作员可以手动控制纵荡和横荡轴方向的运动中的一个,同时系统可以稳定其他两个轴向的船舶运动。

(3)自动定位模式

①艏向控制(图7-3)

系统将船舶的艏向精确控制在给定值。操作员可以使用下述标准中的一种来进行船舶的艏向控制:

a.当前艏向;

b.设定艏向;

c.最小能耗。

若操作员重新选择了一个艏向值,系统将自动改变船舶的当前艏向。同样还可以使用下述功能:

a.设定转艏速度;

b.艏向警报位置控制。

②位置控制(图7-4)

系统将船舶准确地定位在指定位置。若操作员

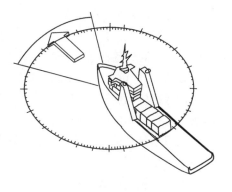

图7-3　艏向控制

选定了另外一个定位位置(设定点),系统将自动改变船舶的位置。操作员可以使用标准功能列表中的任意一个来控制船舶的下列位置:

a. 当前位置；

b. 标记位置；

c. 设定位置；

d. 前一位置。

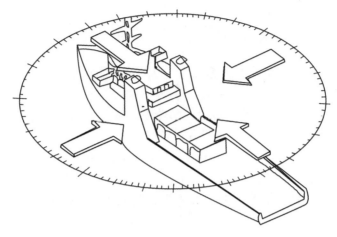

图7-4 位置控制

（4）自动区域定位模式

在自动区域定位模式中，系统以最小能耗将船舶保持在一个允许的区域内。这种模式针对待命操作，要求将船舶保持在一个特殊的地理区域内。动力定位系统允许船舶因环境力漂离区域中心和偏离最佳艏向。只有当船舶位置或艏向超出要求的操作界限后才启动推进器和其他推进器。对于位置和艏向，可单独设定相应的操作界限：

①预警界限；

②激活界限；

③警报界限。

当超出上述界限时，主推进器和其他推进器产生的稳定偏置力将在最小功耗变化的情况下获得平稳的定位效果。

（5）自动航迹模式

自动航迹模式使船舶能以较高的精度跟踪由一系列航迹点描述的预设航迹运动。这类模式以不同的控制策略进行低速和高速操作，系统根据要求的熟练自动在两种策略间切换。另外，操作员也可以手动选择需要的控制策略。

在低速自动航迹模式下，利用全部三个轴向的位置和艏向控制来控制船舶的运动。这种策略具有很高的控制精度且允许选择船舶的艏向值。此时航速限定在3 kn左右。

在高速自动航迹模式下，通过保持预期速度（利用舵或推进器方向控制）来使得船舶的艏向价差跟踪误差最小。这种策略适合于一般的巡航速度。

①自动航迹模式——低速（图7-5）

在低速自动航迹模式下，船舶沿航迹的速度被精确控制，其可以以每秒几厘米的速度来保证跟踪精度。

每一个跟踪航迹段上的航迹点位置、船舶的艏向值和速度由操作员设定，并存储在航迹点表中。航迹点可以根据需要进行插入、修改和删除。

船舶的艏向可以用下述方式进行控制：

a. 当前艏向；

b. 设定艏向；

c. 系统选定艏向。

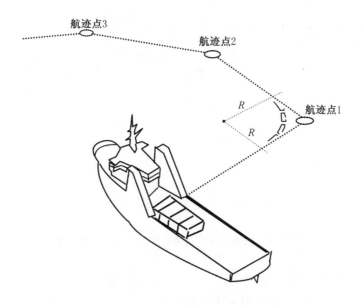

图 7 - 5 自动航迹模式——低速

船舶沿每个跟踪航迹段的速度可以通过航迹点表获得或由操作员通过速度设定功能在线设定。

根据船舶的设计和推进器的安装位置，并考虑高速情况下推进器会出现推力减额的情况，故要求低速自动航迹模式下的船舶最大速度应小于 3 kn。图 7 - 4 和图 7 - 5 给出了低速自动航迹模式下，根据表 7 - 1 中的信息船舶将要跟踪的航迹。

表 7 - 2 船舶航迹点信息

航迹点信息	北东坐标	航速/(m·s⁻¹)
1	1 501 060/503 710	0.3
2	1 501 060/503 770	0.5
3	1 501 140/503 790	0.5
4	1 501 170/503 910	0.3

操作员可选用两种不同的策略通过航迹点。

a. 跟踪下一个航迹点前在当前航迹点处减速（当要求船舶必须保持在航迹上时，即便是急转项情况下）如图 7 - 6 所示。

b. 以恒定速度在一个扇形区域内通过航迹点。扇形所在圆的半径可由下述方法得到：

船舶的艏向可以用下述方式进行控制：

· 操作员使用设定转艏半径功能在线设定；

·根据船舶的速度、回转角及船舶的回转特性自动计算;

·由航迹点表7-2获得。

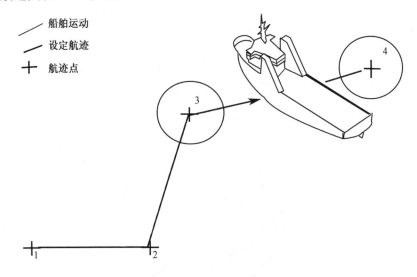

图7-6　跟踪下一个航迹点在当前航迹点处减速

　　除了当前艏向、设定艏向、系统选择艏向、设定船舶速度和设定回转半径功能外,在低速自动航迹模式下还可以使用下述功能:

·停在航迹上;

·反向跟踪;

·航迹段偏置;

·设定交叉跟踪速度;

·航迹偏离报警;

·由外部计算机导入航迹点。

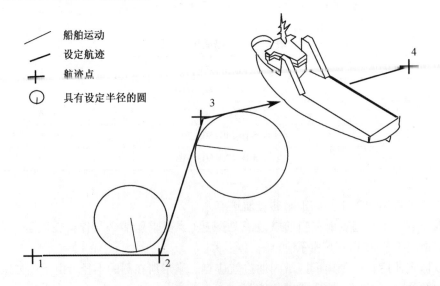

图7-7　以恒速在一个扇形区域内通过航迹点

②自动航迹模式——高速

每个航迹段上的船舶速度可用通过航迹点表获得或者使用船速设定功能设定。此外,在任何时刻操作员都可以去除对船舶前景速度的自动控制,而使用手动模式来控制船舶的速度。图 7-8 中给出了在高速自动航迹模式下,船舶按照航迹点表提供的信息进行的操作。经过航迹点事,船舶保持恒定速度通过扇形区域。

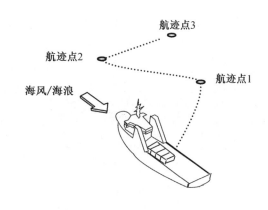

图 7-8　自动航迹模式—高速

高速自动航迹模式允许船舶以最大航速跟踪航迹。为了将船舶保持在预设航迹之上,系统根据船舶速度和方向及环境力的大小连续计算期望艏向值。如果船舶将要漂离航迹系统,那么将连续对艏向加以控制,使得船舶回到航迹之上。操作员可以设定船舶艏向与航迹之间的界限(漂角)。

扇形所在圆的半径可由下述方法确定:

a. 操作员使用设定转艏半径功能在线设定;

b. 根据船舶的速度、回转角以及船舶的回转特性自动计算;

c. 由航迹点表 7-2 获得。

表 7-2　航迹点表

航迹点序号	北东坐标	航速/$(m \cdot s^{-1})$
1	1 501 060/503 710	2.0
2	1 506 060/509 710	3.0
3	1 508 060/514 710	3.0
4	1 513 060/517 710	2.0

除船速设定和回转半径设定功能外,在高速自动航迹模式下还可以使用下述功能:

a. 停在航迹上;

b. 反向跟踪;

c. 航迹段偏置;

d. 设定交叉跟踪速度;

e. 航迹偏离报警;

f. 舵角限制;

g. 由外部计算机导入航迹点。

(6)自动驾驶仪模式

自动驾驶仪通过在预定航向上利用自动控制度来精确控制船舶的艏向。该模式使用船舶的主推进器、舵或全回转推进器,并且补偿海风对船舶产生的力。自动驾驶仪模式如图 7-9 所示。

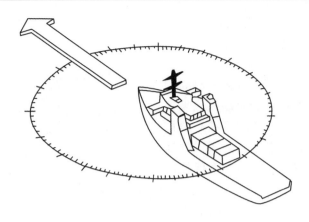

图7-9　自动驾驶仪模式

　　船舶的艏向通过如下方式进行控制：

①当前艏向

②设定艏向

在自动驾驶驾驶模式下可使用如下功能：

①设定回转速度

②舵/全回转推进器角度限制

③偏离航迹警报

④目标跟踪模式

　　目标跟踪模式（图7-10）可用于使船舶自动跟踪目标并与目标保持恒定的距离。移动目标需要安装有移动式应答器以便动力定位系统监视其位置。例如，若移动目标为一台遥控水下机器人（ROV），则此时船舶需要安装水声定位系统（HPR），以便动力定位系统监视ROV的位置。

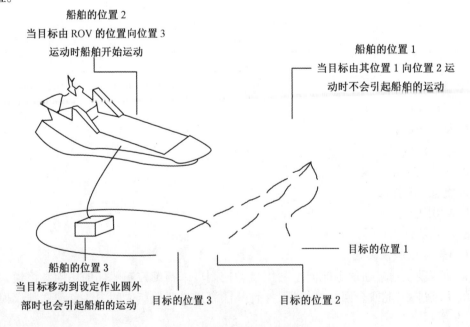

图7-10　目标跟踪模式

船舶的艏向可通过下述功能实现：

①设定艏向

②系统选定艏向

操作员可以定义目标运动但不引起船舶运动的作业圆。只有当目标超出作业圆时船舶才会运动。作业圆通过反映半径功能设定。

除了目标上的一个参考应答器外，在海底还需要安装另外一个应答器或者在船舶上安装其他位置参考系统。

2.动力定位的功能

(1)海上装载作业

当进行海上装载时，可以利用作用于船体上的海风和海流所产生力的稳定效应，在用较小的辅助推进器/主推进器的功率的情况下，保持船舶与海上装载浮动间的相对位置。为了实现上述这种能耗的减少，船舶的船首必须朝向环境力的方向。因此，动力定位系统中包括一种特殊的风标模式，其可使船舶始终朝向环境力的方向。

风标操作模式使得船舶如风向标一样运动。船舶可随海风和海浪绕固定点(称为终端点)进行旋转。此时船舶的位置和艏向都不是固定的，船舶的艏向被控制为朝向终端点，而位置被控制为一个绕终端点的圆(称为设定点圆)。海上装载如图7-9所示。

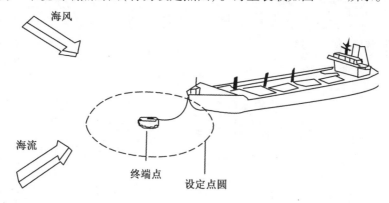

图7-11　海上装载

根据不同类型的海上装载操作，还可以选用如下一些功能：

①终端点选择

②设定点圆半径

③结晶风标操作特定区域的方法

④主推进器偏差

⑤系船缆张力补偿

⑥手动偏差

⑦偏移均值

根据装载的概念，可使用不同的风标操作模式。

①单点系泊(图7-12)

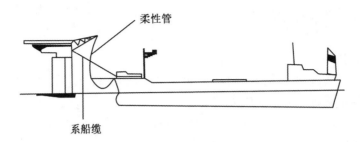

图 7 - 12　单点系泊

②无锚泊装载浮筒(图 7 - 13)

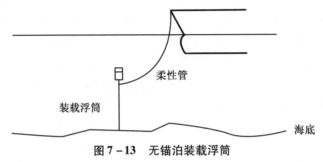

图 7 - 13　无锚泊装载浮筒

③浮式装载塔(图 7 - 14)

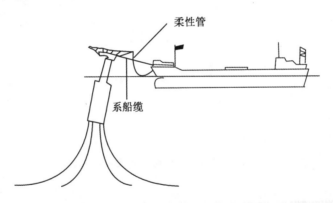

图 7 - 14　浮式装载塔

④浮式存储单元(图 7 - 15)

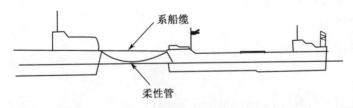

图 7 - 15　浮式存储单元

⑤水下转塔装载(图 7 - 16)

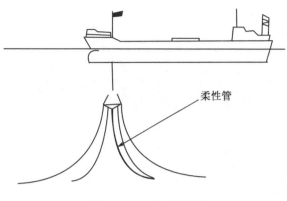

柔性管

图 7 - 16 水下转塔装载

(2)铺缆作业

电力和通信电缆以卷轴形式加以运输,可通过船尾和船侧两种方式铺设,当船舶向前运动时采用船尾铺设,当船舶横向运动时采用船侧铺设,如图 7 - 17 所示。

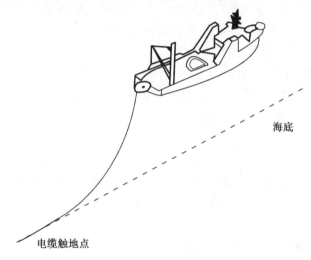

海底

电缆触地点

图 7 - 17 铺缆

电缆的铺设过程中,为确保电缆不被损坏,这里采用了多种不同的张力系统。张力系统被设计用来控制铺设到海底的电缆与船上待铺设的电缆间的张力。因此,针对电缆铺设作业设计了电缆张力监测与张力补偿功能。在铺设电缆时,该功能与用于控制船舶运动的自动航迹模式一起使用,可提高安全性和定位性能。

(3)铺管

当铺设钢管时,管道分段运输并在铺设过程中进行焊接。当船舶静止时,分段的管道在甲板上被焊接起来,而焊接后的管道被位于船尾的托管架吊起。托管架被设计用来在管道离开船舶过程中支持管道。铺管如图 7 - 18 所示。

在铺管过程中,动力定位系统控制船舶的运动,管道张力补偿功能补偿管道的张力以此保证最好的定位效果。

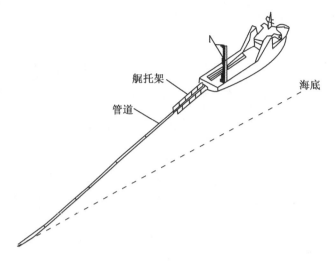

图 7 - 18　铺管

（4）挖沟作业

电缆沟/管沟可以在铺缆/铺管之前挖掘,其可以用来确保安装后的管道或电缆的安全。电缆沟/管沟有自动式挖沟机挖掘或者有船舶拖带犁进行挖掘。犁本身没有驱动机械,拖带犁的动力来源于船舶的推进系统。

在挖掘电缆沟/管沟时,动力定位系统利用目标跟踪操作模式来控制挖沟机的运动。当使用犁来挖掘电缆沟/管沟时,采用自动航迹操作模式来控制船舶的运动。在挖掘过程中,使用犁张力监测与补偿功能来确保最佳的定位效果。

（5）挖泥作业

挖泥的目的是转移海底的物质。这对于港口和河流入海口这样的淤泥堆积区域具有特别重要的意义。一艘挖泥船装备有两条吸入管,其被沿着海底方向牵引。海底的物质（如淤泥和沉积物）由吸入管吸入船内。挖泥船如图 7 - 19 所示。

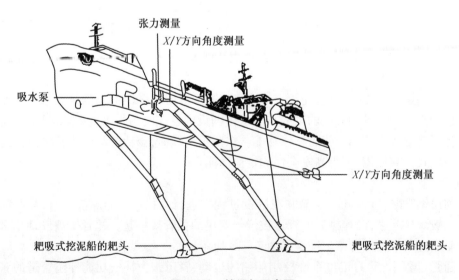

图 7 - 19　挖泥船示意图

挖泥船沿平行航迹运动,这样可确保覆盖整个工作区域,航迹彼此间离得很近,优势会彼此重叠。但是,为了提高挖泥作业的效率,动力定位系统的各种功能和操作模式可以确保重叠作业区域达到最小。

动力定位系统的挖泥作业功能测量挖泥力、吸入管高度和角度,并自动补偿这些耙头力。此外,当耙头力测量出现故障时,动力定位系统还可以避免出现船舶运动失控和对耙头的损坏。当耙头位置和张力监测传感器出现永久故障时,操作员可以指定合适的耙头数据,以此继续进行挖泥作业。

7.5.3　动力定位系统的基本组成

为了描述动力定位系统的组成及各个组成部分的内部关系,通常将系统划分成 7 个部分,如图 7 - 20 所示。

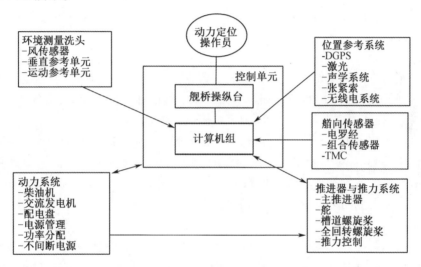

图 7 - 20　动力定位系统的组成部分

1. 计算机

运行动力定位控制软件的处理机通常被称作动力定位计算机。对于操作员来说,其主要区别在于计算机的数目、操作的方法和冗余的级别。在所有的动力定位船舶中,动力定位控制计算机主要负责动力定位功能,而不负责其他任务。

动力定位控制器的主要功能如下:

(1)处理传感器信息,求得实际位置和艏向精确值。

(2)将实际位置与艏向同给定值相比较,产生误差信号。

(3)计算力和力矩的三个指令(两个位置指令和一个艏向指令),使误差的平均值减到零。

(4)计算抗风力和力矩,提供风变化的前馈信息。

(5)将前馈的风力和力矩信息叠加到误差信号所代表的力和力矩信息上,形成总的力和力矩指令。

(6)按照逻辑将力和力矩指令分配给各个推进器。

(7)将推力指令转换成推进器指令,如转速和螺距等。

以上这些功能均完成一两次,因此计算机必须具备高速运算的能力。

控制器除了发出推进器指令来抵抗环境因素的干扰外,还要起到下列重要作用。

(1)补偿动力定位所固有的滞后,以免造成不稳定的闭环动作(稳定性补偿)。

(2)消除传感器的错误信号,防止推进器作不必要的运转(推进器调制)。

系统滞后包括计算滞后、船舶惯性、推进器滞后和传感器滞后。波浪运动和电子噪声可使传感器产生错误信号。

综合考虑稳定性补偿、推进器调制及动力定位系统对环境干扰的响应时间,这对控制器的设计提出了苛刻的要求。这种折中涉及如何在推进器调制量的范围内获得最优的响应时间,并以足够的稳定裕度去补偿系统的不稳定性和非线性型。

在动力定位系统的整个生产和交货过程中,这种设计折中是重要的一部分,而且它应该能够在交货前提供响应的论证,以确保预期的结果。否则在系统安装以后,往往要花费大量的调整时间,并且难以获得满意的结果。采用现场凑合的设计方法,实际上是无法达到预期系统性能的。

2. 控制台

驾驶控制台是提供操作人员发送和接收数据用的设备,上面放置了所有的控制输入端、按钮、转换开关、指示器、报警器和显示器。在一艘设计精良的船上,位置参考系统控制面板、推进器面板和通信设备就位于动力定位控制台附近。

动力定位控制台不总是位于驾驶室,对于许多船,包括大多数近海供应船,其动力定位控制台都位于驾驶室,对着船尾。穿梭油轮的动力定位系统可能位于船首控制室的位置,尽管大多数新建的油轮都将动力定位系统安装到驾驶室上。动力定位控制台最不理想的位置是在不透光的隔间里,一些老式的钻进平台就属于这种情况。

3. 位置参考系统

位置参考系统能以一定的速率和精度提供所需的信息,以便控制器计算出推进器指令,去抗衡环境因素的作用,是船舶完成预定的任务。控制系统所需的信息包括船舶的位置、艏向及外部干扰力的信息。一个精确可靠的船体位置反馈是对闭环控制系统的基本要求。对于动力定位系统而言,一个特别的要求是需要有一个合适的位置参考系统,使其能够在船上工作的所有时间提供所需的全部测量量。

位置参考系统的数目取决于很多因素,包括作业的危险程度、冗余等级、测量系统的实用性和 个或多个位置参考系统发生故障时的影响。动力定位系统使用的位置参考系统有很多种,最常用的有 DGPS、声学定位系统 HPR、张紧索系统等。

DGPS:由空间卫星系统、地面监控系统和用户接收系统组成,能够迅速、准确、全天候地提供定位导航信息,是目前应用比较广泛、精度也比较高的定位系统。

声学系统:将一组发射器或接收器按一定几何形状形成基阵布置在船上,也可以布置在作为动力定位基准坐标的海底上。前者为短基线系统,后者为长基线系统。系统依靠声信号从发射器经水传播给接收器,然后根据接收到的信号计算出船体的位置。因此,声波在水中的传播特性在很大程度上影响着声学系统的性能。声学系统在校场的一段时间内有比较好的精确度,但会有瞬时或短时间的干扰。

张紧索:在船体和海底之间安装一根钢索,测量其在恒张力情况下的倾斜度,然后根据船体、钢索及海底所构成的几何图形求解船体所在的位置。由于流的存在将会导致张紧索在长时间段的偏移,因此其精度不如声学系统。

位置参考系统的可靠性是测量系统主要考虑的因素。每一种测量系统都有其优缺点。因此,为了达到高的可靠性,将他们结合起来使用是很有必要的。

4. 艏向传感器

动力定位船舶的艏向信息由一个或多个陀螺罗经测量出来,并被传递给动力定位控制系统。对于存在冗余的船舶,要配备两个或三个陀螺经。陀螺经是一种利用陀螺特性,自动找北并跟踪地理子午面的精密导航仪器,已被广泛应用在各类船舶上。

目前,艏向测量系统一般都选用电罗经。电罗经的寿命较长,而且其海上使用技术成熟,完全适用于近海船舶动力定位系统。

5. 环境测量系统

引起船舶偏离其设定位置/艏向的力主要来自风、浪和流的作用。海流测量仪可以为动力定位控制系统提供前馈信息,但造价较高,尤其是在有较高可靠性要求时,因此很少使用。流的作用力一般变化缓慢,故完全可以用控制器中的积分项来补偿。

动力定位控制系统没为波浪提供专门的补偿器。实际上,波浪的发生频率太快,对个别波浪提供补偿是不可行的,而且作用力太大。波浪产生的波浪飘移力变化缓慢,在控制系统中以流或海洋力的形式出现。

船的横摇、纵摇和垂荡运动对动力定位控制系统来说不用加以补偿,但有必要提供给动力定位控制系统精确的横摇和纵摇量。这就能为所有不同类型的位置测量传感器的输入,补偿相对船舶重心的偏移量。测量这些值的仪器有垂直测量传感器(VRS)、垂直测量单元(MRU)。MRU 可通过线性加速计测量加速度并计算出倾角。

所有动力定位传感器都有风传感器。风传感器的作用是测出风速和风向,以便控制器计算出前反馈的推进器指令。换而言之,测得的数据用来估算风对船的作用力,并允许它们在引起船的位置和艏向改变之前就对其进行补偿。

风传感器很重要,因为较大的风速或风向变化是定位中的主要干扰因素。风前馈可以迅速产生推力来补偿监测到的风速/风向变化产生的干扰。很多动力定位控制系统还配有手动控制(操纵杆)的风补偿设备,为操作员提供了一个环境补偿操纵杆控制的选择方式。

6. 推进系统

动力定位系统的另一个单元是推进器。船的实际动力定位能力是由它的推进器提供的,推进器德尔型号有很多。其基本功能是提供反抗环境干扰因素的力和力矩,以便使船处于规定的作业区域内。选择推进器时要推敲的因素有很多,其中有些是以特定制造厂的经验为依据的。

安装于动力定位船舶上的推进器有主推进器、槽道推进器、全回转推进器、吊舱推进器和喷水推进器等。

7. 动力系统

动力定位系统还有一个重要的支持系统,但是该系统往往受到忽视,这就是动力系统。

实际上,动力系统可以和推进器一并考虑。动力系统关系到推进器原动机的型号,从而影响推进器的选择。例如,动力系统是使用交流电的,而推进器由交流电机驱动,这就意味着推进器将采用可调螺距结构。但是,如果动力系统是直流的,则推进器和转探系统可趋于一致,此时推进器采用定距结构而且转速可调。

任何动力定位船舶的操作中枢都是功率生成、供应和分配系统。不但需要给推进器和所有辅助系统提供功率,还要给动力定位控制元件和测量系统提供功率。

推进器往往是动力定位船舶上消耗功率最大的部件。由于天气条件的迅速变化,动力定位控制系统将需要较大的功率变化。功率生成系统必须在必要时灵活迅速地提供功率,而避免不必要的燃料消耗。许多动力定位船舶安装了柴-电动力装置,所有的推进器和功耗部件都通过柴油机驱动交流发电机而产生的电来推动。柴油机和交流发电机就是所谓的柴油发电机装置。

一些动力定位船舶由部分柴油直驱推进器和部分柴电装置及电动机驱动的推进器组成。一艘船可以由两台螺旋桨作为主推进器直接由柴油发动机驱动,船首和船尾的推进器由电力驱动,功率可以从与主柴油机连接的轴流式交流发电机或从离心式柴油发电机装置中获得。

动力定位控制系统通过配备一个不间断电源来预防干线电力故障。系统还具有一个不受船舶交流电的短期中断或波动影响的稳压电源,为计算机、控制台、显示器、警报器和测量系统供电。当船的主交流电供应中断时,不间断电源能为所有这些用电系统供电至少30 min。

7.6　动力定位船舶作业

7.6.1　概述

动力定位是一项高新而成熟的技术,是20世纪六七十年代海洋石油和天然气勘探工业快速发展的必然结果。目前,全世界已有2 000多艘具有动力定位能力的船舶,它们中的一大部分从事与勘探或石油和天然气开发相关的工作。

近海石油和天然气工业的需求对动力定位提出了新的要求。再加上近来需要在更深的海域和更恶劣的环境定位,以及需要考虑环保和友好的控制方式,这都引起了动力定位技术和新产品的快速发展。

世界上第一艘满足动力定位概念的船舶是Eureka,其由Howard Shatto于1961年设计制造。该船配有一个最基本的模拟控制系统,位置基准系统采用的是张紧索。除主推外,从船头到船尾配有多个可控推进器。船长为130 ft①,排水量为450 t。20世纪70年代末,动力定位系统已发展成为很完善的技术。1980年,具有动力定位能力的船舶数量为65个,到1985年,该数量增长到150个,2002年这一数量更是超过了1 000个,目前已有2 000余艘。采用动力定位系统的船舶是多种多样的。在过去的二十多年里,动力定位不仅应用于近海石油和天然气工业的相关领域,在其他很多领域同样发挥着重要作用。例如,钻岩、勘探、潜水支持、铺缆、铺管、水道测量、挖泥采砂、平台支持、反水雷等,都要用到动力定位系统。

7.6.2　潜水支持作业

许多动力定位船舶是专门为支持潜水员而设计的,而有些船舶具有多种功能,支持潜水员只是其中的一项。潜水员所执行的工作多种多样,包括水下检查和测量工作、设备的安装布置、作业监控、丢失或遗弃设备的回收等。到目前为止,这些工作中的相当一部分已经逐步由ROV来执行,但是有些工作仍然不能完全遥控,还需要人工干涉。潜水技术如图7-21所示。

---

① 1 ft = 0.304 8 m。

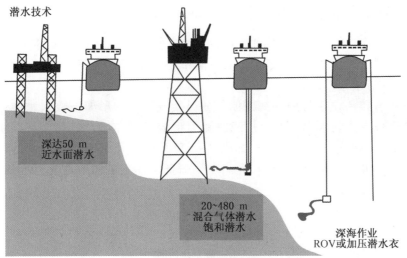

图 7-21　潜水技术

在配有推进器和螺旋桨的船舶上潜水,其危险性是显而易见的。动力定位船舶潜水的必要条件是:潜水员携带的脐带长度比连接点与距其最近的推进器的距离至少短 5 m,以确保潜水器不被卷入推进器或者螺旋桨内,如图 7-22 所示。

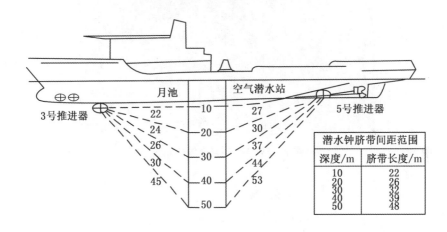

潜水钟脐带间距范围	
深度/m	脐带长度/m
10	22
20	26
30	32
40	39
50	48

图 7-22　动力定位船舶潜水

在低于 50 m 的潜水中,潜水员必须借助于潜水钟,携带的气体为氦/氧混合气体。潜水钟与母船上的加压设备配合,使潜水员能够下潜到工作深度。潜水员在高压舱活动时间可高达 28 天,以完成在潜水钟中的作业,该技术称为饱和潜水。潜水钟通过母船的月池(母船中间的一个开口)下放到水中。通常潜水钟作业配备 3 名潜水员,工作时间为 8 h。

目前,潜水钟实际的极限下潜深度为 300 m,如果作业深度超过这一极限,将由深水 ROV 或穿有深海潜水衣(ADS)的潜水员执行。随着 ROV 或者无人潜水器的装备、传感器和仪表越来越完善,他们所从事的工作也将越来越广泛。

7.6.3 勘察和 ROV 支持作业

勘察和 ROV 支持作业的供应船通常从事大量的水道测量、沉船侦查、水下回收、现场勘测、安全检查及维护等任务。尽管任务本身可能相对没有危险,但其工作点可能存在危险,尤其是当其工作点十分靠近平台结构时。

ROV 可以直接从位于母船一侧或船尾的吊架或者"A"形架下放入水中,或者由中继器与箱笼联合下放到水中。如果从船的侧面将 ROV 下放入水,那么必须十分小心,要确保脐带不会与推进器发生缠绕,如图 7 – 23 所示。为完成该作业,可以将动力定位系统设置为"follow sub"或"follow target"模式,此时船上的水声应答器则成为位置的基准,如图 7 – 24 所示。

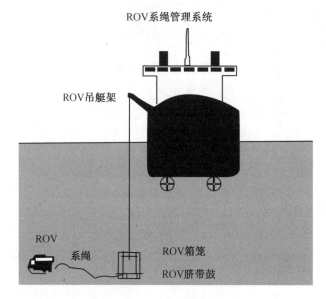

图 7 – 23　ROV 系链操纵系统

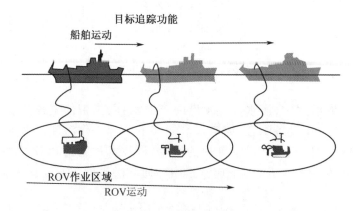

图 7 – 24　跟随目标

7.6.4　起重支持作业

与石油和天然气工业相关的海上拆建工程几乎都配有起重船,其至于城市建设项目中有时都有它的身影。海上救援和沉船移除作业也要用到起重船。许多的起重船和建筑用船都具有动力定位能力,较大的船舶甚至配有符合国际海事组织规范的 DP3 系统。动力定位对于这些船舶最大好处是能够在很短的时间内完成任务,因为节省了施放和回收系泊工具的时间,同时也避免了系泊工具对附近管道和其他建筑物造成损坏的风险。

7.6.5　铺管作业

许多铺管作业都是由动力定位铺管船执行的。

1. S 型铺管作业

S 型铺管船上所有的管均由一个线性管装配设备完成焊接。每项作业都有特定的站完成,较远的站对焊接点、防蚀层进行 x 光和无损检验。动力定位操作员会不时地向前航行一段距离,正好为一段管子的长度。一旦完成一次向前航行,管子焊接作业机会继续进行。

管子保持的张力是很重要的。在线性管装配设备的后端,管子由许多张紧装置夹着,由履带卡持着管子。张紧装置控制着管子的运动,保持一定的管道张力。管子由托管架固定在线性管装配设备艉部,托管架是伸出船尾的一个开放式格子吊架,并向下倾斜。需要张力预防管子由于弯曲而损坏。张力可以确保光滑的悬链锁到达海床,如果没有张力,管子就会在接触海床的位置损坏。

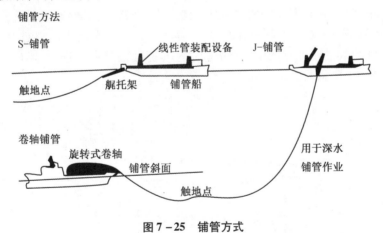

图 7-25　铺管方式

管子的张力值传送给动力定位系统,而动力定位系统不断地提供推力指令以维持张力、位置和艏向。铺管作业尤其依赖于环境状况。船舶必须能够有效地应付各个方向的潮汐、海流和海风。

2. J 型铺管作业

在深水中,S 型铺管是不可行的,而 J 型铺管是很常见的。在 J 型铺管作业中,托管架设置为一个塔架,和垂直面偏移最高可达 20°。管子在焊接成管子串之前可能要垂直向上抬升 3~4 倍管子长。

第8章 典型海底管道油气泄漏扩散预测分析技术

8.1 水下溢油预测数学模型

水下溢油主要有海底石油管道溢油和沉船溢油,海底石油管道溢油指石油管道出现破裂或因管道腐蚀及焊接等问题产生管线破坏,石油将会从漏点溢出在水体中运移扩散后到达海面形成油膜。沉船溢油一般伴着船舶事故发生,船舶发生碰撞、触礁等事故导致船舶沉底,石油从船舶油箱等破裂处溢出。

海底油气管道泄漏、油气井井喷等水下事故发生时,当海底溢油源孔径较小时(一般不超过 5 mm),油从孔中溢出后不会形成上升的浮射流,而是一个个油滴,在紊流的作用下油滴扩散开来形成羽流(如烟羽状),当油滴上浮到海面便形成油膜,油膜沿着表面海流的方向扩展。根据管道上蠕孔的位置和溢油量的不同及当时的海面状况,油膜可能到达海岸线或者在漂移过程中被驱散。

当溢油源孔径较大时,石油和天然气通常在泄漏源的压力作用下连续喷射进入水体中并破碎成为油滴和气泡,它们在初始动量和水体浮力共同作用下形成浮射流并处于主动输移状态。浮射流的范围局限于海底附近,其长度相对较短。在向上迁移过程中,扩张的气泡和夹带的海水之间的密度差产生的浮力会进一步驱动油气向上迁移,形成羽流。油气泄漏示意图如图 8-1 所示。

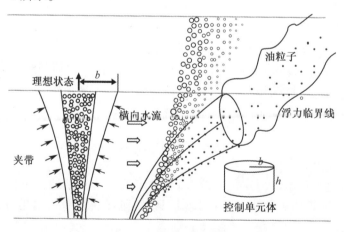

图 8-1 油气泄漏示意图

如果羽流在未到达海面之前,其浮力消失,则这些羽流中的油滴只能靠自身的浮力上升到海面。当遇到速度较大的横向水流时,羽流的输移迹线发生弯曲,此时气泡将逐渐脱离羽流。浮升至一定高度的油滴在失去初始射流动量后,在周围海水流动作用下在水平和垂直方向输移和分散,最后,粒径较大的气泡和油滴浮升至水面,其中油滴扩展成为油膜,并在风、浪、流等环境因素作用下经历着漂移、扩散、蒸发、乳化等运动和风化过程。

在水下溢油扩散模型拟采用 Poojitha D. Yapa & Zheng Li 的相关研究成果，对于模型，其假定条件主要有以下几点：

(1) 模型的横截面为圆形并且垂直于单元控制体运动轨迹；

(2) 控制单元体为圆锥形；

(3) 忽略油品水下运动由于黏度的湍流紊动影响；

(4) 强制卷吸发生在控制单元体运动方向上的前端；

(5) 模型假设为拟定长流。

由于正常条件下的水下泄露为油气两相，当溢油中含有气体时，假定条件还需要增加一条，即气体流量在截面上是连续变化的，同时气体和溢油之间存在滑移速度。

8.1.1　控制方程

利用拉格朗日积分方法，单元体随着运动轨迹运动，单元体的厚度 $h = \vec{v} \vert \Delta t$，单元体的质量 $m = \rho \pi b^2 h$，其中 $\vec{v}$ 是单元体即时运动速度，b 是单元体的即时半径，ρ 是单元体的即时密度，Δt 是时间步长。

1. 质量控制方程

对于控制单元体，其运动的质量控制方程如下：

$$\frac{\mathrm{d}m}{\mathrm{d}t} = \rho_a Q_e - \sum_i^n \frac{\mathrm{d}m_i}{\mathrm{d}t} - \frac{\mathrm{d}m_d}{\mathrm{d}t} \tag{8.1}$$

式中　ρ_a——控制单元体周围环境流体的密度，即周围海水的密度；

Q_e——层滞卷吸体积通量 Q_s 和强制卷吸体积通量 Q_f 之和；

$\sum_i^n \dfrac{\mathrm{d}m_i}{\mathrm{d}t}$——单元体海水中溶解的质量，Rye 在 Mackay 等人的研究基础上，在水面油膜溶解结果的基础上添加一个经验系数得到水下油品的溶解性质，其方程可以表示为

$$\frac{\mathrm{d}m_i}{\mathrm{d}t} = K_r \alpha_i A X_i S_i \tag{8.2}$$

(其中，i 为某单元控制体，取值 $i = 1, 2, \cdots, n$；n 为溢油控制单元体组分的个数；m_i 为溢油单元控制体组分 i 溶解在水中的质量，kg/s；K_r 为溶解传质系数，m/s；α_i 为经验系数，根据 Rye 的研究，$\alpha_i = 0.7$；A 为控制单元体的外侧面积，$A = 2\pi bh$；X_i 为单元控制体溢油组分 i 的体积分数；S_i 为溢油组分 i 在纯水中的溶解度，kg/m³)；

$\dfrac{\mathrm{d}m_d}{\mathrm{d}t}$——湍流扩散质量损失率，其质量损失与浓度梯度相关，其方程可以表示为

$$\frac{\mathrm{d}m_d}{\mathrm{d}t} = \rho_a K_C A \left| \frac{\partial C}{\partial r} \right| \approx \rho_a K_C A \frac{C - C_a}{b} \tag{8.3}$$

(其中，m_d 为湍流扩散损失质量；K_C 为浓度扩散系数；$\dfrac{\partial C}{\partial r}$ 为浓度梯度，$\dfrac{\partial C}{\partial r} \approx \dfrac{C - C_a}{b}$；$C$ 为单元控制体内部浓度梯度；C_a 为周围环境流体浓度)。

在单元控制体在海水中运动的过程中，外部流体从单元控制体外侧进入，根据 Frick 和 Lee & Cheung 的研究成果，可以将掺混过程分为两个明显的过程，分别为层滞卷吸过程和强制卷吸过程。层滞卷吸过程是由于浮射流在无湍流扰动情况下与周围流体的剪切力造成

的,强制卷吸则由于对流作用造成的。

根据 List 和 Imberger 的研究成果,掺混系数并不是一个特定值,其是由控制单元体的弗洛德数和控制单元体的运动速度确定,其取值范围为 0.056 ~ 0.125。根据 Schatzmann 和 Lee & Cheung 的研究成果,层滞卷吸的掺混系数的计算公式如下

$$Q_S = 2\pi bh\alpha \left| \,|\vec{V}| - V'_a \right| \tag{8.4}$$

$$\alpha = \sqrt{2}\, \frac{0.057 + \dfrac{0.554\sin\varphi}{F^2}}{1 + 5\dfrac{V'_a}{\left| \,|\vec{V}| - V'_a \right|}} \tag{8.5}$$

$$F = E\, \frac{\left| \,|\vec{V}| - V'_a \right|}{\left(g\dfrac{\Delta\rho}{\rho_a} b \right)^{0.5}} \tag{8.6}$$

式中　$\Delta\rho$——溢油和海水的密度差,$\Delta\rho = \rho_a - \rho$;

　　　V'_a——环境流体速度矢量 $\vec{V}_a$ 在单元控制体运动速度矢量 $\vec{V}$ 上的投影;

　　　$\vec{V}$——单元控制体运动速度矢量;

　　　φ——浮射流的运动轨迹与水平面的夹角;

　　　E——经验系数,一般取 $E = 2$。

根据 Frick 的研究成果,强制卷吸的计算公式为

$$Q_{fx} = \rho_a |\mu_a| \left[\pi b\Delta b |\cos\varphi\cos\theta| + 2b\Delta s \sqrt{1 - \cos^2\theta\cos^2\varphi} + \frac{\pi b^2}{2} |\Delta(\cos\varphi\cos\theta)| \right]\Delta t \tag{8.7}$$

$$Q_{fy} = \rho_a |\nu_a| \left[\pi b\Delta b |\cos\varphi\sin\theta| + 2b\Delta s \sqrt{1 - \sin^2\theta\cos^2\varphi} + \frac{\pi b^2}{2} |\Delta(\cos\varphi\cos\theta)| \right]\Delta t \tag{8.8}$$

$$Q_{fz} = \rho_a |\omega_a| \left[\pi b\Delta b |\sin\varphi| + 2b\Delta s |\cos\varphi| + \frac{\pi b^2}{2} |\Delta(\sin\varphi)| \right]\Delta t \tag{8.9}$$

式中　Q_{fx}、Q_{fy}、Q_{fz}——x 轴,y 轴和 z 轴方向上的强制卷吸通量;

　　　μ_a、ν_a、ω_a——环境流体速度矢量 $\vec{V}_a$ 在三个轴向上的矢量分量;

　　　Δx、Δy、Δz——在 Δt 时间步长内控制单元体沿三个轴向的运动距离,$\Delta s = \sqrt{\Delta x^2 + \Delta y^2 + \Delta z^2}$;

　　　θ——控制单元体运动轨迹在水平面上的投影与 x 轴的夹角。

2. 动量控制方程

$$\frac{d(m\vec{V})}{dt} = \vec{V}_a \frac{dm}{dt} + m\frac{\Delta\rho}{\rho} g\vec{k} - \rho 2bh C_D (|\vec{V}| - V'_a) \frac{\vec{V}}{|\vec{V}|} \tag{8.10}$$

式中　$\vec{V}_a$——环境流体流经单元控制体侧面的速度矢量;

　　　C_D——拖曳系数;

　　　$\vec{k}$——重力方向的单位矢量。

方程右侧第一项代表着掺入质量的动量,后两项为作用在控制单元体上的拖曳力。

3. 转换控制方程

状态控制方程主要包括温度、盐度及浓度守恒方程,其统一表达式可以表示为

$$\frac{\mathrm{d}(mI)}{\mathrm{d}t} = I_a \frac{\mathrm{d}m}{\mathrm{d}t} - \rho_a KA \cdot \frac{I - I_a}{b} \tag{8.11}$$

其中,I,I_a 为溢油和环境流体的变量总称,如温度,盐度,浓度等。

相对应的方程具体形式为:

$$\frac{\mathrm{d}(mC_pT)}{\mathrm{d}t} = C_{pa}T_a \frac{\mathrm{d}m}{\mathrm{d}t} - \rho_a K_T A \cdot \frac{C_pT - C_{pa}T_a}{b} \tag{8.12}$$

$$\frac{\mathrm{d}(mS)}{\mathrm{d}t} = S_a \frac{\mathrm{d}m}{\mathrm{d}t} - \rho_a K_S A \cdot \frac{S - S_a}{b} \tag{8.13}$$

$$\frac{\mathrm{d}(mC)}{\mathrm{d}t} = C_a \frac{\mathrm{d}m}{\mathrm{d}t} - \rho_a K_C A \cdot \frac{C - C_a}{b} - \sum_i^n \frac{\mathrm{d}m_i}{\mathrm{d}t} - \frac{\mathrm{d}m_d}{\mathrm{d}t} \tag{8.14}$$

式中　T ——溢油控制体温度变量;

　　　T_a ——环境流体温度;

　　　S ——溢油控体盐度;

　　　S_a ——环境流体盐度;

　　　C_p ——油的比热容,$C_p = 1\ 800$ J/(kg · ℃);

　　　C_{pa} ——海水的比热容,$C_{pa} = 3\ 900$ J/(kg · ℃);

　　　K_T ——温度扩散系数,根据 Bemporad 的研究成果,$K_T = 2.52 \times 10^{-4}$ m²/s;

　　　K_S ——盐度扩散系数;

　　　K_C ——浓度扩散系数,$K_C = 1.5 \times 10^{-9}$ m²/s。

4. 状态方程

对于简单流体,用上述五步中的控制方程就可以模拟出浮射流运动状况。由于油的温度、盐度和浓度导致油的密度发生变化,Bobra 和 Chung 给出了多种油的密度变化公式,这里采用 Bemporad 文章中的计算公式计算油的密度,即

$$\rho = \rho_0[1 - \beta_T(T - T_0) + \beta_C(C - C_0)] \tag{8.15}$$

式中　ρ_0 ——控制单元体的初始密度;

　　　β_T ——热传导系数,$\beta_T = 5 \times 10^{-4}$℃$^{-1}$;

　　　β_C ——溶解系数,$\beta_C = 8 \times 10^{-3}$%$^{-1}$。

8.1.2　控制方程的离散

利用有限差分对控制方程进行离散,时间步长 $\Delta t = 0.1b_0/|\vec{V}_0|$,其中 b_0 为释放口处的半径,$\vec{V}_0$ 为溢油初始释放速度。离散化的控制方程如下。

1. 质量离散方程

$$\Delta m_k = \rho_a Q_e \Delta t - \sum_i^n \Delta m_i - \Delta m_d \tag{8.16}$$

$$m_{k+1} = m_k + \Delta m_k \tag{8.17}$$

2. 温度、盐度、浓度和密度守恒方程离散

$$T_{k+1} = m_k C_p T_k + \Delta m_k C_{pa} T_{ak} - \rho_a K_T 2\pi h_k (C_p T_k - C_{pa} T_{ak}) \Delta t/m_{k+1} C_p \tag{8.18}$$

$$S_{k+1} = (m_k S_k + \Delta m_k S_{ak} - \rho_a K_S 2\pi h_k (S_k - S_{ak})) \Delta t/m_{k+1} \tag{8.19}$$

$$C_{k+1} = \left(m_k C_k + \Delta m_k C_{ak} - \sum_{i}^{n} K_r A_S i - \rho_a K_C 2\pi h_k (C_k - C_{ak}) \right) \Delta t / m_{k+1} \qquad (8.20)$$

$$\rho_{k+1} = m_{k+1} / \pi b_k^2 h_k \qquad (8.21)$$

$$T_{ak} = (T_{top} - T_{bot}) \frac{Z_k}{H} + T_{bot} \qquad (8.22)$$

$$S_{ak} = (S_{top} - S_{bot}) \frac{Z_k}{H} + S_{bot} \qquad (8.23)$$

$$\Delta\rho_{k+1} = \rho_a - \rho_{k+1} \qquad (8.24)$$

式中　　m_k——第 k 时间步的控制体质量；

$\quad\quad T_k$——第 k 时间步的控制体温度；

$\quad\quad T_{ak}$——第 k 时间步的环境流体温度；

$\quad\quad S_k$——第 k 时间步的控制体盐度；

$\quad\quad S_{ak}$——第 k 时间步的环境流体盐度；

$\quad\quad C_k$——第 k 时间步的控制体浓度；

$\quad\quad C_{ak}$——第 k 时间步的环境流体浓度；

$\quad\quad b_k$——第 k 时间步的控制体半径：

$\quad\quad T_{top}$——控制体顶部温度；

$\quad\quad T_{bot}$——控制体底部温度；

$\quad\quad Z_k$——第 k 时间步的运动位移；

$\quad\quad \rho_{k+1}$——第 $k+1$ 时间步的控制体密度；

$\quad\quad H$——海平面到泄漏点的垂直距离。

3. 速度离散

$$u_{k+1} = m_k u_k + (\Delta m_k) u_a - \rho_{k+1} 2\pi b_k h_k C_D (|\vec{V}_k| - V'_a)^2 \frac{u_k}{|\vec{V}_k|} \Delta t / m_{k+1} \qquad (8.25)$$

$$v_{k+1} = m_k v_k + (\Delta m_k) v_a - \rho_{k+1} 2\pi b_k h_k C_D (|\vec{V}_k| - V'_a)^2 \frac{v_k}{|\vec{V}_k|} \Delta t / m_{k+1} \qquad (8.26)$$

$$w_{k+1} = m_k w_k + (\Delta m_k) w_a + m_{k+1} \left(\frac{\Delta\rho_{k+1}}{\rho_{k+1}} \right) - \rho_{k+1} 2\pi b_k h_k C_D (|\vec{V}_k| - V'_a)^2 \frac{w_k}{|\vec{V}_k|} \Delta t / m_{k+1}$$

$$\qquad (8.27)$$

式中　　u_a——环境流体 x 方向的速度分量；

$\quad\quad u_k$——第 k 时间步控制体 x 方向的速度分量；

$\quad\quad h_k$——控制体第 k 时间步的厚度；

$\quad\quad \vec{V}_k$——控制体第 k 时间步的速度矢量；

$\quad\quad v_k$——第 k 时间步控制体 y 方向的速度分量；

$\quad\quad v_a$——环境流体 y 方向的速度分量。

4. 厚度和半径离散

$$h_{k+1} = \frac{|\vec{V}_{k+1}|}{|\vec{V}_k|} h_k \qquad (8.28)$$

其中, $\vec{V}_{k+1}$ 为第 $k+1$ 时间步控制体的速度矢量。

$$b_{k+1} = \sqrt{\frac{m_{k+1}}{\rho_{k+1}\pi h_{k+1}}} \tag{8.29}$$

5. 位移和方向离散

$$\Delta\vec{s}_{k+1} = |\vec{V}_{k+1}|\Delta t \tag{8.30}$$

$$X_{k+1} = X_k + u_k\Delta t \tag{8.31}$$

$$Y_{k+1} = Y_k + v_k\Delta t \tag{8.32}$$

$$Z_{k+1} = Z_k + w_k\Delta t \tag{8.33}$$

$$\varphi_{k+1} = \tan^{-1}\frac{w_{k+1}}{\sqrt{u_{k+1}^2 + v_{k+1}^2}} \tag{8.34}$$

$$\theta_{k+1} = \tan^{-1}\frac{v_{k+1}}{u_{k+1}} \tag{8.35}$$

其中, $\Delta\vec{s}_{k+1}$ 为第 $k+1$ 时间步位移矢量变化值; φ_{k+1} 为第 $k+1$ 时间步控制体速度上扬角度; θ_{k+1} 为第 $k+1$ 时间步控制体运动速度水平方向角度; X_{k+1}、Y_{k+1}、Z_{k+1} 为控制单元体以泄露点为原点在第 k 步运动的位移。

8.2 水面原油扩散预测数学模型

水下溢油上升到海面后,其在自身重力、海流及风的作用下会形成后期的漂移扩散过程,根据调研结果,溢油到达海面后主要会经历以下几个过程:(1)水面扩展;(2)水面平流;(3)水平湍流扩散;(4)蒸发;(5)溶解;(6)垂向分散。

1. 水面扩展

油膜在重力、惯性力、黏性及表面张力作用下会在水平方向上发生扩展。Fay 将油膜扩展分为三个阶段,但没有考虑风和湍流的影响。Lehr 等人在 Fay 的研究基础上,考虑风的影响总结了一个复合计算公式,即

$$A = 2\,270\left(\frac{\Delta\rho}{\rho_0}\right)^{2/3}V^{2/3}t^{1/2} + 40\left(\frac{\Delta\rho}{\rho_0}\right)^{1/3}V^{1/3}U_{\text{wind}}^{4/3}t \tag{8.36}$$

式中 A——油膜的面积, m^2 ;

     $\Delta\rho$——油膜的密度变化, $\Delta\rho = \rho_\text{w} - \rho_0$;

     V——溢油体积, barrels[①] ;

     U_{wind}——风速, kn ;

     t——溢油时间, min。

通过计算可以得到任意时刻的溢油面积。

2. 水面平流

预测油膜在任意时刻的形状及运动轨迹对预测油膜运动十分重要,对此将连续溢油分割为多次瞬时溢油,并加入随机数以模拟油膜的随机扩散过程,研究每个瞬时溢油的后期行为,监测其任意时刻的状态及运动轨迹,最终对整体溢油进行评估。

---

①   barrel 译为"桶",石油计量单位,相当于 120 ~ 159 L。

对于油膜扩散速度 $\vec{U}_d$，如果将对应海域的流场进行求解，其在任意位置的扩散速度都可以通过网格速度内插及风场速度叠加得到

$$\vec{U}_d = K_t\vec{U}_t + K_w\vec{U}_w \tag{8.37}$$

式中 $\vec{U}_t$——表面流体速度，通过调取海域三维数值流场可以得到；

$\vec{U}_w$——海平面上方 10 m 处的风速值；

K_t——海域表面流体流速影响权重系数，在本次计算中取 $K_t = 1.0$；

K_w——风速影响权重系数，在本次计算中取 $K_w = 0.03$。

3. 水平湍流扩散

对于水平方向上的湍流扩散，主要采用生成随机数法来表征。以 Al – Rabeh 等的研究成果为基础，任意单元其水平方向上的扩散距离可以表示为

$$\Delta S = [R]_0^1 \sqrt{12D_h\Delta t} \tag{8.38}$$

式中 $[R]_0^1$——0 ~ 1 的随机数；

D_h——水平扩散系数。

在任意时间步单元的运动位移可以通过以下公式进行计算

$$L_x(\Delta t) = U_{dx}\Delta t + \Delta S\cos\theta \tag{8.39}$$

$$L_y(\Delta t) = U_{dy}\Delta t + \Delta S\sin\theta \tag{8.40}$$

式中 $L_x(\Delta t)$——单元在时间步长为 Δt 内 x 轴方向上的运动位移；

$L_y(\Delta t)$——单元在时间步长为 Δt 内 y 轴方向上的运动位移；

U_{dx}、U_{dy}——x 轴和 y 轴方向上的单元速度。

$$\theta = 2\pi[R]_0^1 \tag{8.41}$$

其中，R 为气体常数，atm，$m^3/(mol \cdot K)$。

这样，就可以通过计算任意时间步的单元位移计算得到任意时刻的油膜位置及其运动轨迹。

4. 蒸发

溢油到达海面后，蒸发随机发生。Mackay 在试验的基础上得到有关溢油蒸发率的一系列理论，对于溢油组分 i，其蒸发计算公式如下

$$M_i = K_eAt_iX_iP_i^s/(RT) \tag{8.42}$$

式中 M_i——溢油组分 i 蒸发损失量，mol；

K_e——蒸发质量转移系数，m/s；

A——油膜的面积，m^2；

t——时间，s；

T——油膜上方的气温，K；

$X_iP_i^s$——油组分 i 的蒸气压力分压；

P_i^s——油组分 i 的蒸气压力。

X_i 的定义如下：

$$X_i = M_i / \sum M_i \tag{8.43}$$

Mackay 和 Matsugu 根据试验数据得到关于蒸发质量转移系数的计算公式，如下：

$$K_e = 0.029\,2U_{wind}^{0.78}D^{-0.11}S_c^{-0.67}U_{wind} \tag{8.44}$$

式中　K_e——质量转移系数，m/h；

　　　U_{wind}——风速，m/h；

　　　D——油膜的直径，m；

　　　S_c——Schimidt 数，其表征了海面的粗糙度，计算中取 $S_c = 2.7$。

可以得到蒸发率的计算公式为

$$S_e = \sum M_i / t = \sum K_e A X_i P_i^s / (RT) \tag{8.45}$$

通过式（8.45），每一个时间步的溢油蒸发量皆可计算。

对于气体常数 R，取 $R = 8.314\ 4\ \mathrm{m^3 \cdot Pa/(mol \cdot K)}$，对于溢油蒸气压力的计算，可以利用 Antoine 方程求解，根据 Antoine 提出的 Clapeyron 方程修正式为

$$\ln P_v = A - \frac{B}{T + C} \tag{8.46}$$

其中　A、B、C——常数；

　　　P_v——蒸气压力，mmHg；

　　　T——油上方气温，K。

　　其中

$$B = (3.538\ 13 - 9.777\ 3 \times 10^{-5} T_b - 6.666\ 95 \times 10^{-7} T_b^2) T_b \tag{8.47}$$

$$C = (-4.491\ 59 \times 10^{-2} - 2.684\ 08 \times 10^{-4} T_b - 5.186\ 08 \times 10^{-8} T_b^2) T_b - 273.15 \tag{8.48}$$

$$\log(1\ 078 - T_b) = 3.031\ 91 - 0.049\ 91 n^{\frac{2}{3}} \tag{8.49}$$

$$\ln P_v = A - \frac{B}{T + C} \tag{8.50}$$

其中，n 为正构烷烃的碳原子数，利用式（8.46）至式（8.50）即可求得 A、B、C 的值，从而求得其蒸气压力值。

5. 溶解

Mackay 总结了油膜的溶解率计算公式，对于油组分 i，其溶解损失质量计算公式如下：

$$M_{di} = K_d A t X_i S_i \tag{8.51}$$

式中　M_{di}——油组分 i 溶解量，mol；

　　　K_d——溶解质量转移系数，$K_d = 3.0 \times 10^{-6}\mathrm{m/s}$；

　　　X_i——油组分 i 的摩尔分数；

　　　A——油膜面积，$\mathrm{m^2}$；

　　　t——时间，s；

　　　S_i——溶解度。

油组分 i 的溶解速率计算公式为

$$S_d = \sum M_{di} / t = \sum K_d A X_i S_i \tag{8.52}$$

6. 垂向分散

受到湍流及破碎波的影响，油膜会破裂为小油滴并进入水体。Delvigne 和 Sweeney 针对油的掺混率、油滴尺寸和分布分别进行了大量的试验，最后将油掺混率总结为油类型、破碎波能量及温度的经验公式，即

$$Q(d) = K_{en} D_{ba}^{0.57} S_{cov} F_{wc} d^{0.7} \Delta d \tag{8.53}$$

式中　　d——油颗粒直径,m;

Δd——粒子直径范围,m;

$Q(d)$——粒径为 d,Δd 范围内的油滴掺混率,kg/($m^2 \cdot s$);

K_{en}——油品类型及天气表征参数;

D_{ba}——单位面积哈桑的破碎波能量值,J/m^2;

S_{cov}——海面油膜面积分数,$0 \leq S_{cov} \leq 1$;

F_{wc}——单位时间海面收到破碎波砰击面积分数。

其中,D_{ba} 和 F_{wc} 的计算公式分别如下:

$$D_{ba} = 0.003\ 4\rho_w g H_{rms}^2 \tag{8.54}$$

$$F_{wc} = 0.032(U_{wind} - U_i)/T_w \tag{8.55}$$

式中　　ρ_w——海水密度,kg/m^3;

g——重力加速度,m/s^2;

H_{rms}——有义波高,m;

U_{wind}——风速,m/s;

U_i——波破碎对应的风速,$U_i \approx 5$ m/s;

T_w——破碎波的周期,s。

以式(8.55)为基础,对其进行积分,有

$$S_{vd} = \int_{d_{min}}^{d_{max}} Q(d)\Delta d \tag{8.56}$$

Raj 在其文章中给出了最大油滴粒径和最小油滴直径的计算公式为

$$d_{max} = \left[\frac{12\sigma}{g(\rho_w - \rho)} \right]^{1/2} \tag{8.57}$$

$$d_{min} = \frac{0.12\sigma^{3/5}\omega^{2/5}}{\rho_w^{3/5} g^{4/5}} \tag{8.58}$$

式中　　ρ_w、ρ_0——海水密度和原油密度;

ω——波浪周期。

8.3　水下气体扩散预测数学模型

石油和天然气通常在泄漏源的压力作用下连续喷射进入水体中并破碎成为油滴和气泡,它们在初始动量和水体浮力共同作用下形成浮射流并处于主动输移状态。浮射流的范围局限于海底附近,其长度相对较短。在向上迁移过程中,扩张的气泡和夹带的海水之间的密度差产生的浮力会进一步驱动油气向上迁移,形成羽流。其中,气泡的存在导致浮射流和羽流出现两层结构:内部以气泡为核心,外环中大部分为夹带水。羽流上升时,由于其上升速度和夹带水的速度不同,羽流会继续夹带周围环境中的海水;这种夹带会降低羽流的速度和浮力,使得羽流的半径增加,形成一个反向圆锥体(图 8 - 2)。如果羽流在未到达海面之前,其浮力消失,这些羽流中的油滴只能靠自身的浮力上升到海面。反向圆锥体的羽流是在没有水动力存在下的一种理想状态。当遇到速度较大的横向水流时,羽流的输移迹线发生弯曲,此时气泡将逐渐脱离羽流。浮升至一定高度的油滴在失去初始射流动量后,在周围海水流动作用下在水平和垂直方向输移和分散,最后,粒径较大的气泡和油滴浮

升至水面,其中油滴扩展成为油膜,并在风、浪、流等环境因素作用下经历着漂移、扩散、蒸发、乳化等运动和风化过程。

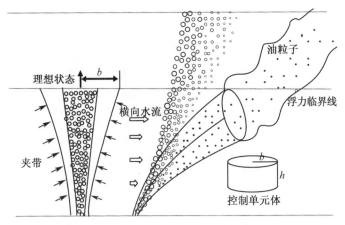

图 8 - 2　浅水油气泄漏示意图

此外,海水环境中的密度分层、流速分层等也会影响浮射流和羽流的迁移轨迹,使得浮射流和羽流的路径变得非常复杂。浅水中,有两个过程会限制羽流的上升:

(1)气体溶解到周围海水中;

(2)上升的气泡从羽流中逃逸出来。

这两个过程都是自发的,比如当气体在这些过程中消失,羽流上升速度会减慢,其在水体中的迁移时间会增加,从而会有更多的气体溶解于海水中。

同浅海一样,深海油气钻井井喷、海底输油管道破损泄漏等事故发生后,石油和天然气在泄漏源的压力作用下连续喷射进入水体中并破碎成为油滴和气泡,其在喷射动量和水体浮力作用下形成浮射流。但与浅水不同的是在浮升过程中,溢出的一部分或全部天然气气泡在深海的高压低温环境中可能与周围的海水会快速形成固态水合物,其主要是在天然气气泡的外壳逐渐形成的(图 8 - 3)。这些水合物在泄漏源附近可以形成气泡,其比重为 $0.92 \sim 0.96$。气体转化为水合物在一定程度上削弱了浮射流的浮力,限制羽流上升,导致油滴和水合物需要在它们自身的浮力下上升,从而使得油滴和水合物在最终到达海面之前需在水体中迁移更长的距离。当水合物浮升至相对低压和高温的环境中时将会再次分解为气泡和水。此外,当羽流遇到较强的横向水流时,天然气气泡将逐渐脱离羽流。随后,失去浮射动量的油滴将在周围海水流动作用下在水平和垂直方向输移和分散。最后,粒径小的油滴继续悬浮在海水中,而粒径大的油滴浮升至海面后扩展为油膜,并在风、流、浪等海洋环境因素作用下经历着漂移、扩散、蒸发、乳化等运动和风化过程。

总的来说,与在浅海环境中相比,溢油在深海环境中的动态行为主要有以下特点。

(1)高压低温的深海环境中,溢油中的天然气(主要成分为甲烷)气泡能与周围海水化合形成固态的天然气水合物(俗称为可燃冰)。当这些水合物浮升至相对高温低压的水体环境中,天然气水合物将分解为水和气泡;

(2)溢油中的天然气气泡在水下浮升过程中会逐渐溶解于海水,这将降低溢油浮射流的浮力;

(3)在水下环境的高压条件下,天然气气体的状态变化由非理想状态方程计算比理想状态方程更为合适;

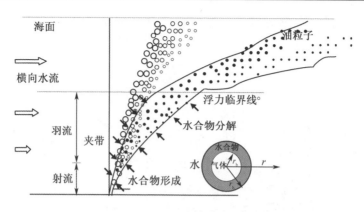

图 8 - 3 深海水下油气泄漏示意图

（4）由于存在天然气水合物的形成与分解、天然气溶解于水等变化过程，溢油中的天然气气泡的尺寸及其浮升速度会随之发生动态变化。其中，深海溢油输移过程中的最大特点是水合物的形成，其与海水压力和温度存在着密切的关系。

Topham 通过模拟试验得出：尽管水合物的生成速率不可能被检测到，但是在水深浅于300 m 的海水环境中是不能形成水合物的；在水深大于 650 m 时，无论泄漏源排放的天然气中是否夹带石油，水合物都生成。Bishnoi 和 Mainik 通过使用高压设施调节净水压的室内试验来研究水合物的形成。结果表明，当压力超过 700 Pa（480 m）时，气体会形成水合物，而当压力低于 450 Pa（310 m）时，水合物不再生成；水合物形成所需的压力主要由气体和液态烃的成分所决定，对于轻油或富气压力甚至低于 450 Pa 时，水合物也会形成。

Yapa 等通过对数学模型和现场试验结果进行比较分析得出这样的结论：油滴的尺寸对其上浮速度有显著的影响。油的释放速度越快，产生的油滴尺寸越小，因此也延长了羽流整体的上浮时间。

Zheng 和 Yapa 等人在溢油模型的基础上考虑气体溶解。由于气体溶解会对浮力造成影响，因此，Zheng 和 Yapa 研究大范围水深下，从低压理想气体到深水高压环境下非理想气体的溶解计算方法，并且还对球形及非球形气泡进行研究，通过试验数据对模型进行了验证。气体溶解计算和 Yapa 水下浮射流计算相结合，模拟了气体溶解对浮射流的影响。

气泡的溶解速率可通过下式计算：

$$\frac{dn}{dt} = KA(C_s - C_0) \tag{8.59}$$

式中　n——气泡中气体的摩尔数，mol；

　　　K——质量传递系数，m/s；

　　　A——气泡的表面积，m^2；

　　　C_0——溶解气体的浓度，mol/m^3；

　　　C_s——C_0 的饱和度。

水中气体的溶解度通常使用简单的 Henry 公式计算：

$$P = Hx^1 \tag{8.60}$$

式中　P——气体压强，MPa；

　　　H——Henry 公式常数，MPa；

x^1——平衡条件下水体中溶解气体的摩尔分数,可转化为溶解度 C_s,$C_s \approx \dfrac{x^1 \rho_w}{M_w}$(其中,$\rho_w$ 为水体密度,M_w 为水的分子质量,kg/mol)。

简单 Henry 公式的适用范围即在理想气体或低压环境中。如果压强显著增加(比如在深水中),公式(8.59)将不再适用。

King 研究了在压强上升时采用 Henry 公式的修正格式计算微溶气体的溶解度:

$$f^g = Hx^1 \exp(10^6 Pv^1/RT) \tag{8.61}$$

式中　f^g——描述气体在气相时的无常性,MPa;

v^3——求解中气体的部分摩尔体积,m^3/mol;

R——通用气体常数,$R = 8.31$,$J/mol \cdot K$;

T——水温,K。

在压强 P 转化为 0 时,公式(8.61)变为公式(8.60)。

根据 Cliftetal 在文章中的理论,液体中气泡的质量传递系数取决于气泡的尺寸和形状及气体在液体中的扩散率。对小尺寸的气泡,液体中的气泡通常近似为球形,中等尺寸气泡看作椭球形,大气泡则看作是球冠体。对于单一形状气泡的公式,比如对球形气泡,不能包含深水情况下全部尺寸范围的气泡的质量传递系数。

将 Johansenetal 和 Cliftetal 分别研究的公式综合到一起,形成污染水域中气泡质量传递系数的通用公式。这一综合公式的有效性将在之后通过对比计算结果和试验观测数值验证。

(1)球型气泡(小尺寸范围)

$$K = 0.011\,3 \left(\frac{UD}{0.45 + 0.2d_e}\right)^{\frac{1}{2}} \tag{8.62}$$

式中　d_e——气泡的等效直径,cm;

D——气体分子在液体中的扩散率,cm^2/s;

U——气泡的最终速度,cm/s,由 Zheng 和 Yapa 在其研究文章中描述的方法决定。

(2)椭球形气泡(中等尺寸范围)

$$K = 0.065D^{\frac{1}{2}} \tag{8.63}$$

(3)球冠体形状气泡(大尺寸范围)

$$K = 0.069\,4d_e^{-\frac{1}{4}}D^{\frac{1}{2}} \tag{8.64}$$

Cliftetal 建议公式(8.62)用于粒子直径大于 5 mm。中等尺寸到大尺寸的分界点由公式(8.63)和公式(8.64)联立获得。

在溶解模型和浮射流相结合时,模型有两个假设:

(1)流动气泡总数随着高度变化保持常数,忽略气泡之间的融合;

(2)初始时气泡保持相同尺寸,如果之后发展出粒子尺寸分布谱则可用 $N(r_1,r_2,\ldots,r_n)$ 代替 N。

基于假设(1),每单位羽流高度的气泡数量为 $\dfrac{N}{w + w_b}$,其中,w 是羽流中液体部分垂向速度;w_b 是气体滑移速度,是气泡尺寸的函数。Zheng 和 Yapa 在其文章中给出了计算 w_b 的具体方法。

由气体溶解引起的气体质量损失为

$$\Delta m_{\mathrm{b}} = -\frac{Nh}{w + w_{\mathrm{b}}}\frac{\mathrm{d}n}{\mathrm{d}t}M_{\mathrm{g}}\Delta t \tag{8.65}$$

式中　Δm_{b}——由于控制体内气体溶解造成的气体质量损失，kg；

　　　M_{g}——气体的摩尔质量，kg/mol；

　　　Δt——时间步，s。

8.4　油气泄漏试验与计算模型验证

8.4.1　静水气体泄漏水槽试验及模型验证

本课题组进行的模型试验针对特定的管路在不同水深、不同开口孔径、不同气压及不同空气流量的条件下进行试验，观察气泡羽流上升过程以及气泡羽流与自由表面接触时的扩散现象，着重测试空气流量和扩散前的羽流直径，建立羽流直径与水深、泄漏孔径、气压以及空气流量之间的相互关系和规律，从而与数值理论分析结果进行对照，同时为工程实际提供具有借鉴意义的试验案例。

1. 静水气体泄漏水槽试验

（1）试验设备与材料

试验地点：在天津大学港口与海岸工程试验大厅波浪水槽中进行，水槽全貌如图 8 - 4 所示，水槽有效宽度 2.0 m，高度 1.8 m，可用水深 1.2 m。试验过程中进行静水试验。试验装置简图及实景图如图 8 - 5、图 8 - 6 所示。

图 8 - 4　水槽全貌

根据试验方案设计，用到的主要设备与材料列于表 8 - 1 中。

表 8-1　主要试验设备与材料

材料设备名称	主要性能说明	数量
空气压缩泵	可提供的最大气压为 0.8 MPa,0.1 m³/min	1 台
减压阀	可调节并稳定整个管道中的气压,附带量程 0~1 MPa 的小型压力表	1 个
空气流量计	LZB-10 玻璃转子流量计,量程 0~2.5 m³/h,精度等级 1.5%,工作压力<1 MPa	1 个
压力表	量程 0~1 MPa,精度等级 1.6%	1 个
硬管	管径 1 cm	6 m
软管	管径 1 cm	4 m
管路连接件	如弯头、直通、三通等,配套使用管道防漏胶带	10 个
管路加工工具	如扳手、钳子、剪刀、整圆器等	—
管帽	与直径 1 cm 管道配套的管帽	10 个
刻度尺	长度为 1 m 的钢尺	4 根
照明灯	固定式照明灯、悬挂式照明灯	2 盏
支架	水槽上方的固定支架	3 套
照相机	尼康单反相机	1 部
摄像机	松下 DV 摄像机	1 部
净水剂	明矾,用于净水	若干

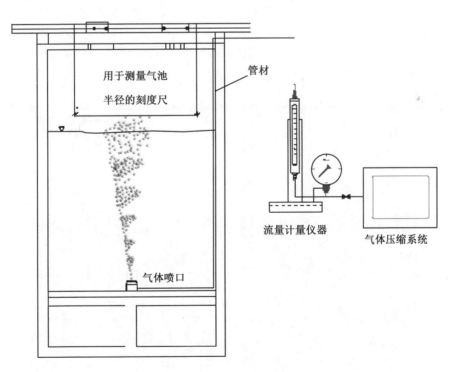

图 8-5　试验装置简图

图 8 - 6　试验实景图

（2）试验管路设置

根据试验需要，管路开孔尺寸有 1 mm、1.2 mm、1.5 mm、1.8 mm、2.0 mm、2.5 mm、3 mm 等多种方案，以便探索该管路允许的最大开孔尺寸。

将管路连接成 U 型管路（即中间开孔管路，图 8 - 7），再根据试验操作的不同步骤，更换不同尺寸的喷口。水槽玻璃竖直方向设置一根刻度尺，用于观察水位；水槽玻璃水平方向设置一根刻度尺，用于从紧贴水面方向观察气池范围和测试羽流直径；水槽水面上方交叉设置两根刻度尺，用于从水面上方观察气池范围。

图 8 - 7　U 型管路

（3）试验操作过程

①向水槽内注水到一定高度（例如 1 m），停止注水后向水槽内添加明矾。添加完毕后将水泄回到大水池中，再注水到一定高度。如此冲刷数遍后，使水槽中的明矾固体完全冲入大水池，再净水 12 h 左右。

②连接相关的试验器材。首先将气体压缩泵、减压阀与空气流量计用软管连接，软管通过管卡固定在连接件上；同时安装照明系统，保证试验场地有足够的光源。

③净水后，首先设置管路喷口的孔径为某一尺寸，打开并调节气体压缩系统，把管路放入水中，调整管路位置使管路开孔位置与刻度尺中心位置对齐，并固定在支架上。

④调节减压阀，使压力表读数等于指定气压值，待压强稳定后，读取并记录空气流量计数值，同时拍摄气泡流和刻度尺影像，并目测羽流直径。

⑤待记录数据完毕后，继续调节减压阀，使压力表读数变换为不同的指定气压值，从而使管道在同一孔径不同气压下进行试验。

⑥一种孔径的试验完成后，将管道装置从水中取出，关闭气体压缩泵，更换不同孔径的喷口。重复上述试验步骤。

⑦一种水深的试验完成后，将管道装置从水槽中取出，关闭气体压缩泵，将水位调整到不同的指定水深。重复上述试验步骤。

（4）试验结果分析

对于 U 型管路试验方案，主要对"1.2 m、1.1 m、1.0 m、0.9 m、0.8 m 水深"和"1.0 mm、1.2 mm、1.5 mm、1.8 mm、2.0 mm 孔径"条件下的多个指定气压值（最大指定气压值应略小于管路中允许的最大孔前气压值）进行试验。试验过程中用铅锤找出管路开孔的具体位置并记录下来。每种情形连续拍摄三组数码照片，读取照片中刻度尺读数后取平均值即得到羽流直径，并对羽流直径进行目测，以供照片读数参考。气泡羽流现象，1.2 m 水深、2.0 mm 孔径、0.1 MPa 条件下的气泡羽流直径如图 8 - 8、图 8 - 9 所示。

图 8 - 8　气泡羽流现象

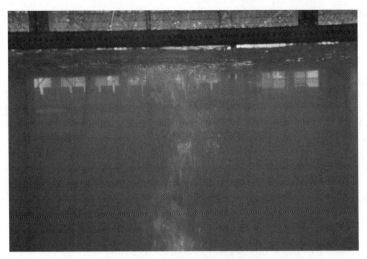

图 8 - 9   1.2 m 水深、2.0 mm 孔径、0.1 MPa 条件下的气泡羽流直径

　　本试验主要是测试孔前气压、喷口孔径及水深等因素的变化对空气流量和羽流直径的影响,所以在试验分析与后处理阶段中,着重分析空气流量和羽流直径随不同孔前气压、不同孔径、不同水深的变化趋势,以及羽流直径随空气流量的变化趋势。

　　通过分析图 8 - 10 至图 8 - 13 空气流量和羽流直径随孔径的变化曲线可以得出:对于同一水深(如0.8 m 或 1.2 m),各个孔前气压的空气流量和羽流直径随孔径的变化趋势是比较明显的;对于同一水深同一孔前气压,空气流量和羽流直径随孔径的增大而增大,呈近似线性增长;对于同一水深同一孔径,空气流量和羽流直径随孔前气压的变化趋势也是比较明显的。

　　通过分析图 8 - 14 至图 8 - 17 空气流量和羽流直径随孔径的变化曲线可以得出:对于同一孔前气压(如 0.06 MPa 或 0.16 MPa),各个水深的空气流量和羽流直径随孔径的变化趋势是比较明显的;对于同一孔前气压同一水深,空气流量和羽流直径随孔径的增大而增大,并不是明显的线性。

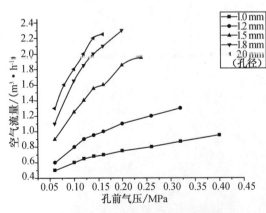

图 8 - 10   各个孔径的空气流量随孔前
气压的变化曲线(0.8 m 水深)

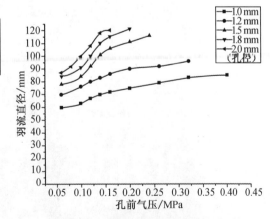

图 8 - 11   各个孔径的羽流直径随孔前
气压的变化曲线(0.8 m 水深)

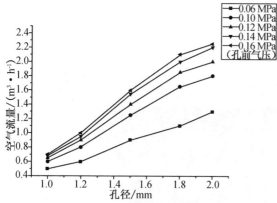

图 8-12　各个孔前气压的空气流量
随孔径的变化曲线（0.8 m 水深）

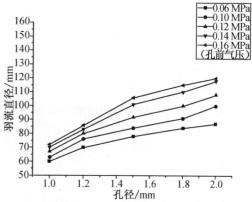

图 8-13　各个孔前气压的羽流直径
随孔径的变化曲线（0.8 m 水深）

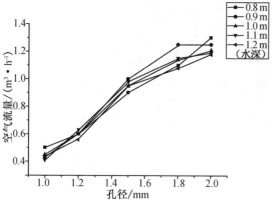

图 8-14　不同水深空气流量随孔径的
变化曲线（0.06 MPa 孔前气压）

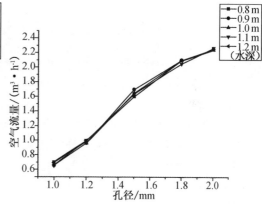

图 8-15　不同水深空气流量随孔径的
变化曲线（0.16 MPa 孔前气压）

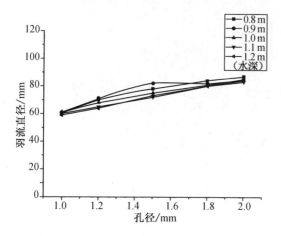

图 8-16　不同水深羽流直径随孔径的
变化曲线（0.06 MPa 孔前气压）

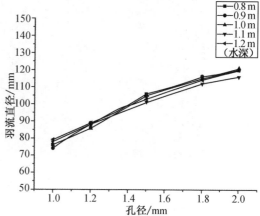

图 8-17　不同水深羽流直径随孔径的
变化曲线（0.16 MPa 孔前气压）

2. CFD 模拟计算

根据试验条件,利用 Fluent 软件建立计算模型。模型大小:针对不同水深,建立两种大小的模型(1 m×1 m 或 1 m×1.5 m),在泄漏口处加密网格。

网格模型如图 8 – 18 所示。

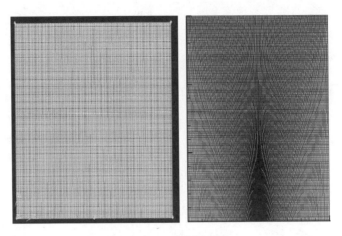

图 8 – 18   网格划分图

周边采用 wall 边界,上部为压力出口。选用 DPM 模型与 VOF 模型结合来模拟泄漏。气体从泄漏口处以离散气体粒子的形式喷射入水中。考虑重力影响。

第一组试验水深 0.8 m,泄漏孔径 1 mm。图 8 – 19 至图 8 – 22 为不同孔前压力的模拟结果。

图 8 – 19   孔前压力 0.06 MPa 模拟结果图

图 8 – 20　孔前压力 0.12 MPa 模拟结果图

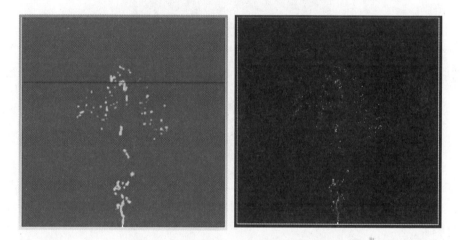

图 8 – 21　孔前压力 0.20 MPa 模拟结果图

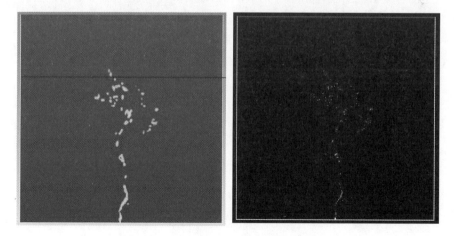

图 8 – 22　孔前压力 0.40 MPa 模拟结果图

需要说明的是,在数值模拟结果(表 8 - 2)中,靠近水面时,部分气体会发生扩散脱离主运动体,因此在测量水面气体羽流直径时,只考虑羽流主体在水面的直径,如图 8 - 23 所示。这与试验时测量羽流主体直径也是相符的。

表 8 - 2　第一组数值模拟水面羽流直径值

序号	孔前压力/MPa	小孔模型泄漏计算结果/(g·s^{-1})	水面羽流直径数值模拟结果估算值/mm
1	0.06	0.282	61.8
2	0.12	0.404	66.9
3	0.20	0.549	72.7
4	0.40	0.914	81.6

图 8 - 23　羽流主体形状

3. 理论数学模型计算

如图 8 - 24 至图 8 - 26 所示,以第一组数值模拟为例,水深 0.8 m,泄漏孔径 1 mm,孔前压力 0.06 MPa,计算结果如下:

羽流直径 0.062 3 m,气体夹带液体范围的直径为 0.088 9 m。

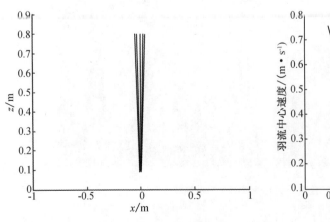

图 8 - 24　二维羽流轮廓线

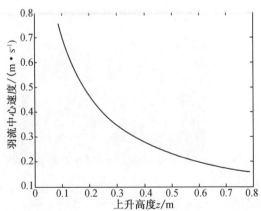

图 8 - 25　羽流中心速度随上升高度变化曲线

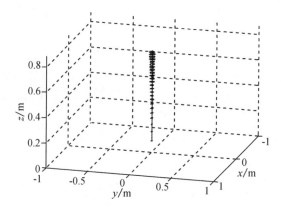

图 8 – 26　三维羽流轮廓线

4. 试验对比验证

第一组计算结果对比如图 8 – 27、表 8 – 3 所示。

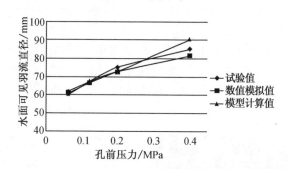

图 8 – 27　0.8 m 水深、泄漏孔径 1 mm 条件下羽流直径随孔前压力变化曲线

表 8 – 3　第一组计算结果对比

理论模型 计算值/mm	有限元模 拟值/mm	试验值/mm	理论模型与试验 值相对误差/%	有限元模拟值与 试验值相对误差/%
62.3	61.8	60.210 5	3.47	– 2.7
66.5	66.9	67.228 1	– 1.08	0.5
72.8	72.7	75.087 7	– 3.05	3.2
90.7	81.6	85.193	6.46	4.3

本节对水下气体泄漏进行试验研究,并对试验结果进行理论模型计算和 fluent 模拟计算结果的对比,经过对比发现,理论模型计算结果与试验值在个别点处差别较大,但总体来说平均误差在 10% 以内,说明建立的理论模型的可用性。同时也验证了 Fluent 模型计算的正确性。

8.4.2　原油泄漏扩散试验及模型验证

本课题组针对海底管道水下原油泄漏及海面溢油扩散进行了缩尺比模拟试验(下文称

为 FC 系列试验),利用影像采集设备及图像处理软件对模型试验进行了重要参数提取,本节针对模型试验中的试验工况,利用上文所述数学模型进行了数值计算,将试验结果与数值结果进行了对照,以验证数学模型结果的准确性。

(1)FC 系列试验

FC 系列试验数据对比分析如下,表 8 - 4 是 FC 系列试验相关参数。

表 8 - 4　FC 系列试验相关参数

相关参数	油密度/ (kg·m^{-3})	海水密度/ (kg·m^{-3})	油黏度/ (mPa·s)	泄漏速度/ (m·s^{-1})	泄漏口径/m
数值	894.9	983.3	284.2	0.123 3	0.004

(2)FC - 0 系列试验

FC - 0 系列试验是静水条件下试验,对比结果如下。

模拟结果中,油先经历射流部分,达到某一深度后,开始对流阶段。总体上,溢油形态是垂直的,水平运动距离较小。当存在流速时,溢油轨迹会有偏移,偏移方向与流速方向相同。

如图 8 - 28、图 8 - 29 所示,试验结果表明,静水小口径黏度较大的油溢出后,在流量满足一定条件下,形成垂直射流,之后达到某一深度后,射流分散为油滴。油滴尺寸较大。总体上,溢油垂直运动,水平运动距离较小。在流速存在时,溢油会存在流速方向偏移。

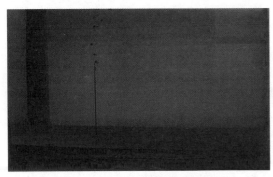

图 8 - 28　FC - 0 系列试验结果图

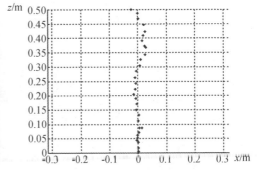

图 8 - 29　FC - 0 系列试验数值计算结果

(3)FC - 1 系列试验

FC - 1 系列试验流速见表 8 - 5,其试验结果数值计算结果如图 8 - 30、图 8 - 31 所示。

表 8 - 5　FC - 1 系列试验流速

水深	海底	0.2 h	0.4 h	0.6 h	0.8 h	表层	平均
流速/(cm·s^{-1})	1.82	2.24	2.36	2.48	2.56	2.67	2.37

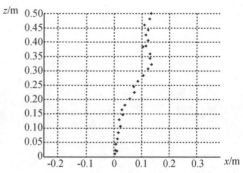

图 8 - 30　FC - 1 系列试验结果图　　　　图 8 - 31　FC - 1 系列试验数值计算结果

（4）FC - 2 系列试验

FC - 2 系列试验流速见表 8 - 6，其试验结果数值计算结果如图 8 - 32、图 8 - 33 所示。

表 8 - 6　FC - 2 系列试验流速

水深	海底	0.2 h	0.4 h	0.6 h	0.8 h	表层	平均
流速/(cm · s⁻¹)	3.5	4.4	4.65	4.74	4.86	4.92	4.74

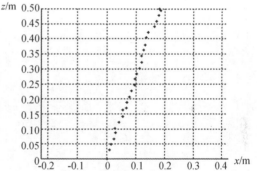

图 8 - 32　FC - 2 系列试验结果图　　　　图 8 - 33　FC - 2 系列试验数值计算结果

（5）FC - 3 系列试验

FC - 3 系列试验流速见表 8 - 7，其试验结果数值计算结果如图 8 - 34、图 8 - 35 所示。

表 8 - 7　FC - 3 系列试验流速

水深	海底	0.2 h	0.4 h	0.6 h	0.8 h	表层	平均
流速/(cm · s⁻¹)	6.3	6.95	7.1	7.12	7.24	7.4	7.12

图 8-34 FC-3 系列试验结果图

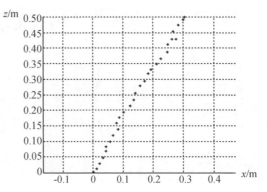

图 8-35 FC-3 系列试验数值计算结果

(6)FC-4 系列试验

FC-4 系列试验流速见表 8-8,其试验结果数值计算结果如图 8-36、图 8-37 所示。

表 8-8 FC-4 系列试验流速

水深	海底	0.2 h	0.4 h	0.6 h	0.8 h	表层	平均
流速/(cm·s^{-1})	8.3	8.8	9.3	9.49	9.8	9.9	9.49

图 8-36 FC-4 系列试验结果图

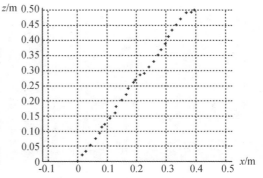

图 8-37 FC-4 系列试验数值计算结果

(7)FC-5 系列

FC-5 系列试验流速见表 8-9,其试验结果数值计算结果如图 8-38、图 8-39 所示。

表 8-9 FC-5 试验流速

水深	海底	0.2 h	0.4 h	0.6 h	0.8 h	表层	平均
流速/(cm·s^{-1})	9.8	10.5	11.4	11.86	12.3	12.5	11.86

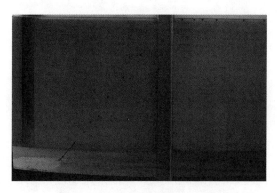

图 8 - 38　FC - 5 系列试验结果图

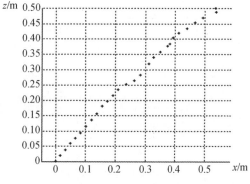

图 8 - 39　FC - 5 系列试验数值计算结果

随着横向水流速度增加,溢油到达海面距离变大,溢油轨迹倾角(与竖直轴)变大。

数据整理对比(表 8 - 10)分析。

表 8 - 10　数据对比

试验标号	偏移距离			运动时间		
	试验值/m	模拟值/m	相对误差/%	试验值/s	模拟值/s	相对误差/%
FC0	0.008	0.083	849.9	6	5.1280	6.5
FC1	0.136	0.129	5.269	6	4.710	21.500
FC2	0.192	0.182	5.483	6	4.690	21.833
FC3	0.297	0.276	7.141	6	4.912	18.140
FC4	0.389	0.411	5.660	5	4.565	8.710
FC5	0.516	0.505	2.177	5	4.233	15.328

如图 8 - 40 至图 8 - 43 所示,偏移距离和偏移角度相对误差基本在 5% 以内,较好吻合试验结果。

运动时间相对误差在 20% 以内。

由于模拟和试验结果中,溢油轨迹几乎是直线上升,因此仅根据油滴达到海面的位置计算溢油轨迹偏角,不是计算所有时刻的偏角。

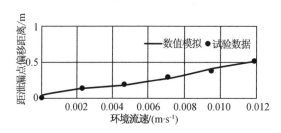

图 8 - 40　偏移距离对比

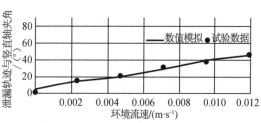

图 8 - 41　偏移角度对比

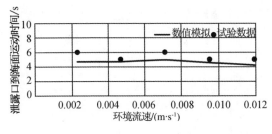

图 8 – 42　运动时间对比

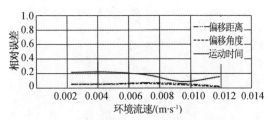

图 8 – 43　相对误差分析

　　事实上,油溢出到形成油滴的时间内,溢油形态无法准确模拟。模拟采用速度准则区分射流和对流阶段,更符合溢油量大且泄漏速度大的溢油模拟。FCO 试验的相对误差极大,影响整体观感,因此未画出。在这里说明:因为 FCO 试验的油滴几乎垂直进入海面,同时模拟中不同时刻达到海面的位置有着随机性参数控制,同时不同时刻油滴到达海面位置也不同。绝对误差是厘米的量级然而相对误差却很大。

第9章 海上大型油气生产平台浮托作业仿真模拟应用技术

9.1 浮托安装作业流程

海洋平台浮托安装法(浮托法)是相对于传统的吊装法而言的,传统的吊装法(图9-1)是利用海上浮吊把上部组块吊起后安装到导管架上,而浮托法(图9-2)则是通过调节驳船的吃水差,利用浮力把组块浮托安装到导管架上。与吊装法相比,浮托法解决了超大、超重组块的海上安装问题,避免了采用传统的大型海洋结构物分块吊装安装方案可能造成的烦琐的作业程序,减少了海上连接调试的时间。

图9-1 吊装法

9-2 浮托法

浮托安装技术发展至今已有30余年,它通过海上安装成功地将整体上部组块安装到不同的固定式结构或浮式海洋平台上。1983年,Philips Maureen Project成功将质量达18 600 t的生产平台上部组块采用浮托技术安装成功。2002年,赵东油田首次采用浮托技术成功地将质量达3 200 t的DPA平台上部组块整体安装在导管架上,这是国内的第一个浮托安装工程。2005年,海洋石油工程股份有限公司首次运用浮托法海上安装新工艺,成功地将质量达7 200 t的渤海南堡35-2油田中心平台整体安装到导管架上,为我国大型海上平台安装作业和技术发展提供了经验。2013年,世界最具挑战性的荔湾3-1中心平台组块海上浮托安装项目顺利完成,是我国首次在南海进行组块浮托安装作业,开创了中国海上浮托安装的新纪元,成为世界上第三个完整掌握30 000吨级平台整体浮托技术的国家。应用浮托技术可以进行导管架平台、重力式平台、张力腿平台及Spar平台等结构海洋平台的海上安装。

　　海洋平台浮托安装作业是指建造完成后的平台上部组块由驳船运载驶入大开口导管架，并抛锚完成定位，进而完成海上安装工作，其主要流程如下。

9.1.1　待机阶段(standby)

　　待机阶段(图9-3)指安装驳船利用系泊系统停泊在距离安装导管架一定安全距离的区域等待合适的安装条件，这期间一般要进行安装准备工作，如切除部分临时固定绑扎、准备快速压载系统等。

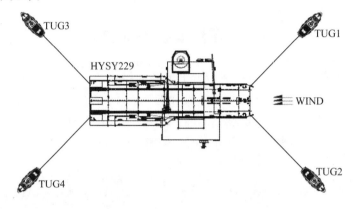

图9-3　待机阶段

9.1.2　进船阶段(Docking)

　　在准备就绪和安全条件合适的情况下，驳船在牵引缆索的作用下缓慢进入导管架槽口，并通过不同位置布置的锚缆控制其运动方向和运动速度，如图9-4所示。在前进的过程中，横荡护舷发挥缓冲碰撞作用。继续推进直到安装在驳船上的限位(纵荡护舷)碰到导管架桩腿上，此时驳船上的组块正好停留在导管架正上方，组块的桩尖正好对着位于导管架桩腿的桩腿耦合装置(LMU)。

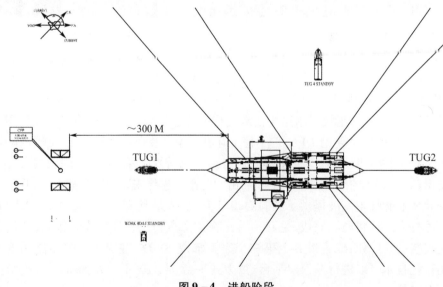

图9-4　进船阶段

9.1.3　对接阶段(Mating)

通过调节驳船的压载系统压载下沉或利用潮差使驳船缓慢下降,其间需要通过驳船的精确定位,使组块立柱桩尖与导管架桩腿精确对中,如图 9 - 5 所示。驳船继续压载下沉,直到组块的桩尖与导管架桩腿或 LMU 第 1 次接触。此时要确定位置是否对正以及驳船的晃动情况,如果没有问题就切除全部的临时固定装置并继续压载,直到组块桩尖进入桩腿或 LMU 的接收器内,此时整个对接过程完成。在驳船压载下沉过程中,固定上部组块的临时支撑(DSU)上下分离,此时组块重量开始由驳船向导管架转移。继续压载下沉,直到组块荷载全部转移到导管架上为止。

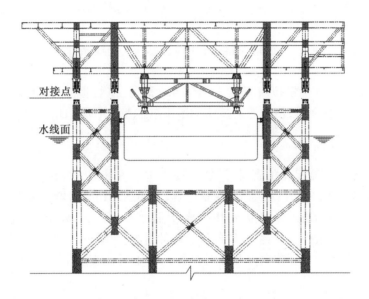

图 9 - 5　对接阶段

9.1.4　退船阶段(Undocking)

当临时支撑与上部组块之间达到一定的安全间隙时,将驳船从导管架中拖出,驳船撤离,从而完成平台组块的海上安装就位工作。退船阶段如图 9 - 6 所示。

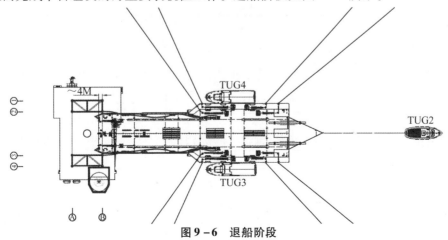

图 9 - 6　退船阶段

9.2　浮托安装作业仿真系统

从浮托安装作业的基本流程可以看出，如何实现驳船顺利进入导管架并安全顺利地实现荷载转移是浮托法海上安装作业的关键。如何基于仿真技术开展作业方案预演及相关人员培训，对于设计方案的可行性评估和优化、针对性地制订应急处置方案、提高海上施工作业安全性具有重要意义，具体表现在以下方面。

（1）系泊移船方案可行性评估，分析不同风浪流条件下，评估锚缆的布置方案，重点包括锚缆数量、角度、张力等设计参数，是否可以完成进退船操作，并可以提供优化建议；

（2）应急工况下风险评估及应对措施分析，重点针对锚缆断裂失效、大风浪等应急工况下仿真分析及应急策略制订；

（3）调载方案可行性分析，评估对接过程中风、浪、流、潮汐条件对施工的影响及有效的作业窗口时间；

（4）施工队伍协同作业模拟演练，通过开展作业总监、拖船船长、锚机操作手、定位监控等主要站位的协同仿真演练，使作业人员熟悉浮托作业流程并提高团队协同作业水平。

9.2.1　系统组成

基于浮托安装作业流程和仿真目标，浮托安装作业仿真系统采用 HLA 分布式仿真框架，主要由半物理仿真驾控台、教练员、视景仿真、船舶运动仿真、调载仿真、海洋环境仿真等子系统组成，重点包括通用驾控台、通用调载台、锚机操作界面、驳船运动仿真软件、拖轮运动仿真软件、教练员软件、定位监控软件等软硬件组成，如图 9-7 所示。浮托安装仿真系统布置图，浮托安装作业仿真数据流图分别如图 9-8、图 9-9 所示。

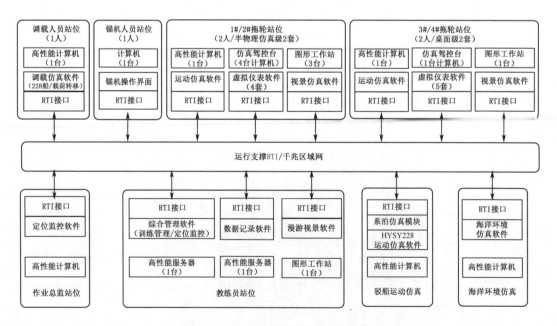

图 9-7　浮托安装作业仿真系统组成

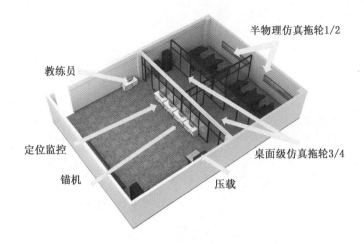

图 9 - 8　浮托安装仿真系统布置图

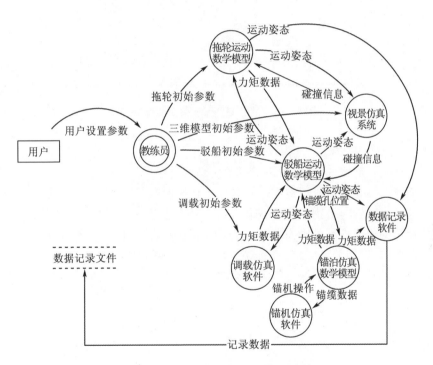

图 9 - 9　浮托安装作业仿真数据流图

9.2.2　系统数据流程

吊装安装作业仿真数据流图如图 9 - 10 所示,浮托作业仿真的数据流成分为以下几个过程。

(1)用户作为外部输入源,向教练员输入仿真设置参数。

(2)教练员向每个仿真应用程序输入必要的初始参数。

(3)通过发布/订阅关系,以订阅的数据为输入,数据加工后以发布的数据作为输出。

（4）数据记录软件将筛选并整理的数据存入物理磁盘。

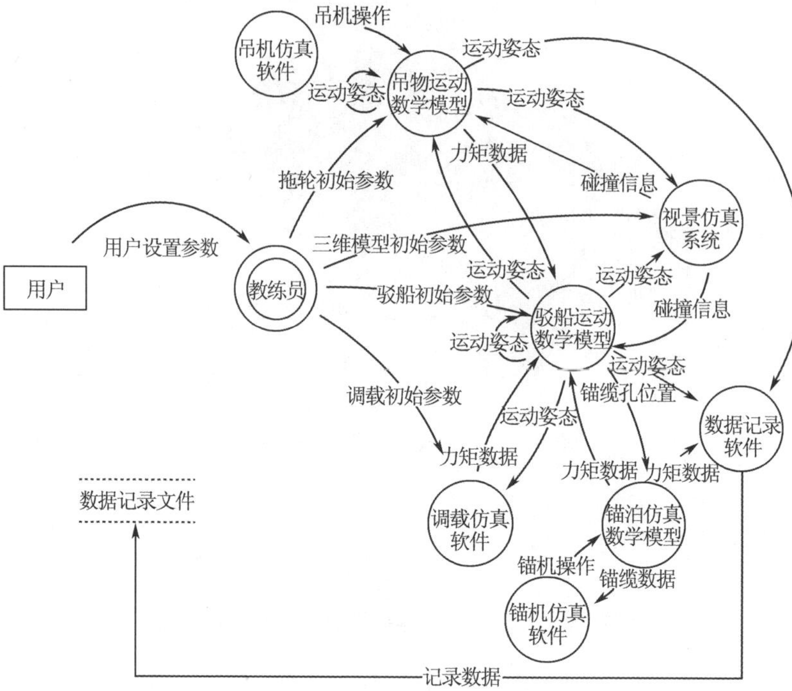

图9－10　吊装安装作业仿真数据流图

浮托作业仿真的数据流成分为以下几个过程：

（1）用户作为外部输入源，向教练员输入仿真设置参数。

（2）教练员向每个仿真应用程序输入必要的初始参数。

（3）吊机仿真软件向吊物运动模型输入吊机操作数据。

（4）吊物运动模型将吊机操作数据加工后，向驳船运动模型输入力矩数据。

（5）通过发布/订阅关系，以订阅的数据为输入，数据加工后以发布的数据作为输出。

（6）数据记录软件将筛选并整理的数据存入物理磁盘。

9.3　分系统技术设计

9.3.1　半物理仿真驾控台系统

半物理仿真驾控台是实现海工作业、船舶驾驶等工况的设备操纵的集中控制系统。一般情况下，台体和设备与真实设施具有一致的外形和布局，并且采用相同的控制设备。这就要求实现操控数据的采集、逻辑控制、数据传输等功能。一般情况下，半物理仿真驾控台系统由仿真驾控台操控设备及台体、操控数据采集和传输系统、作业及驾驶操控仿真软件系统三部分组成。

以拖轮后操控台仿真系统为例。该套拖轮后操控台仿真系统用于模拟实船后操控台的驾驶和作业操纵，将操作数据传输给其他仿真子系统如教练员系统、视景系统等，并将来自其他仿真子系统如船舶运动仿真系统的数据通过仪表进行显示。

1. 拖轮后操控台设备及台体

根据后操控台台体研制需求,设计并研发适合于多种后操控台作业的具有通用性和拓展性的后操控台台体。首先对目前国内外实船后操控台形式和设备式进行调研,然后从功能角度对所有设备面板进行归类和分析。对于主机操作类的手柄等设备需要采用真实设备以增强实际体验感;对于拖缆机控制面板、主机控制面板、测深仪复示器等操控面板繁杂的作业、驾驶、显示面板可以考虑使用触摸屏集成切换操控以增强仿真系统功能的拓展性,这符合自动化设备的发展情况。表9-1为一套拖轮后操控台的设备及台体组成。

表9-1 拖轮后操控台的设备及台体组成

序号	名称	数量
1	后操控台台体	1
2	综合显示器	4
3	作业触摸屏	4
4	作业控制计算机	4
5	主推操作手柄	2
6	舵机操作手柄	2
7	侧推操作手柄	2
8	操作摇杆	1
9	声力电话	1
10	12路汇接箱	1
11	甚高频电话	1
12	自动电话	1
13	程控电话交换机	1
14	24口网络交换机	1
15	轨道式驾驶椅	2

后操控台的台体由三部分组成,如图9-11所示。左右台体对称,尺寸约为长2 000 mm,宽650 mm,高1 100 mm,中间台体较宽,尺寸约为长2 000 mm,宽1 150 mm,高1 100 mm。

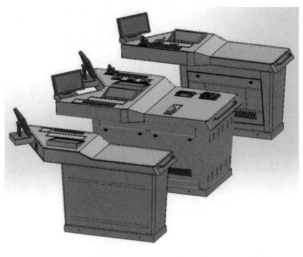

图9-11 拖轮后操控台台体及设备布置示意图

该台体充分考虑后操控台驾驶和作业设备的布置和安装,配有可拆卸式前部设备安装板,可以根据不同需求单独配置操控设备,方便灵活地实现不同硬件需求。

台体前部安装有4台触摸显示器,实现操控信息综合显示;台面上也装有4台触摸显示器,可以配置不同的操控软件系统,实现操控功能的灵活配置。

2. 基于 PLC 的操控数据采集和传输系统

基于 PLC 的操控数据采集和传输系统适合于对设备仿真程度和拓展性要求高的仿真系统。该系统包括基于 PLC 的硬态组件、上位机程序模块两部分。数据采集系统采用西门子 S7 - 300PLC 架构采集操控手柄的控制信息,通过 OPC 与仿真计算机进行数据交换,需要采集的信号类型包含模拟量输入、模拟量输出等。

(1)PLC 控制系统硬件组态

根据系统采集信号的类型和数量,以及网络通信需求,选择西门子紧凑型 CPU314C - PN/DP 主机,该主机集成了数字量输入输出及模拟量输入输出,能够实现当前系统需求。PLC 控制系统硬件组态如图 9 - 12 所示。

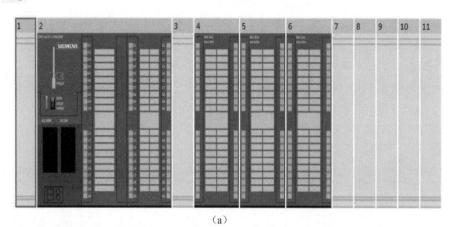

图 9 - 12　拖船操控数据采集和传输系统 PLC 配置方案

操控台的仿真计算机通过以太网与 CPU 建立 S7 - 300 连接进行通信,通过 OPC 实现数据交换,仿真计算机作为激活的通信伙伴定时发出数据请求,PLC 即时应答,满足数据传递的实时性。网络组态(图 9 - 13)模式如下。

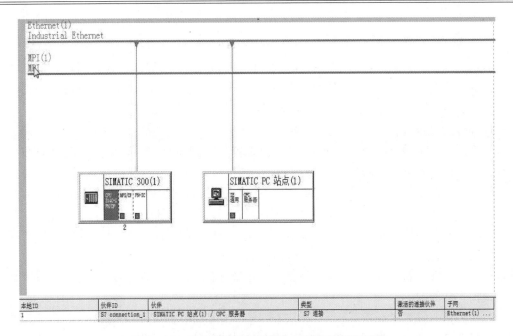

图 9 - 13　拖船操控数据采集和传输系统网络组态

分别对西门子主机和操控台仿真计算机分配 IP 地址,实现 PC 站点与 CPU 建立 S7 - 300 连接。

（2）上位机程序模块

上位机程序模块主要实现设备信号的采集、处理及与下位机操控仿真软件之间的数据通信功能。包括设备信号采集模块、仪表信号数据收发模块。

3. 作业及驾驶操控仿真软件系统

作业及驾驶操控仿真软件系统安装到仿真计算机上,通过触摸显示器进行控制,仿真计算机通过网络与其他系统进行数据传输。该部分主要包括各个设备的逻辑控制模块和数据收发管理模块。

作业及驾驶操控仿真软件见表 9 - 2。

表 9 - 2　作业及驾驶操控仿真软件模块

序号	名称	类型	位置
1	拖缆机控制面板	作业面板	右舷台体
2	鲨鱼钳挡缆桩控制板	作业面板	中台体右舷
3	测深仪复示器	显示面板	中台体左舷
4	左 & 右舵角指示器	显示面板	中台体左舷
5	舵机控制面板	驾驶面板	中台体左舷
6	艏侧推控制面板	驾驶面板	中台体左舷
7	主车钟发令器控制面板	驾驶面板	左舷台体
8	主机控制面板	驾驶面板	左舷台体
9	综合操纵系统面板	驾驶面板	左舷台体

9.3.2 教练员系统

教练员系统通过对仿真过程进行综合管理,使各仿真子系统能够独立运行并保证实现全系统的联合仿真,主要有水下作业方案的设计、测试环境的构建、客观的分析与公正的评价等功能,即导演台功能。综合管理与评估系统具体功能设计如下。

1. 环境信息设置

环境信息设置主要为水下工程安全作业设置仿真测试环境,包括作业海区的设置,通过导入该地区海浪波谱完成对该区域波浪的模拟;能够对风浪情况进行设置,按照科目模拟测试需求选择 1 ~ 12 级风浪,也可单独设置浪高、浪速、风速等条件;天气环境的设置包括晴天、雾天、雨雪等恶劣天气,有碍能见度物质的浓度可以控制;岸上设施的设置,设置港口、河流、岸基等景物;具备从船型库中选择设置仿真测试的船只,从设备设施库中选择相关测试需要的设备设施等功能。所有环境信息在时间和空间上是连续可变的,即在整个测试过程中可以预设包括天气、风浪等的连续变化情况(如 20 min 后下小雨、有雾),以更加真实地模拟实际海况。

2. 科目信息设置

科目信息设置主要完成正常情况下对仿真测试具体的方案的设置。科目大类主要包括起重、铺管、水下产品安装、浮托安装四个类别的工作流程。每个大类科目下划分二级测试任务,加载科目信息时能够选择本次仿真测试的一、二级训练科目,便于在实际操作工程中多次测试该环节。仿真测试系统能提供方案信息设定界面,根据测试科目设计该项工作内容的工作流程,即制订工作方案。系统能够设定实际测试人员和虚拟测试人员工位和工作时段,实际测试人员的测试数据由实际操作工程中产生的实时数据搜集得到,虚拟测试人员的测试数据由系统后台自动完成,以配合实际操作人员完成测试。

3. 快速生成水下作业方案

快速生成水下作业方案主要根据海况信息、作业装备、施工计划等相关信息,基于典型水下作业方案库快速生成模块生成水下作业方案,以实现作业方案的快速生成与发布。

4. 风险信息加载

风险信息加载主要完成人为设定风险情况下对操作者水下工程作业的完成情况,该项操作可在仿真测试前预设,也可在仿真测试工程中随时由教练人员予以施加。风险信息以水下作业风险库作为指导,选择内容包括风浪突变、其他船只的出现、其他干扰工作流程的碍航物等功能,以及工位操作步骤的失误、部分设备的失效等。

5. 仿真进程控制

仿真进程控制主要完成对整个仿真测试过程的控制和数据的存储。该功能具备随时开始、暂停、继续、结束和重演当次仿真测试的功能,在结束当次仿真测试时提示是否保存,并按照设定的编码的地址存放仿真测试全过程数据。

6. 作业效果评估

作业效果评估主要完成对操作者操作过程中产生的作业风险的评估。作业风险评估主要包括三个方面,一是对典型作业操作方案设计的可行性评估,包括对该方案是否能够完成指定的任务进行评价,并给出成功率。二是对该操作方案的后果进行评估,包括按照该操作方案进行测试产生的危险、对危险导致后果的影响性进行评价,给出危险概率。三是对仿真测试过程中不同作业人员的表现进行评价,包括不同操作人员的操作合理性评价,对突发事件的反应和处理能力评价,危险情况处理后果评价,以及综合评价。

9.3.3 视景仿真子系统

视景仿真(visual simulation)又称虚拟显示仿真(virtual reality simulation),是计算机技术、图形图像技术、音响音效技术、自动控制技术等多种高科技的结合,是延展人类感觉器官,拓展认知领域的一门科学。

视景仿真系统将研究对象进行数学描述、建模,并利用计算机来逼真地模拟系统中的研究对象,生成逼真的视、听一体化的虚拟环境,以自然的方式与虚拟环境中的对象进行交互作用、相互影响,从而产生接近于真实环境的"沉浸式"感受和体验。

该视景仿真系统在 windows 系统下使用 C + + 语言,Vega Prime 视景仿真开发工具开发。Vega Prime 是一个应用程序编程接口(API),它大大扩展了 Vega SceneGraph,也是一个跨平台的可视化模拟系统开发工具。Vega Prime 是一个进行实时仿真和虚拟现实开发的高性能软件环境和良好工具,它由以下三部分组成:图形用户接口,LynX Prime 图形用户界面配置工具;Vega Prime 库;C + + 头文件可调用的函数。Vega Prime 的功能还可以被其他特殊功能模块所扩展,这些模块在扩展用户接口的同时,也为应用开发提供了功能库。Vega Prime 内核参数如图 9 - 14 所示。

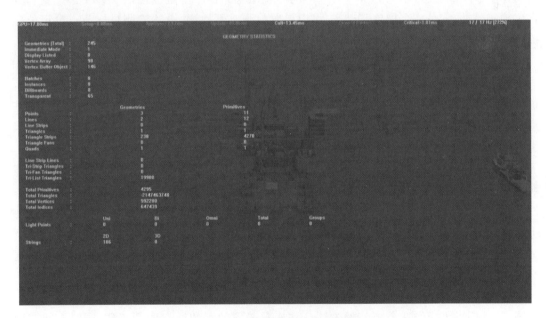

图 9 - 14 Vega Prime 内核参数

内核(vpKernel)继承与服务管理(vsServiceMgr)负责控制帧循环和管理各种服务。同时,内核创建一个遍历更新(vsTraversal Update)实例并控制它的执行。这个遍历一旦被内核的更新方法(vpKernl: update)出发,就会访问所有用内核注册登记的场景对象,自然就可以更新场景中的所有对象的参数。内核提供了明确的 API 来操作其管理的场景(vpScene)。当观察者定位自己的通道时,内核也会通过消息机制提供控制。内核还负责发布帧号和模拟仿真时间,如图 9 - 15 所示。

图 9 - 15 Vega Prime 碰撞检测实例

碰撞检测(vpIsector)检测场景中物体间的相交线段,是现在许多可视化仿真系统中一种必不可少的能力。碰撞负责维护和管理用于碰撞检测的相交线段,并且提供了一种数据结构和一组方法来查询碰撞结果。为了检测哪一条线段被碰撞到,对场景中的图形不得不进行每个节点的遍历,不同的节点要求不同的碰撞检测程序。碰撞提供了 API 来配置和查询碰撞。另外,它是一个抽象基础类,可以设置检测或不检测,设置检测目标节点设定位碰撞,查询碰撞结果。

对象(vpObject)是渲染的最基本数据库单元,可以是集合体与材质的任何集合。一个应用的整个渲染对象库可以是作为单个对象整体加载,也可以把每个模型作为分开的对象分别加载。这种加载的选择,完全取决于应用程序如何使用这些对象,每一级遮盖对象如何构造。要特别注意对象的引用计数,当对象被附加到场景中时自动加一,当对象被从场景中移除时自动减一,当引用计数为零时,对象将被删除。对象是我们在虚拟现实中操作最频繁的目标。

自由度(vsDOF)定义了一个节点,它为场景中的图形提供一种转换矩阵,这种转换矩阵典型应用于关节模型中,自由度确切地封装了两个矩阵,第一个矩阵是相对于父节点的本地单元矩阵,第二个是相对于本地矩阵的转换矩阵。自由度节点允许相对于场景里面本地坐标中任意一点进行位置与姿态转换。该节点提供了 API 来定义本地坐标相对于本地坐标的转换,这个转换是自由度的集合与加载在这些自由度上的最大最小值限制的集合。这些自由度包括:X、Y、Z 上的唯一,H、P、R 上的选装,沿 X、Y、Z 上的缩放因子。

转换(vpTransform)定义了一个节点,它为场景这种的图形提供转换。转换封装了一个矩阵,并且提供了操作这个矩阵的方法。转换重载了节点的所有便利函数,同时也相应地修改了遍历矩阵堆栈。转换除了继承与 vsTransform 外,也继承与 vpPositionable,这样使转换能够定位一个独立的坐标系统,且这个坐标系统不同于父场景中的坐标系统。

观察者(vpObserver)是一个具有位置特征的抽象"摄像机",用于定位、管理、渲染一系列通道。同时,观察者负责发布参数对象"视点"。如果在一个应用中存在多个观察者对象实例,最近一个被更新的观察者负责发布参数对象"视点"。在场景中,呈现在大家面前的对象都是从观察者对象角度发出的,内核也是通过附加在通道对场景中昂的对象进行绘制渲染的。不同观察者通过不同的通道,会见到场景中的不同视图,如左视图、右视图、俯视图等。

环境类(vpEnv)定义了 Vega Prime 应用程序的环境,环境包括基本的大气效果,如光和雾等。当前支持的环境效果包括太阳(vpEnvSun)、月亮(vpEnvMoon)、星星(vpEnvStars)、天空和地表(vpEnvSkyDome)、云层(vpEnvCloudLayer)、云层厚度(vpEnvCludVolume)、雨(vpEnvRain)、雪(vpEnvSnow)和风(vpEnvWind、vpEnvWindLayer 和 vpEnvWindVolume)。

声音(vpAudio)模块底层基于 OpenAL(Open Audio Library)实现。OpenAL 是自由软件界跨平台音效(API),其功能是实现多通道三维音效。正如其名字一样,OpenAL 的 API 风格模仿自 OpenGL。OpenAL 主要的功能是来源物体、音效缓冲和收听者中编码。来源物体包含一个指向缓冲区的指标、声音的速度、位置和方向,以及声音强度。收听物体包含收听者的速度、位置和方向,以及全部声音的整体增益。缓冲里包含 8 或 16 位元、单声道或立体声 PCM 格式的音效资料,底层引擎进行所有必要的计算,如距离衰减、多普勒效应等。

vpAudioSound 是声音发送控制类的基类,为声音播放的设置提供了一些基本的功能,主要是声音文件,以及声音的使能/禁止、暂停、音量控制和循环控制。

海洋特效模块(vpMarine)专门用于海洋航行的视景仿真,在该模块中面对海洋、船体、船体运动策略、船体在海绵的运动特效等构造了效果逼真的视景框架,用户可以基于 vpMarine 模块开发面向海洋的视景应用。

该模块主要包括五个组成部分,分别对应于海洋、海浪、船体、船体运动策略和船体运动特效。

9.3.4　运动仿真子系统

在浮托安装阶段的驳船耦合运动,是以安装驳船六自由度运动为主要对象,结合系泊缆运动、进船时的交叉缆运动、辅助拖轮拖带运动及环境因素影响的系统动力响应。

浮托安装驳船船缆耦合运动分析流程如图 9 – 16 所示。

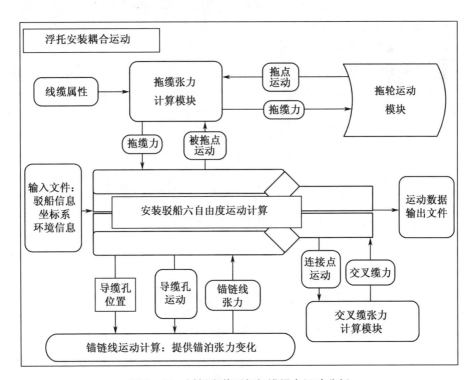

图 9 – 16　浮托安装驳船船缆耦合运动分析

基于船舶拖航操纵运动理论,建立浮托安装驳船就位等待、进船、退船船缆耦合运动模型,包含拖带模型、系泊模型等。并根据船缆耦合运动模型,按照浮托安装驳船作业流程,对浮托安装驳船在就位停泊阶段、进船和退船阶段的受力和运动进行了数值模拟计算。编制的计算程序结果和 MOSES 计算结果进行比较分析,数值模拟结果可信可用。集中质量法可反馈系泊缆运动形态,并可连续计算且计算速度较快,具有实时性。集中质量法计算线缆运动和张力适合于船缆耦合运动实时仿真。

9.3.5 调载仿真系统

船舶压载水系统包括压载水泵、管路系统和压载水舱等。调载仿真系统原理建立了压载水泵模型、压载水管路系统有限元模型,针对相应模型建立数学模型。对管路网络中的流量、压力计算公式进行线性化,采用矩阵方法建立了压载水管路模型;以船舶的横倾角 φ 和纵倾角 θ 作为系统的参数,根据船舶的浮性及初稳性原理,利用小倾角稳性公式,建立了压载水系统的浮态计算模型,通过数据分析和计算进行实船仿真,使船舶在多种工况下保持平衡。

1. 泵的数学模型的建立

$$Q = \frac{-K_2N - \sqrt{(K_2N)^2 - 4\left(K_3 - \frac{1}{C^2}\right) \times \left(K_1N^2 - \frac{P_2 - P_1}{\rho g}\right)}}{2\left(K_3 - \frac{1}{C^2}\right)} \tag{9.1}$$

其中 Q——泵的流量,$\mathrm{m^3/h}$;

       K_1、K_2、K_3——泵在额定转速下的性能曲线拟合得到的系数;

       N——泵的标称化转速(泵的转速与额定转速的比值);

       C——泵进口管路的总导纳;

       P_1、P_2——管路系统进出口压力,Pa;

       ρ——流体密度,$\mathrm{kg/m^2}$。

2. 压载水管路系统有限元模型

对于任何一个管元 i,有下式成立

$$Q_i = \left[\frac{g}{8}\frac{d_i}{\lambda_i l_i + d_i \zeta_i}\right]^{\frac{1}{2}} (\Delta h_i)^{\frac{1}{2}} \pi d_i^2 \tag{9.2}$$

其中 Q_i——管元流量;

       d_i——管径;

       λ_i——该管元的沿程阻力系数,与流态有关,需迭代计算;

       ξ_i——该管元的局部阻力系数;

       Δh_i——管元两端节点压头差。

令 $k_i = \left[\frac{g}{8}\frac{d_i}{\lambda_i l_i + d_i \xi_i}\right]^{\frac{1}{2}} (\Delta h_i)^{\frac{1}{2}} \pi d_i^2$,则 $Q_i = k_i \Delta h_i$

式(9.2)即为管元的单元方程式,k_i 为管元的插值函数。

对于任何一个节点 i,有下式成立

$$\sum Q_j^i = C_j \tag{9.3}$$

即连接任一节点的各个管元的流量的代数和等于其节点净流量(用 C_j 表示),此为节点的总体方程式。对每一个节点都列出其总体方程式,得到总体矩阵方程式

$$\begin{bmatrix} k_1 & 0 & 0 & \cdots & & -k_1 \\ 0 & k_2 & 0 & 0 & & -k_2 \\ 0 & 0 & \ddots & 0 & & \cdots \\ 0 & 0 & 0 & \cdots & & -k_{n-1} \\ -k_1 & k_2 & \cdots & (-1)^{(n-1)}k_{n-1} & k_1+k_2+\cdots+k_{n-1} \end{bmatrix} \begin{Bmatrix} H_1 \\ H_2 \\ H_3 \\ \vdots \\ H_n \end{Bmatrix} = \begin{Bmatrix} C_1 \\ C_2 \\ C_3 \\ \vdots \\ C_n \end{Bmatrix} \quad (9.4)$$

可简化为

$$KH = C \quad (9.5)$$

其中　K——管网的特征矩阵;

　　　H——管网的节点水头列向量;

　　　C——管网的节点净流量列向量。

这个线性方程组可以用高斯消去法或高斯迭代法求解。

压载水管网计算数学模型如图 9-17 所示。

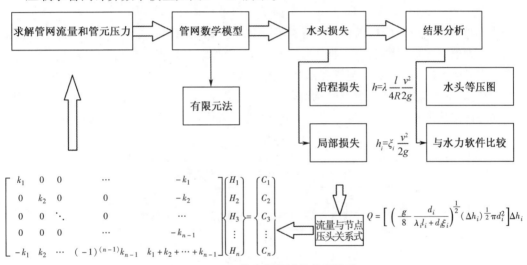

图 9-17　压载水管网计算数学模型

3. 压载水管网水力方程求解

根据各水舱初始液位计算各个管段的局部阻力和沿程阻力,求出系数 k。

$$k = \left(\frac{g}{8} \frac{n}{100\xi} \right)^{\frac{1}{2}} \pi d^2 (\Delta h)^{-\frac{1}{2}} \quad (9.6)$$

进而根据节点消耗原理利用分割矩阵求出节点消耗 C 向量及对应压头 H 向量。

将计算结果重新赋给初始压头计算系数 k,如此往复叠加直到求出前后两次水头值相差某一极小值为止,本次取 0.000 01;所得节点消耗即为所求流量值,乘以时间间隔,加到初始装载量,便得到各个压载舱的现有装载量。

在计算水力损失时,假定调节阀的开度为 n,为使调节时间尽可能短,各个调节阀度都只取 0~1 档。由于阀门元件涉及开度问题,为计算方便,假设阀门元件的阻力与其开度近似呈线性关系。查资料得到蝶阀的阻力系数 ξ 一般为 1.05。当管路中有泵时,连接泵的单

元管元两端的水头压力差不再只是管元阻力损耗,而必须加上泵所提供的水头压力差。因此在处理该管元时,把该管元阻力直接去掉(令 $k=0$),然后令连接泵出口的节点消耗为通过泵的流量的负值,连接泵入口的节点消耗为通过泵流量的正值。另外,当船外排水或注水时,由于无论用于排水或注水的节点都与压载水泵相连接,并且相应水泵都处于工作状态,故该节点的节点消耗为通过水泵的流量的正值或负值(排水为正值,注水为负值)。通过以上处理可得到各个管道流量和节点压力为未知数的矩阵方程,为求解节点矩阵方程,将管路网络划分为 146 个管元,123 个节点(其中 32 个舱节点)。因此总体矩阵方程 $KH=C$ 中 K 为 123×123 方阵,H 中 32 个边界节点(舱节点)的水头值已知(假定为各个压载舱的初始水位),C 中 91 个中间节点的节点消耗已知(假定中间节点消耗为 0)。

总体矩阵方程中的向量 H 和 C 都是部分已知,K 部分未知,因此在解方程时直接运用解线性方程常用的高斯 - 赛德尔迭代法求解。在实际求解过程中,总体矩阵方程分割为

$$\begin{bmatrix} A & B \\ C & D \end{bmatrix}\begin{bmatrix} H_1 \\ H_2 \end{bmatrix} = \begin{bmatrix} C_1 \\ C_2 \end{bmatrix} \tag{9.7}$$

式中,A 为 32×32 方阵,B 为 32×91 矩阵,C 为 91×32 矩阵,D 为 91×91 方阵,H_1 表示各个舱节点水头值(已知),C_1 表示各个舱节点的节点消耗(即其体积流量)。

先通过 $DH_2=C_2-CH_1$ 求出 H_2 ,再用 $C_1=AH_1+BH_2$ 求出 C_1 ,即得到各个舱节点的流量。由于 k 值并非是常数,而是根据 Δh 变化。所以总体矩阵方程式非线性的,在解方程之前必须确定 k 的初值。本文以单元管元所达到的最大水头差(即以最大流量算出水头差)作为初值,再循环求出合适的水头差 Δh 。对整个管路模型进行一个周期的计算后,则无须再用上面的循环计算求出水头差 Δh ,可用上一个周期的 Δh 来代替。具体循环如图 9 - 18 所示。

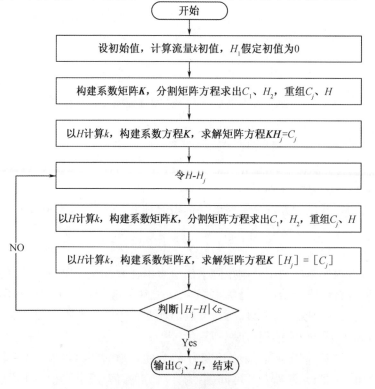

图 9 - 18　管路流量计算流程图

4. 实船压载水管网系统

本系统以"海洋石油 228"驳船为研究对象,该系统由船首三个并联压载泵和船尾三个并联压载泵(从船首到船尾依次编号为 Pump03、Pump04、Pump06、Pump05、Pump01、Pump02 其中 Pump05 和 Pump06 为备用泵),泵的能力为(2 300 m^3/h × 0.3 MPa),由 32 个压载水舱,连接管路及阀门和附件等组成。压载泵串联流量相等,压头相加;并联压头相等,流量相加。船舯两侧和船尾共设有五个进水阀箱,可直接从船外吸入海水作为压载水。并设有四个出水口,为压载水的排出提供条件。本船的压载水调节系统管路网络如图 9 - 19 所示。

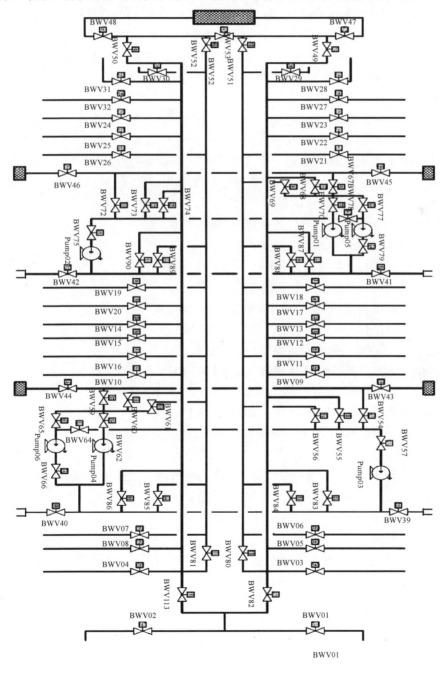

图 9 - 19　管路网络图

本船在各个压载水泵出口处各设置一个蝶形止回阀,蝶形止回阀依靠压载水的流动自动开启阀瓣,并且具有防止压载水倒流的功能,每个压载水舱吸入口前都设有一个电液遥控蝶阀,具有起切断和节流作用,便于控制流入各个压载水舱的流量。在压载水调节系统管路网络图中,不同压载水调节分为船外注水、排出压载水及两舱压载水置换,压载水系统工作顺序和状态如下。

（1）船外注入压载水

泵 Pump01 和 Pump02 工作提供动力。对于船后部,压载水从两侧船舷吸入进水阀箱,分别经过阀门 BWV122 和 BWV123 到达阀门 BWV113,BWV110,然后进入泵 Pump01,通过阀门 BWV100 和 BWV102 分布到两舷各个压载水舱;对于船前部,压载水从两侧船舷吸入进水阀箱,分别经过阀门 BWV73 和 BWV74 到达阀门 BWV64 和 BWV47,然后进入泵 Pump03,通过阀门 BWV49 和 BWV53 分布到两舷各个压载水舱。

（2）自压载水舱排出压载水

泵 Pump01 和 Pump02 工作提供动力。对于船后部,压载水从舷侧各个压载水舱排出,分别通过阀门 BWV115 和 BWV119 进入泵 Pump01 中,继而经过阀门 BWV92 向舷侧出水口排出;对于船前部,压载水从舷侧各个压载水舱排出,分别通过阀门 BWV66 和 BWV72 进入泵 Pump03 中,继而经过阀门 BWV43 向舷侧出水口排出。

（3）两舷各压载水舱压载水的置换

此时 6 个泵都能工作提供动力,备用泵一般不采用。

①若压载水从左舷压载水舱置换到右舷压载水舱:

泵 Pump01 周围打开的阀门为 BWV115、BWV119 和 BWV110;

泵 Pump02 周围打开的阀门为 BWV101 和 BWV103;

泵 Pump03 周围打开的阀门为 BWV66、BWV72 和 BWV47;

泵 Pump04 周围打开的阀门为 BWV54 和 BWV50;

②若压载水从右舷压载水舱置换到左舷压载水舱:

泵 Pump01 周围打开的阀门为 BWV100 和 BWV102;

泵 Pump02 周围打开的阀门为 BWV029、BWV028 和 BWV0040;

泵 Pump03 周围打开的阀门为 BWV49 和 BWV53;

泵 Pump04 周围打开的阀门为 BWV025、BWV024 和 BWV038。

在管网有限元计算之后,输出压载水节点水头值 $H(j)$ 和管元流量 $q(i)$。由于不同节点处水头值不同,本书通过等压线的方式表示不同时段管网节点压力的变化。通过计算每时段管元流量可以计算出压载舱室液位变化,模拟舱室液位实时变化。

5. 仿真系统界面

（1）初始化界面

初始化界面能够显示各个压载水舱中的水量,船舶编号,以及当前初始吃水值。如图 9 – 20 所示为压载水调载仿真系统初始界面。

Preinstall			
1P 0.00 m3	4P 0.00 m3	6PW 0.00 m3	7S 2342.80 m3
1S 0.00 m3	4S 0.00 m3	6P 3279.90 m3	7SW 0.00 m3
2P 0.00 m3	5PW 0.00 m3	6S 3252.40 m3	8PW 0.00 m3
2S 0.00 m3	5P 0.00 m3	6SW 0.00 m3	8P 0.00 m3
3P 0.00 m3	5PC 0.00 m3	7PW 0.00 m3	8PC 2328.80 m3
3PC 0.00 m3	5SC 0.00 m3	7P 2342.80 m3	8SC 2523.90 m3
3SC 0.00 m3	5S 0.00 m3	7PC 2342.80 m3	8S 0.00 m3
3S 0.00 m3	5SW 0.00 m3	7SC 2342.80 m3	8SW 0.00 m3

船舶编号 3045 号船　　船舶吃水 7.404 m

Enter

图 9 – 20　压载水调载仿真系统初始界面

（2）压载控制界面

压载控制界面（图 9 – 21）是处于压载控制台软件上的操作界面。用户调载控制界面可根据压载水调载方案对压载水系统阀门进行控制,压载控制界面为分为船首和船尾两部分,每一部分都显示了压载管网系统的泵、阀门等部件,从这个界面中可以控制压载舱的水位,界面将显示横倾和纵倾数据。

在压载系统中选择手动操作模式（MANUAL）,在这种模式下,可以根据需要选择单个或数个舱室进行压载和排载。首先将压载管路阀箱滤器处的手动阀门、液压阀门打到开启状态;只需打开压载舱进舱阀和舱室对应管路上的阀门,启动压载泵。

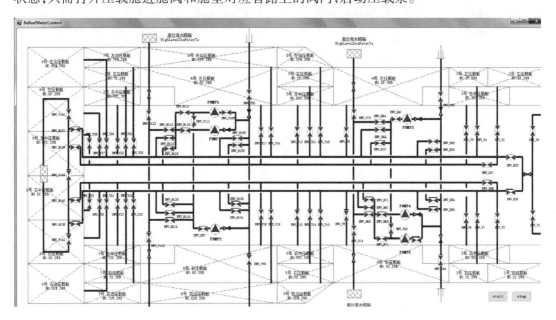

图 9 – 21　压载控制仿真软件界面

（3）压载监控界面

在调载过程中，若用户没有操作权限则只能通过调载控制监控界面进行远程监控，根据用户对阀门和压载泵的操作，监控流通管路路径及各个压载水舱液面信息实时变化，从动力定位仿真系统传输过来的船舶整体浮态变化。其中浮态变化包括船舶四角吃水变化、横倾角变化、纵倾角变化。船舶首、尾压载水监控界面如图 9 - 22 所示。

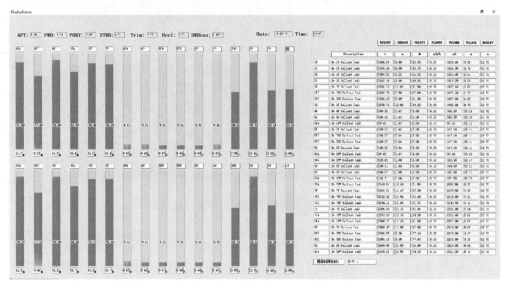

图 9 - 22　压载水监控界面

9.4　仿真预演及人员培训案例

针对实际某气田群开发项目的 CEP 组块整体浮托安装作业需求，制订仿真预演与人员培训科目，进行浮托安装的作业流程的场景再现及浮托安装过程中作业关键节点仿真模拟。相关需求见表 9 - 1。

表 9 - 1　相关需求

计划	科目类型	详细描述	作业要求	时间
第1天	就位保持演练	（1）环境条件 风速:13.1 m/s,有义波高:2.0 m,波浪周期:5.9 ~ 8.6 s,流速:0.839 m/s 风向浪向流向一致,根据需求设定 （2）船舶初始状态: 驳船船距离安装就位位置 1 000 m	驳船船位保持在目标位置半径 50 m 区域内	08:30 - 11:30
	移船演练	（1）环境条件 风速:13.1 m/s,有义波高:2.0 m,流速:0.839 m/s,风向浪向流向一致,根据需求设定 （2）船舶初始状态 驳船船距离安装就位位置 500 m 设定某时刻某一拖缆断裂	拖轮拖曳驳船到达安装就位位置; 拖缆断裂情况下应急处置	14:30 - 17:30

表 9 - 1(续)

计划	科目类型	详细描述	作业要求	时间
第 2 天	进船演练	(1)环境条件 风速:10 m/s,有义波高:迎浪 1.5 m/尾侧浪 1 m/横浪 0.5 m,流速:0.839 m/s 风向浪向流向一致,根据需求设定 (2)船舶初始状态 驳船船在安装就位位置系泊	在锚链和拖轮作用下驳船进入导管架	08:30 - 11:30
	应急处置进船演练	(1)环境条件 风速:10 m/s,有义波高:迎浪 1.5 m/艉侧浪 1 m/横浪 0.5 m,流速:0.839 m/s,风向浪向流向一致,根据需求设定 (2)船舶初始状态 驳船船在安装就位位置系泊 设定某时刻某锚链/交叉缆断裂	交叉缆断裂下进船应急正确处理,驳船与导管架不碰撞	14:30 - 17:30
第 3 天	退船演练	(1)环境条件 风速:10 m/s,有义波高:迎浪1.5 m/艉侧浪 1 m/横浪 0.5 m,流速:0.839 m/s,风向浪向流向一致,根据需求设定 (2)船舶初始状态 驳船船在安装就位位置系泊 设定某时刻某交叉缆断裂	退船阶段驳船与导管架不碰撞	08:30 - 11:30
	总结讨论			14:30 - 17:30

参与仿真预演的培训人员如下。

(1)总监 1 人:驳船姿势监控、指挥驳船作业。

(2)拖轮 4 人:驾驶拖轮。

(3)锚机 1 人:操作锚机仿真软件。

(4)定位 1 人:操作定位监控软件。

仿真设备与人员布置如图 9 - 23 所示。

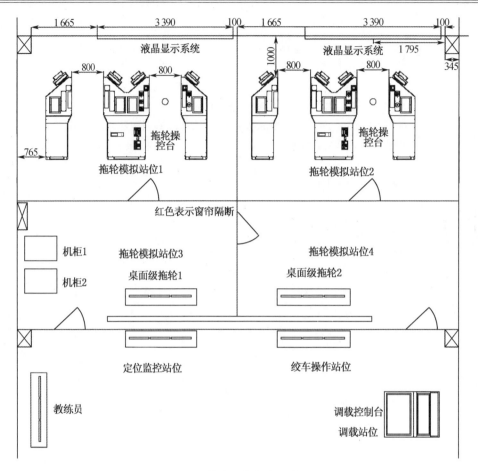

图 9 – 23　仿真设备与人员布置图

在距离导管架槽口 300 m 处,通过收船首、船舯锚机、放船尾锚机能够较好进船。图 9 – 24 为定位监控软件驳船船位显示内容。

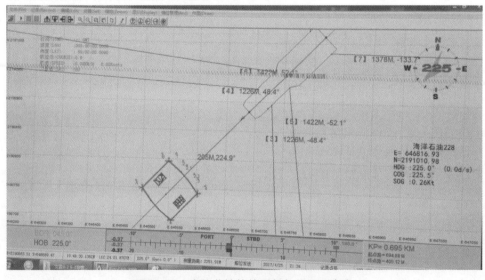

图 9 – 24　定位监控软件驳船船位显示内容

在距离导管架槽口 50 m 处进船,修改工况为风速 18 kn,风向 135°,流速 0.6 kn,驳船控位良好,图 9 – 25 为定位监控软件驳船船位显示内容。

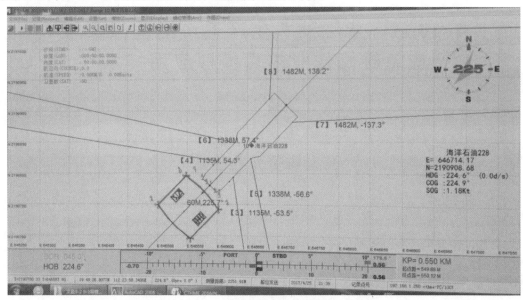

图 9 – 25　定位监控软件驳船船位显示内容

第10章 水下油气生产系统运营保障与应急维修作业仿真模拟应用技术

10.1 水下油气生产系统流动保障技术与应急维修作业基础

10.1.1 水下油气生产系统流动保障技术

1. 水下油气生产系统流动保障主要问题

随着海洋石油深水战略的逐步实施,海管流动安全保障的重要性日益突出。水下油气生产运营保障涉及的问题有很多,本章重点讨论水下油气生产系统流动保障的两个主要问题即段塞流抑制及天然气水合物的防治。

深水油气管线距离长、高差大、所处海床温度低,传统水合物防治手段弊端明显,而且堵塞后的维修难度高、成本比陆地多出数倍,深水油气管道水合物防治技术是管道安全流动和提高经济效益的保障。海底油气生产系统中,水合物的堵塞常见于以下三个位置:①采油树、管汇、井筒(因易节流和积液);②海底管线低洼积液部位;③立管(容易积液)。稳态生产工况下,往往不会发生水合物堵塞事故。但是某些瞬态工况下,如管线停输、再启动、清管作业及抑制剂注入装置(一般位于井下安全阀 SCSSV 后)故障易导致水合物堵塞事故的发生。

海底混输管线由于输送距离长,同时又存在水平管、倾斜管、垂直管等不同管道布置形式,容易产生严重段塞(severe slugging)或地形段塞(terrain slugging)问题。严重段塞流动表现为间歇出现的液塞及由此产生的周期性压力波动,剧烈的流量变化和压力波动往往造成下游设备的关闭、停产甚至毁损管线或处理设备。严重段塞的不稳定性给海上油气集输系统的设计及运行管理造成了巨大的困难。因此,海底混输管线的严重段塞预测与控制一直是研究与关注的重点。

2. 水下混输管道段塞流控制技术

从段塞流形成机理分析可知,水力段塞流可选择合适的管道直径加以解决。陆上集油管线进入油气分离器时尽管也配有立管,但由于立管高度小,其段塞长度和冲击强度远小于海洋油气田,常在分离器入口处安装消能器,吸收油气混合物的冲击能量即可。对于地形急剧起伏诱发的段塞流可参照严重段塞流的抑制方法。本节主要阐述严重段塞流的抑制。

抑制严重段塞流的方法较多,基本上从设计和增加附加设备两方面解决。(1)减小出油管直径,增加气液流速;(2)立管底部注气,减小立管内气液混合物柱的静压,使气体带液能力增强;(3)采用海底气液分离器如水下段塞捕集器;(4)在海底或平台利用多相泵增压;(5)立管顶部节流等。在上述措施中,立管底部注气和顶部节流已有应用实例,但用注气法解决严重段塞流的费用太高,因而常采用立管顶部节流法。

3. 水下油气生产系统水合物预防技术

(1)水合物的预测及生成分析

水下油气生产系统水合物的预防技术主要基于水合物生成预测,通过控制天然气水合物的生成条件(温度、压力等)并加入相应的化学药剂,以达到抑制天然气水合物生成的目的。

目前,已有众多可以进行水合物热力计算的商业软件,如 PVTSim、HYSYS、Pipephase、Multiflash 等。这些软件可以准确地预测一定组成的油气混合物的水合物生成条件,还可以对含抑制剂的体系进行预测,以确定药剂注入量。

(2)水合物的防治方法

①传统的水合物防治方法

传统水合物抑制方法,有加热、降压、脱水、注热力学抑制剂等。加热即加热管道,保证管道内流体的温度高于体系压力下水合物的生成温度,避免水合物的生成;降压一般用于解堵,这种方法存在一些危险性,堵塞两端压差较大容易造成管道破裂,而且由于降压融化水合物时会吸热降温,对于有水存在的体系极易形成冰堵,基于上述原因,采用降压法时需要控制降压速度;脱水是一种比较彻底的防治水合物方法,没有足够的水分就不会形成水合物,常用的脱水方法有注三甘醇和分子筛吸附法;注热力学抑制剂是比较常用的水合物抑制法,甲醇、乙醇、乙二醇、二甘醇等热力学抑制剂能够提高水合物的生成压力或降低水合物的生成温度,从而使得水合物的生成压力高于管道中压力或水合物生成温度低于管道中流体温度,该方法虽然效果显著,但是也存在一些使用问题,比如用量大、难回收、成本大、对环境造成较大的污染等。

②新型动力学控制方法

新型动力学控制方法有动力学抑制法和动态控制法。动力学抑制法就是注入动力学抑制剂(KHI),该法不改变水合物的生成条件,而是降低水合物的生成速度,从而避免堵塞管道事故;动态控制法就是注入防聚剂(AA),通过控制水合物形成、输送过程中的聚集过程,使水合物和流体形成均匀的混合相在管道中流动,从而避免水合物堵塞管道。动力学抑制剂和防聚剂合称低剂量水合物抑制剂(LDHI),与传统的热力学防治方法相比,用量小,对环境污染小,因此低剂量水合物抑制剂越来越受到石油天然气行业的青睐。

10.1.2　水下应急维修技术

海上油气田在生产期间,可能出现海管泄漏、海底电缆损坏和系泊锚链破损等需要应急维修的情况,如处置不当,很有可能造成人员伤亡、财产损失、环境污染等严重后果。针对可能出现的各种意外状况,需要制订合适的维修方案,一旦发生事故,可迅速展开受损设施的维修工作,以尽量减少损失。由于生产设施的损伤情况不同,维修时采用的技术、所需设备和施工步骤也不同。

1. 水下应急维修方法

水下应急维修主要集中在对海底管线的维修,目前基本的维修方式有夹具维修、海上提管维修、海底维修;也可根据特殊情况采用几种相结合的维修方式或重新铺设管线。选择维修方式时需考虑管径、水深、管线埋深、损坏位置、维修时间、现有其他设备及所需费用等。海底管线可能出现的几种损坏情况及维修方法如下:

（1）管线小孔泄漏损坏,可采用夹具进行永久性维修,维修时应保证所用维修夹具不会破坏原管线的完整性及结构和力学特性。

（2）当管线出现短弯曲变形或大面积泄漏时,可选择采用膨胀弯代替原损坏管段的方式。

（3）根据选择的连接方式及密封的不同,又分为夹具、连接器、深水高压焊接维修等方式。

管线回收工具、海管表面清除工具、水下清理工具、测量仪等。

2. 水下应急维修装备

水下应急维修装备主要包括:作业船舶、单人常压潜水系统（ADS）、水下机器人（ROV）等。其中,作业船舶是水下应急维修的作业平台,为水下应急维修工具提供水上/水下操作单元和动力单元,是水下应急维修工具能否应用的关键,船舶资源的配备直接影响维修方案的制订、维修工期及维修成本。单人常压潜水系统主要应用于 500 m 水深以内,根据水深不同主要分为三种潜水方式:空气潜水、ADS 潜水、饱和潜水。ROV 可实现 0 ~ 1 500 m 水深范围全覆盖,甚至能超过 3 000 m。ROV 和潜水两种作业方式各有其特点。ROV 的优点为不受水深限制,动员时间快,目前市场上的 ROV 一般均能覆盖 0 ~ 1 500 m,甚至能够达到3 000 m;ROV 的缺点是不能进行非常灵活的操作,对水下能见度要求高。潜水资源的优点是可以进行非常灵活的操作,缺点是受水深限制、动员时间长,空潜相对来说 0 ~ 50 m 水深调整水深耗时较少,而饱和潜水的特点为加压快、减压慢,作业范围为 50 ~ 300 m,ADS 潜水不用加减压,潜水员水下作业效率低,作业范围为 50 ~ 500 m。

3. 应急维修发展趋势

（1）经历由浅水到深水,由空气潜水施工到饱和潜水施工,再到 ROV 施工这一过程。作业装备逐渐由 ROV 取代潜水员,500 m 以深基本由 ROV 进行作业,因此深水应急维修工机具都需要有 ROV 操作面板。

（2）由于水深、设备庞大等原因,维修工机具逐渐向液压远程控制发展、自动化程度高。

（3）应急维修工具也从单一的工具发展成为系统化的成套专业工具,如深水海底管道维修系统 DPRS。

10.1.3 海底管道维修技术

海底管线是海洋油气集输与储运系统的重要组成部分,其安装维修作业是投资高、风险大的海洋工程,在海洋油气资源的开发中发挥着重大作用,被喻为海上油气田的"生命线",海底管线的安全正常运行是海上油气田安全生产的重要保证。近几十年来,国内外因海底管线破坏造成的油气田停产、海域大面积污染的事件已达数百起,不仅造成了巨大的经济损失,而且破坏了海洋生态环境,几十年内难以恢复。因此,海底管线的安全生产问题得到了各国海洋工程界的广泛关注与研究。

目前,已研究出了多种适用于海底管道维修的方式方法。维修的方式有水下维修和水上维修两种,水下维修又可分为水下干式维修和水下湿式维修。水下维修是由潜水员在水下作业舱中完成;水上维修是将受损的管道提升到作业船上修复。海底管道维修所采用的方式方法取决于管道管径、水深、海底埋设深度、破坏的程度和类型、破坏的位置、采取的维修措施是应急性的还是永久性的、要求的维修时间及现有设备和费用等因素。海底管道维修的内容有:恢复管道的埋设状态;填平被掏空的海床;修复防腐层、混凝土加重层、阳极块;完成堵漏及其他相关工作。

1. 水上维修

(1)水上焊接维修工艺过程

首先把水下管道的破损段进行切断或切除,然后把管道的两个管端吊出水面上来,焊接修复短节部分,做好 NDT 检验和涂层后,再把管道放回海底,从而完成最终的维修工作,如图 10 - 1 所示。

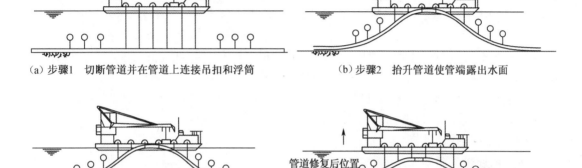

(a)步骤1 切断管道并在管道上连接吊扣和浮筒 (b)步骤2 抬升管道使管端露出水面

(c)步骤3 安装修复短节并焊接 (d)步骤4 侧向移动驳船,下放管道到海底,并解除浮筒和吊扣

图 10 - 1 海底管道水上修复示意图

(2)水上焊接维修的特点

①需要进行吊装的计算和分析(只适用于状态较好的海底管道);

②需要专门的施工作业铺管船;

③维修不需要特种机械设备,且维修速度快,维修质量较高;

④对海底管道维修有较为严格的限制,只适用于铺设在较浅海域的管道。

2. 水下干式维修

(1)水下干式高压焊接维修工艺过程

首先切除破损的管段,在水下安装焊接工作舱。工作舱内注入与该海域水深相同压力的高压气体,形成干式环境后,即可进行修复海管的管端,安装短节,实施水下干式焊接等一系列的作业。这种方法多用于管道不能在水面进行焊接,但是又要求在保证管道原有的整体性能不改变的情况下,或者是采用其他方法受到限制的情况下,对管道的附属结构进行维修的时候。

(2)水下干式高压焊接维修的特点

这种方法维修效果一般都较好,可以完全地保证管道原有的整体性能不改变。但是该高压焊接系统比较复杂,维修费用高且需要配备特种的设备,如焊机、大型起重工作船、水下切割工具等,并且还要配备具有干式高压焊接资质的特种潜水员(饱和潜水),目前国际上采取这种维修方法的实例比较少。

3. 水下湿式维修

管道水下湿式维修分为不停产开孔维修、外卡维修和法兰对接维修等。

（1）油气田不停产管道开孔维修

不停产开孔维修主要针对由介质而引起的管道大面积腐蚀从而出现的泄漏,或由外力造成管壁局部凹陷影响清管作业但尚未变形的这类管道。

①油气田不停产海管开孔维修的工艺过程。在管道的一端安装水下机械三通和开孔机,在油气田不停产的情况下对管道进行开孔,在管道的另一端进行同样的作业;水下安装封堵机和旁路三通;安装旁通管道;打开三文治阀,用封堵机堵住需要更换的管道,使天然气从旁通通过;将需要更换的管段泄压,并检查封堵的密封度;用氮气置换需要更换的管段处天然气;在安全的情况下用冷切割锯切除需要更换的管;在管道的两个切割端分别安装Hydrotech连接法兰,或冷挤熔法兰,或Smart法兰;测量两个法兰的长度,并按此长度准备带球形法兰的管段;在油气田不停产的情况下安装球形法兰;调整平衡管道的压力;打开封堵头,关闭三文治阀;旁通管道泄压后去除旁通管道;进而拆掉封堵机;放进内锁塞柄;封好盲板,对海底管道冲泥区域进行海床表面的复原,其中包括必要的沙袋覆盖。

②油气田不停产海管开孔维修的特点。油气田不需要停产就可以实现管道的单封堵或双封堵开孔作业,并且施工作业方法较为成熟。

（2）机械连接器维修

①机械连接器维修工艺过程

机械连接器维修步骤如图10-2所示。

机械连接器包括一系列的管端固定和机械密封构件,是一种可提供长度调节的水下管道的修复设备,也可与各种法兰进行配套的使用。

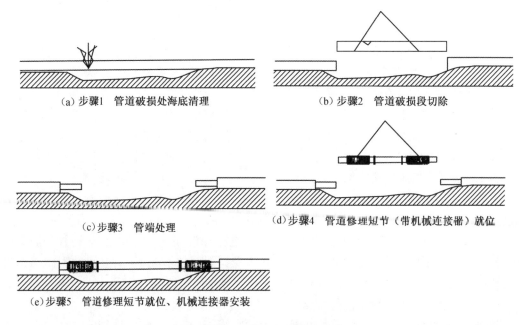

（a）步骤1　管道破损处海底清理

（b）步骤2　管道破损段切除

（c）步骤3　管端处理

（d）步骤4　管道修理短节（带机械连接器）就位

（e）步骤5　管道修理短节就位、机械连接器安装

图10-2　机械连接器维修步骤

②机械连接器维修的特点

a.适合于各类海区、水深的作业要求;

b.不需要第三方检验合格的焊接程序和焊工;

c.不需要特种的船舶和设备;

d. 维修时间短且费用比较低；

e. 晒氢虽然不能保证原有管道的整体性能不变,但是可以提供足够的机械强度和可靠性。

4. 利用封堵卡具进行永久性封堵修复

利用专门的封堵卡具对海底管道的损伤部位进行维修,达到永久修复的目的,该方法一般适用于穿孔小漏和变形损伤的修复。根据对破损部位的大小、尺寸的初步测量结果,选取合适的修复卡具。对海底管道的破损处进行及时清理后,测量海底管道的直度和椭圆度,然后下放卡具。当卡具安装到位后,卡具的水压气缸产生一个闭合的压力,主栓和螺母的夹紧使卡具产生夹子作用并产生纵向密封,而卡具的填充抱紧法兰构件在管子的两端加紧,产生了一个周向的密封,这样就完成了利用卡具对海管进行永久性的修复。

5. 利用补强材料进行永久性修复

利用具有特殊性能的材料,对海管进行修复。该类材料为水下设备而特别设计,能够在潮湿,有油或者在海水环境中很好地和管线黏合,从而实现修复的目的。该方法一般适用于穿孔小漏和变形损伤的修复。

潜水员对损伤部位的附近外管进行一番打磨后,在其一定范围内涂抹补强材料,并用增强带进行缠绕,经过一定时间后,补强材料凝固,从而达到修复的目的。

6. 海底管道整体试压

在管道修复工作完成后,应进行管道整体试压。试压步骤如下：

(1)作业船在平台抛锚就位,做好试压前的准备工作。

(2)打开平台排气阀,通过平台注水阀向管道内注水,同时打开其排气阀排气。待管道注满水后关闭平台的排气阀,在平台注水阀上将试压管道连接到船甲板上的试压水包上。试压水包用试压软管与试压泵连接,水包上装有压力表、自记压力表和排气阀。

(3)关闭水包上的排气阀,启动打压泵打压到管道检测压力,停泵；通知平台打开排气阀排气,同时在试压水包上打开排气阀排气。排完气后关闭所有排气阀,开泵继续打压到检测压力,停泵。

(4)打开与自记压力表连接的阀门和自记表开关,观察压力表,进行稳压试验。每隔 0.5 h记录一次压力、水温、气温值；在稳压试验进行了 24 h 后,利用所得参数(压差、水温差、气温差)进行计算,确定管道是否满足生产要求。

10.2　水下油气生产系统数值仿真技术

10.2.1　计算机仿真基本理论

1. 计算机仿真技术概述

计算机仿真(computer simulation）是作为分析和研究系统运行行为、揭示系统动态过程和运动规律的一种重要手段和方法,随着系统科学研究的深入、控制理论、计算技术、计算机科学与技术的发展而形成的一门新兴学科。近年来,随着信息处理技术的突飞猛进,使仿真技术得到迅速发展。

仿真技术(simulation technology)已有半个多世纪的发展史了,在这半个多世纪里,仿真技术的发展从简单到复杂、从理论到实践、成为从辅助学科到解决重大工程问题的必要手段。仿真技术在计算机技术、网络技术、图形图像技术、多媒体技术、软件工程、信息处理技术、控制论、系统工程等相关技术和理论的支持、交叉、融合下,逐渐形成了一门交叉科学,成为认识客观世界的一种重要的方法。仿真技术最早主要应用于军事方面,如航天器、航海模拟、高能武器等。随着国民经济的发展,仿真技术被迅速地推广应用到国民经济的每个领域,成为系统工程中的科学方法和有力工具。

2.计算机仿真理论体系

计算机仿真是以相似原理、系统技术、信息技术及其应用领域有关专业技术为基础,以计算机、仿真软件、仿真器和各种专用物理效应设备为工具,利用数学模型对真实的或设想的系统进行动态研究的一门多学科的综合性技术。

(1)相似理论

相似理论是研究事物之间相似规律及其应用的科学,是仿真科学的基本理论。系统仿真是通过研究模型来揭示原型(实际系统)的形态特征和本质,从而达到认识实际系统的目的。相似论基本内容包括相似定义、相似定理、相似类型和相似方法。因为系统具有内部结构和外部行为,因此系统的相似有两个基本水平:结构水平和行为水平。同构必具有行为等价的特性,但行为等价的两个系统并不一定具有同构关系。因此系统相似无论具有什么水平,基本特征都归结为行为等价。基本类型包括几何相似、离散相似、等效、感觉相似、思维相似。

(2)模型论(建模理论)

模型论是以各应用领域内的科学理论为基础,建立符合仿真应用要求的、领域专用的各种模型的理论和方法,模型论中有模型的体系结构、建模的工具环境等技术和方法。

(3)仿真系统理论

研究和论述构建符合应用要求的仿真系统理论和技术,包括仿真系统的体系和构成、仿真系统的设计及其公共关键技术、仿真系统的研制和运用、仿真系统的规范标准等。

(4)仿真方法论

结合各应用领域的不同要求,研究仿真基本思想和方法,其中有定量仿真(集中参数系统仿真方法、分布参数系统仿真方法和离散事件系统仿真方法)、定性仿真的理论方法;人、实物在回路中的仿真方法;集中式仿真和分布交互式仿真方法;面向对象(OO)仿真方法;智能(如智能体 AGENT、神经网络)仿真方法等。

(5)仿真的可信性理论

表述仿真过程及结果评价、控制的概念和方法的基本理论,研究仿真环境和真实环境的相似性的理论和方法,研究提高仿真可信性的各种方法、技术和规范,如 VV&A 工程方法。

(6)仿真科学和技术的应用理论

论述仿真运行试验设计、仿真管理、仿真过程的可视化、仿真及其结果综合分析的理论。

应用领域技术包括:自然科学与工程仿真应用、社会科学中仿真应用、管理科学中仿真应用、军事领域中仿真应用等。

3.计算机仿真技术原理

"仿真是一种基于模型的活动",它涉及多学科、多领域的知识和经验。成功进行仿真研究的关键是有机、协调地组织实施仿真全生命周期的各类活动。这里的各类活动,就是系统建模、仿真建模、仿真试验,而联系这些活动的要素是系统、模型、计算机。其中,系统是研究的对象,模型是系统的抽象,仿真是通过对模型的试验来达到研究的。

数学模型将研究对象的实质抽象出来,计算机再来处理这些经过抽象的数学模型,并通过输出这些模型的相关数据来展现研究对象的某些特质,当然,这种展现可以是三维立体的。由于三维显示更加清晰直观,已为越来越多的研究者所采用。通过对这些输出量的分析,就可以更加清楚地认识研究对象。通过这个关系还可以看出,数学建模的精准程度是决定计算机仿真精度的最关键因素。从模型这个角度出发,可以将计算机仿真的实现分为三个大的步骤:模型的建立、模型的转换和模型的仿真试验。

(1)模型的建立

对于所研究的对象或问题,首先需要根据仿真所要达到的目的抽象出一个确定的系统,并且要给出这个系统的边界条件和约束条件。在这之后,需要利用各种相关学科的知识,把所抽象出来的系统用数学的表达式描述出来,描述的内容,就是所谓的数学模型。这个模型是进行计算机仿真的核心。

系统的数学模型根据时间关系可划分为静态模型、连续时间动态模型、离散时间动态模型和混合时间动态模型;根据系统的状态描述和变化方式可划分为连续变量系统模型和离散事件系统模型。

(2)模型的转换

所谓模型的转换,即是对上一步抽象出来的数学表达式通过各种适当的算法和计算机语言转换成为计算机能够处理的形式,这种形式所表现的内容,就是所谓的仿真模型。这个模型是进行计算机仿真的关键。实现这一过程,既可以自行开发一个新的系统,也可以运用现在市场上已有的仿真软件。

(3)模型的仿真试验

将上一步得到的仿真模型载入计算机,按照预先设置的试验方案来运行仿真模型,得到一系列的仿真结果,这就是所谓的"模型的仿真试验"。

4.计算机仿真基本步骤

计算机仿真(系统仿真)过程即建立模型并通过模型在计算机上的运行对模型进行检验、修正和分析的过程。与软件开发类似,系统仿真可以分为若干阶段。系统仿真的基本步骤如图 10-3 所示。

系统定义:求解问题前,先要提出明确的准则来描述系统目标及是否达到衡量标准,其次必须先描述系统的约束条件,再确定研究范围,即哪些实体属于要研究的系统,哪些属于系统的环境。

构造模型:抽象真实系统,并规范化,确定模型要素、变量、参数及其关系,表达约束条件;要求以研究目标为出发点,模型性质尽

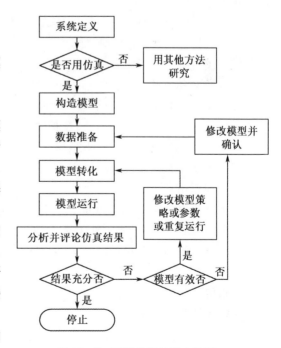

图 10-3 系统仿真的基本步骤

量接近原系统,尽可能简化,易于理解、操作和控制 。

数据准备:收集数据,决定使用方式,数据完整性、有效性检验,用来确定模型参数。

模型转换:用计算机语言(高级语言或者专用仿真语言)描述数学模型 。

模型运行:获取被研究系统的信息,预测系统运行情况,一般是动态过程,常反复运行以获得足够的试验数据 。

分析并评论仿真结果:仿真技术包括了某些主观的方法,如抽象化、直观感觉和设想等,在提交仿真报告前,应全面分析和论证仿真结果。

5.计算机仿真技术发展趋势

近年来,由于问题域的扩展和仿真支持技术的发展,系统仿真方法学致力于更自然地抽取事物的属性特征,寻求使模型研究者更自然地参与仿真活动的方法等。在这些探索的推动下,生长了一批新的研究热点。

①面向对象仿真

面向对象仿真(object oriented simulation,OOS)从人类认识世界模式出发,使问题空间和求解空间相一致,提供更自然直观,且具可维护性和可重用性的系统仿真框架。

②定性仿真

定性仿真(qualitative simulation,QS)用于复杂系统的研究,由于传统的定量数字仿真的局限,仿真领域引入定性研究方法将拓展其应用。定性仿真力求非数字化,以非数字手段处理信息输入、建模、行为分析和结果输出,通过定性模型推导系统定性行为描述。

③智能仿真

智能仿真(intelligence simulation,IS)是以知识为核心和人类思维行为作背景的智能技术,引入整个建模与仿真过程,构造各处基本知识的仿真系统(knowledge based simulation system,KBSS),即智能仿真平台。智能仿真技术的开发途径是人工智能(如专家系统、知识工程、模式识别、神经网络等) 与仿真技术(如仿真模型、仿真算法、仿真语言、仿真软件等)的集成化。因此,近年来各种智能算法,如模糊算法、神经算法、遗传算法的探索也成了智能建模与仿真中的一些研究热点。

④分布交互仿真

分布交互仿真(distributed interactive simulation,DIS)是通过计算机网络将分散在各地的仿真设备互连,构成时间与空间互相偶合的虚拟仿真环境。实现分布交互仿真的关键技术是网络技术、支撑环境技术、组织和管理。其中网络技术是实现分布交互仿真的基础,支撑环境技术是分布交互仿真的核心,组织和管理是完善分布交互仿真的信号。

⑤可视化仿真

可视化仿真(visual simulation,VS)用于为数值仿真过程及结果增加文本提示、图形、图像、动画表现,使仿真过程更加直观,结果更容易理解,并能验证仿真过程是否正确。近年来还提出了动画仿真(animated simulation,AS) ,主要用于系统仿真模型建立之后动画显示,所以原则上仍属于可视化仿真。

⑥多媒体仿真

多媒体仿真(multimedia simulation,MS)是在可视化仿真的基础上再加入声音,就可以得到视觉和听觉媒体组合的多媒体仿真。

⑦虚拟现实仿真

虚拟现实仿真(virtual reality simulation,VRS)是在多媒体仿真的基础上强调三维动画、交互功能,支持触、嗅、味知觉,就得到了 VR 仿真系统。

10.2.2　水下油气生产系统运营建模基础

1.海底管道气液两相流模型

(1)瞬态模型

为建立统一形式的两相流模型,不考虑微观性质的影响,同时使模型在较宽工况范围内保持适定性,采用基本假设如下。

①假设流动是一维的,忽略参数在截面上分布的不均匀性,假设截面上各点压力、含液率、气液相流速相等,并按截面平均值计算;

②不考虑接口张力作用;

③忽略紊流脉动产生的应力;

④在计算单元内温度恒定。

这里采用的模型可以直接通过选取微元体,以双流体模型为基础,依据守恒定律为基础推导出来,气相和液相的连续性方程分别为

$$\frac{\partial}{\partial t}(\rho_g \varphi A) + \frac{\partial}{\partial x}(\rho_g v_g \varphi A) = \Delta m_g \tag{10.1}$$

$$\frac{\partial}{\partial t}(\rho_l H_l A) + \frac{\partial}{\partial x}(\rho_l v_l H_l A) = \Delta m_l \tag{10.2}$$

式中　φ——截面含气率;

H_l——含液率;

A——管道截面积;

v_k——k 相真实速度,$k \in \{g,l\}$;

Δm_g——气相凝析为液相的质量流量;

Δm_l——液相蒸发为气相的质量流量。

利用相接口上的质量交换间断条件可知,$\Delta m_g = -\Delta m_l$。对于油气两相管线,可利用闪蒸计算得到。

气相和液相的动量守恒方程分别为

$$\frac{\partial}{\partial t}(\rho_g \varphi A v_g) + \frac{\partial}{\partial x}(\rho_g v_g^2 \varphi A) + \frac{\partial}{\partial x}(P\varphi A) = \Delta m_g v_{gi} - \Gamma_{gw} - \Gamma_{gi} - \rho_g g \varphi A \sin \theta \tag{10.3}$$

$$\frac{\partial}{\partial t}(\rho_l H_l A v_l) + \frac{\partial}{\partial x}(\rho_l v_l^2 H_l A) + \frac{\partial}{\partial x}(PH_l A) = \Delta m_l v_{li} - \Gamma_{lw} - \Gamma_{li} - \rho_l g H_l A \sin \theta \tag{10.4}$$

式中　P——压力;

θ——管线倾角;

Γ_{kw}——单位长度上 k 相与管壁的剪切应力,与流型有关,$k \in \{g,l\}$;

Γ_{ki}——单位长度上 k 相与接口的剪切应力,与流型有关,$k \in \{g,l\}$;

v_{ki}——k 相发生相变时的流速,$k \in \{g,l\}$,$\Delta m_g > 0$ 时,$v_{li} = v_l$;$\Delta m_g < 0$ 时,$v_{gi} = v_g$。

为闭合以上方程组,还需要一个气体状态方程:

$$\rho_g = \frac{P}{zRT} \tag{10.5}$$

式中　R——气体普适常数(热力学常数);

T——气体热力学温度。

由此可得到气相中压力波的传播速度为

$$a_g = \sqrt{zRT} \tag{10.6}$$

这里只假定计算单元内等温,但并不认为温度沿管线不变。这种处理方法可省去能量方程,将温度与其他参数计算分离。

对于式中各个参数的计算可参考前面的稳态模型中各个参数的计算,瞬态模型的流型判断参考前面流型模型中的气液流型判断准则。

(2)边界条件的确定

在求解方程时需要给出边界条件,这就需要解决这样的问题:需给出多少个边界条件才能使得解是存在并且是唯一确定的。由于实际问题的复杂性,一般性的理论目前尚未建立。根据特征线的定义,对双曲型方程的边界条件个数做了一些讨论。

现对方程在区域 $\Omega(0 \leqslant x \leqslant L, t > 0)$ 内求解,已知 $\lambda_1 > 0, \lambda_2 < 0, \lambda_3 > 0$,假定 $\lambda_4 < 0$,则在边界 $x = 0$ 和 $x = L$ 这两条直线上的四条特征线如图 10 - 4 所示。当特征线由解域内指向边界时,建立了一个由域内点函数值推算域边界点函数值的关系,因此,对应于这种特征走向,不需要边界条件,如 $x = 0$ 处特征线 C_2 和 C_4;当特征线由边界指向解域内时,建立了一个由边界点函数值推算内点函数值的关系,因此在边界上应该给出边界条件;如 $x = 0$ 处特征线 C_1 和

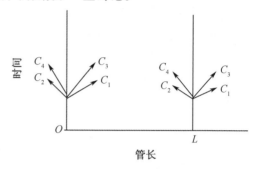

图 10 - 4 边界上的特征线走向

C_3。因此管线入口 $x = 0$ 处需要给出两个边界条件。同理在 $x = L$ 处也需要给出两个边界条件。

一般气液两相流管线的入口流量和出口压力已知。入口有 C_2 和 C_4 两条特征线,给定气相和液相流量,可联立求解出四个参数。出口有两条特征线 C_1 和 C_3,并已知压力与时间的函数关系,还需补充一个条件,可假设出口气液相速度梯度或含液率梯度为零。

(3)初始条件的确定

为启动计算,须给定管线各点参数的初始值,可利用稳态计算值。根据两相流统一力学模型编制了稳态计算程序,在输入管线起点压力和气液流量后,程序能够判别流型,并计算管线各点的压力、截面含气率和气液流速,存储在数据文件中,供瞬态程序调用。

2. 海底管道水合物预测模型

水合物分离混合气涉及气 - 液 - 水合物相平衡,分离模型的整体思路是同一种气体组分在气、液、水合物相的逸度相等。

$$f_i^v = f_i^l = f_i^s \tag{10.7}$$

$f_i^v f_i^l f_i^s$ 分别为气体组分 i 在平衡气相、液相、水合物相中的逸度。气体组分在气相中的逸度采用 PR 方程计算,固相逸度由 Chen - Guo 模型计算,液相逸度有两种计算方法,一是采用逸度 - 活度系数模型 $(\varphi - \gamma)$;二是采用气体的溶解模型。在利用 $\varphi - \gamma$ 求解液相组分逸度时,必须知道液相组分的摩尔浓度,而气体组分在液相中的摩尔浓度需相平衡计算求解。由此,在保证气 - 固平衡求得气体组分逸度时,利用此逸度作为气体组分在液相的逸度,然后求解气体在液相中的摩尔浓度,这样既能保证气 - 液 - 水合物三相平衡,又可以简单地求解各组分的含量。由于实际水合物生产领域的温压大都没有达到气体液化的程

度,因此这里主要介绍采用气体的溶解模型求解气体组分在液相的含量,来建立气－液－
水合物相平衡计算模型。

计算水合物相平衡时,气体在水中的溶解及水相变的影响往往被忽略,而气体的溶解
会影响水的活度及气体在液相中的含量,水的相变会影响气体在液相及在水合物相中的含
量,忽略两者会造成很大的计算误差。水合物生成时,气体在水中的溶解度是常温常压下
的几倍甚至数十倍(CO_2 大约为 25 倍),它不仅决定气体在液相中的溶解量而且影响水的
活度;水的相变使水在液相与水合物相再分配,从而造成气体在液相中溶解量的变化及水
合物相中水的体积膨胀,因此,必须考虑气体在液相中的溶解及水的相变带来的影响。

目前,可以用于水合物存在条件下的气体溶解模型有 Holder 推荐式、M. K. Davie 拟合
式、Krichevssy－Kasarnovsky 方程(简称 K－K 方程)等。其中,S. O. Yanga 等、PhillipServio
等的试验数据显示在某些温压条件下 Holder 推荐式计算值与试验值一致,但多数情况下误
差较大。M. K. Davie 等提出用线性函数拟合 CH4 在深海的溶解度,试验数据显示了拟合方
程的正确性。M. K. Davie 拟合方程的形式为

$$C(T,P) = C(T_0,P_0) + \frac{\partial C}{\partial T}(T - T_0) + \frac{\partial C}{\partial P}(P - P_0) \tag{10.8}$$

式中　T、P——所求溶解度的温压条件;

　　　$C(T_0,P_0)$——已知温压条件下的溶解度;

　　　T_0、P_0——已知温压条件。

采用此拟合方程时要求 T_0、P_0 的选取必须合适,即 T_0、P_0 应在实际的水合物平衡温压
值附近,以保证准线性函数关系。然而,目前对于水合物存在下的气体溶解度的数据相关
文献很少,这就使得拟合溶解度的方式变得非常困难。Yingirene、Zhang 等通过试验证实
K－K方程可以用于计算水合物存在下的气体溶解度,计算误差在允许范围之内,因此采用
K－K 方程计算水合物存在下的气体溶解度。

$$\ln\left(\frac{f_i}{x_i}\right) = \ln H_{i,w} + \frac{v_i^{\infty}(p - p_w^s)}{RT} \tag{10.9}$$

式中　p_w^s——水的饱和蒸汽压;

　　　f_i——气体组分 i 的逸度;

　　　x_i——气体组分 i 的溶解度;

　　　v_i^{∞}——无限稀释下气体组分 i 的摩尔体积;

　　　p——气体组分 i 的分压;

　　　$H_{i,w}$——气体组分 i 的亨利系数。

3. 水下油气生产系统启停模拟模型

(1)水下油气生产系统启停简介

水下生产系统的启动和停止会对水下生产系统的设备和管路等产生冲击影响,因此有
必要对启停工况进行建模和分析。水下生产系统启停控制通常采用直接液压式控制、顺序
液压式控制、先导式液压控制、电液复合式控制和全电控制五种方式。电液复合式控制所
需液压管道少,控制缆外径较小,便于监控和诊断,单条通信线就可控制多个井口,适于复
杂的控制,因此,水下生产系统控制单元广泛采用电液复合控制方式。

电液复合控制系统主要由水面平台液压动力站、水下液压分配单元、脐带管缆、水下控
制模块等组成。液压动力站的液压油通过脐带管输送到水下液压分配单元分配,再输送到

各生产设施上的控制模块,并由水下控制模块引出的液压管线控制水下采油树上液压阀门的开启和关闭。

液压控制系统的主要组成部分有液压动力站(HPU)、脐带管缆、水下分配单元(SDU)、水下控制模块(SCM)及执行器,其中执行器包括典型的失效安全执行器和井下安全阀执行器。

HPU 是液压动力单元,给液压系统提供动力,有一个高压油源和一个低压油源,分别接脐带管缆中高低压供油管。液压油通过较长距离的供油管,经由水下液压分配单元传送到水下控制模块上的控制执行液压阀组。由液压阀组引出的液压管线直接控制水下生产设施(如水下采油树)上的执行器,其中高压液压系统主要控制井下安全阀,低压系统主要控制泥线以上的设施。

(2)水下油气生产系统启停仿真建模

①液压动力站 HPU 模型

液压动力站 HPU 为整个液压控制系统提供动力,保证液压控制系统安全首先要满足的是能够平稳地向水下液压系统供油,因此 HPU 一般设有一套备用装置。利用 AMESIM 液压仿真系统构建的 HPU 模型如图 10 - 5 所示,为简化仿真本系统模型将备用装置省略。其中 HP 接口是高压系统出口,接口 LP 是低压系统出口,RT 接口是回油口,三个接口与外界交互的信号为压力和流量。

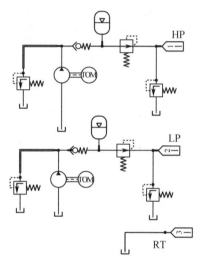

图 10 - 5　HPU 模型

②脐带缆建模

脐带管缆连接水上平台和水下井口,一般长数千米。对脐带管缆进行建模时,需要考虑液阻、液容和液感的影响,选择合适的管道模型非常关键。根据脐带管缆的特性,选择管道为分布参数模型 HL030,此管道模型综合考虑了管道的阻性、感性和容性等特性。

③电液换向阀建模

水下生产设施液压控制系统中的电液换向阀的动作,由控制系统的继电器来控制开启和关闭。为保证系统的安全可靠,此换向阀需具有特殊的功能(失压复位功能)。当阀进出口压差降至一定值时,换向阀在复位弹簧作用下关闭。图 10 - 6 是电液换向阀的模型,两位三通电磁换向阀控制主阀的开启和关闭,图中接口 1 为控制阀的 P 口,接口 2 为控制阀的 A 口,接口 5 为控制阀的 T 口,接口与外界交互的信号为压力和流量。

④典型执行器建模

水下生产设施液压控制系统具备失效自保护功能,即系统压力降低至一定值时,执行器可在自身复位弹簧作用下关闭,从而关闭整个原油通道,保护油气生产安全。图 10 - 7 是失效 - 安全执行器模型,其中接口 4 为执行器弹簧腔回油,接口 2 为执行器关闭腔,接口 1 为执行器活塞杆伸出端,接口 3 为执行器开启腔。接口 2,3,4 与外界交互的信号为压力和流量,接口 1 与外界交互的信号为力、位移、速度、加速度等机械变量。

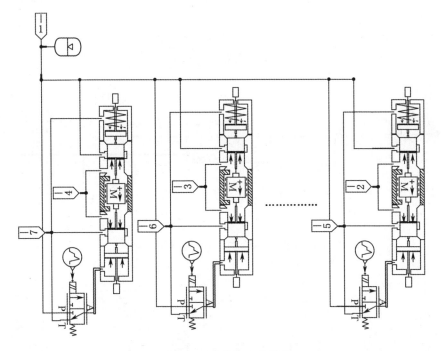

图 10 - 6　电液换向阀模型

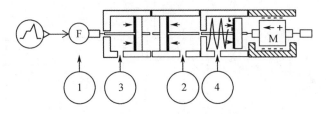

图 10 - 7　失效 - 安全执行器模型

⑤步进执行器建模

步进执行器通过液压缸活塞的往复运动和棘轮棘爪配合运动,连续调节采油树上油嘴的开度。两个容积很小的液压缸分别调节油嘴的开启和关闭。图 10 - 8 是执行器的模型,其中接口 1 为开启腔,接口 2 为关闭腔接回油。接口 1,2 与外界交互的信号为压力和流量。

⑥单执行器模型

将上述主要模型部件按照电液复合控制系统进行组合,为方便仿真计算,并联执行器只单列出 1路,图 10 - 9 为"4"执行器模型,图 10 - 10 为步进执行器模型。

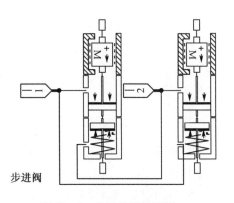

图 10 - 8　步进执行器模型

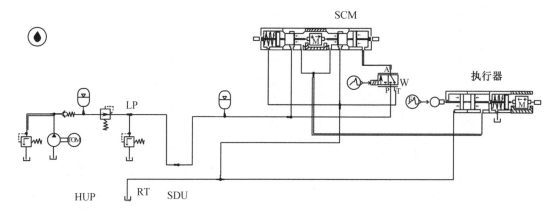

图 10 - 9 "4"执行器模型

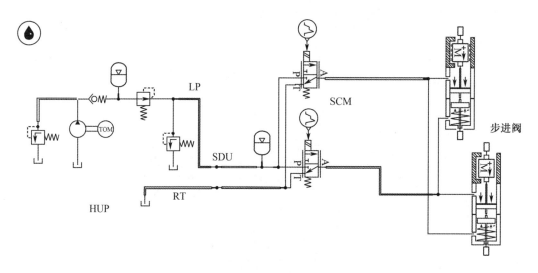

图 10 - 10 步进执行器模型

10.3 三维视景仿真技术

10.3.1 三维模型

三维建模技术通过采集三维数据,将现实中的物体或场景通过计算机进行重建,最终实现在计算机上,模拟真实的三维物体或场景。这种技术是基于计算机三维绘图软件之上的,通过计算机三维绘图软件,构建虚拟场景。三维建模的技术核心是根据研究对象的三维空间信息来构造其立体模型,并利用相关建模软件建立三维模型,然后对其进行操作和处理。具体三维建模流程如图 10 - 11 所示。

1. 参数化建模技术

参数化建模技术适用于外形结构比较单一的模型，在建立脐带揽、跨接管、管道连接基本模型时，模型间的尺寸关系可以由一组参数来控制，且参数值较易获得，设计模型的尺寸与参数值相关联，设计结果可以通过直接修改参数化的尺寸来实现。参数化特征设计是由面向几何的三类物体属性所组成，分别是由数据属性所包含的静态信息；方法或规则属性定义特征专用的设计和生产特性；关系属性描述特征间彼此制约的关系或定义不同外形特征间的位置关系。形状特征实际上是几何实体的不含有语义的结构化组合，形状特征与语义特征之间存在着一对多的关系。通过参数化建模技术可实现特征设计方法与参数化技术的完美结合，并且可以支持多种设计方式(自顶向下或自底而上等)和设计形式(初始设计、相似设计和变异设计等)。首先对几何体进行表面的技术处理，包括对规定的公差和材料信息的描述，这种技术贯穿整个制造过程，且可以弥补集合模型的不足之处。通过修改任意参数值，可以改变所有与之相关的尺寸，体现了参数化模型的尺寸关联特性，而且这种关系不违背约束关系。

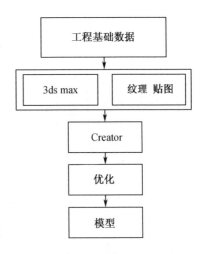

图 10 - 11　三维建模流程图

2. 自顶向下建模

在零件装配成部件的过程中，有自底向上、自顶向下和两者相结合的建模设计方法。自顶向下的建模方法是从整体模型出发然后逐步分解细化，遵循从部件到零件的设计思路，即从一个空的部件开始，然后在具体设计时创建零件。如果要修改部件，则可以在位创建新零件，以使他们与现有的零件相配合。自上而下和自下而上相结合的建模方法结合了两种建模方法的优点，这样部件设计过程就会十分灵活，可以根据具体情况，选择合适的建模设计方法。

3. 基于 MFC 的 OpenGL 纹理贴图

纹理贴图技术也叫纹理映射技术，它是计算机图形学中广泛应用的一项重要技术，纹理贴图分类原理如图 10 - 12 所示。采用纹理映射的方法可以大大地简化建模的过程。Mip 贴图依据不同的精度要求，使用不同版本的材质图像进行贴图。凹凸贴图是一种在三维场景中模拟粗糙表面的贴图技术。它将深度的变化保存在一张贴图中，然后将对三维物体进行混合贴图处理，最后生成具有凹凸感的贴图效果。动态材质贴图技术可产生较好的材质贴图效果。

4. 设备模型制作规范与模型审查

应对视景仿真所涉及的的三维模型建模内容如场景单位设置、模型基准、设备模型坐标、命名规范、贴图规范、模型优化、模型制作软件等制作相应规范，并可参考表 10 - 1、10 - 2、10 - 3 内容进行模型审查。

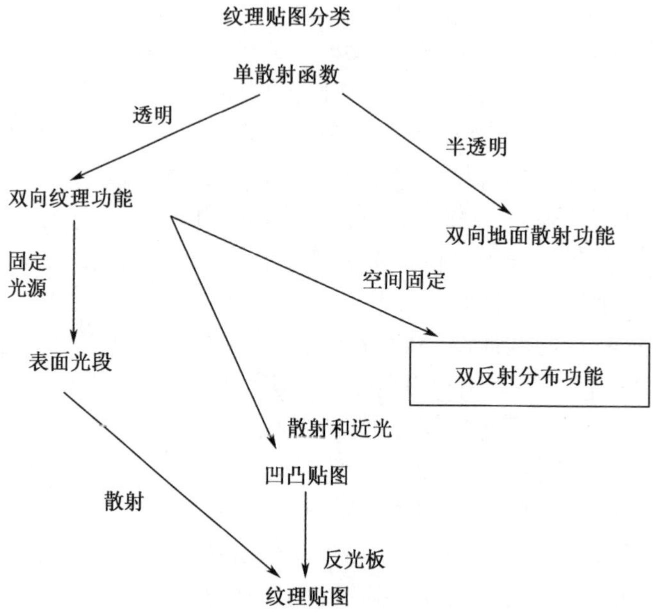

纹理贴图分类

单散射函数

透明 ← → 半透明

双向纹理功能

双向地面散射功能

固定光源

空间固定

表面光段

双反射分布功能

散射和近光

凹凸贴图

散射

反光板

纹理贴图

图 10 - 12　纹理贴图分类原理

表 10 - 1　模型审查表

序号	审查项	参看
1	Max 中的单位设置为米	单位
2	模型按设备实际尺寸建模,水下生产设备模型按基本设计实际坐标和尺寸	精度
3	模型的坐标轴置于模型底部中心;含运动模型其静止部件轴心置于静止模型底部中心,运动部件轴心置于模型运动模型中心,模型均以底部中心为参考点	模型轴心位置
4	段数设置精简	基本的优化制作技术
5	光滑设置正确	光滑显示
6	没有共面和相距太近的面	模型组合结构
7	将看不见的面删除	模型组合结构
8	将无用点焊接或移除	模型组合结构
9	将模型的不动部分和可动部分分别塌陷,并按命名规则命名	命名规则
10	3ds max 文件与贴图在同一目录下,并且贴图及模型路径不包含中文	文件管理
11	模型不要用镜像,也不要出现负数的缩放,避免出现法线翻转	—

表 10 - 2　材质审查表

序号	审查项	参看
1	材质球类型为 Blinn	—
2	只可在 Diffuse 上贴图	材质支持的属性
3	Ambient 中不能赋颜色,设置为白色	材质支持的属性
4	贴图中的坐标一栏中与 UVW Map 中的 Map Channel 必须为 1	贴图坐标
5	贴图中的坐标一栏保持默认状态,不能调节任何参数	贴图坐标

表 10 – 3　贴图审查表

序号	审查项	参看
1	贴图的命名为 8 个字符,不包含透明贴图	贴图标准
2	透明通道贴图名称为相应的彩色贴图名称后面加上"– alpha"	贴图标准
3	贴图坐标用 UVW Map 修改器调整	贴图坐标
4	贴图为 JPG 格式	贴图坐标
5	像素值为 2^N,大小不超过 1 024	贴图坐标
6	将平铺贴图进行无缝贴图处理	–
7	贴图与 Max 文件放在同一目录,无多余贴图	–

10.3.2　水下生产系统三维模型

1. 水下生产系统三维模型

水下生产系统主要包括采油树、水下管汇、跨接管、海管、脐带缆、水下底盘等设备。利用工程基础数据分别对采油树、水下管汇、海管、跨接管等设备进行建模。最后通过纹理、贴图、优化处理形成更加真实的水下生产系统的模型。

(1)采油树

采油树是位于通向油井顶端开口处的一个组件,包括用来测量和维修的阀门、安全系统和一系列监视器械,其装配如图 10 – 13 所示。采油树连接来自井下的生产管路和出油管,同时是油井顶端与外部环境隔绝开的重要屏障。它包括许多可以用来调节或阻止所产原油蒸气、天然气和液体从井内涌出的阀门。

图 10 – 13　采油树装配图

(2)水下管汇

水下管汇(图 10 – 14)是水下生产系统的重要设备之一,主要由管线、阀门、控制模块和流动仪表等组成。管汇安装在海底井群之间,主要作用是把油或气集合起来输送到依托的生产设施。管汇主要通过水下机器人操作,其与油气井在结构上是完全独立的,油气井和出油管通道通过跨接管和管汇相连。

(3)海底管道

海底管道一般可以分为①从海底卫星井到水下终端管汇之间的油气输送管道;②从海底管汇到生产平台之间的油气输送管道;

图 10 – 14　水下管汇模型

③生产平台之间的油气内输送管道;④从生产平台到陆上的油气外输送管道;⑤通过海底注水管汇,从平台到注水井之间的水或者其他化学物质的输送管道,本书中,海底管道主要为采油树与水下终端管汇之间连接的跨接管道;水下终端管汇与海面之间输送控制信号及化学药剂等的脐带揽,为水下生产设备提供电力、液压、控制和监控信号。跨接管和管道模型如图 10 – 15 所示。

图 10 – 15　跨接管和管道模型

2. 流型与水合物三维模型

根据上游计算的管道内气液数据得到管道内会形成的典型流态及水合物,分别建立 3ds max 模型,初步按照三个阶段进行建模,并与计算结果进行对应,以方便系统对模型库的调用,以段塞流、环状流和水合物模型为例,其模型效果分别如图 10 – 16 至图 10 – 18 所示。

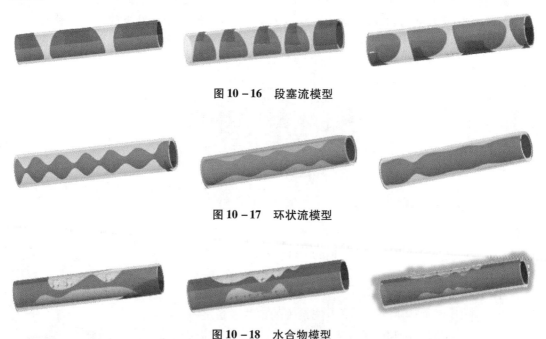

图 10 – 16　段塞流模型

图 10 – 17　环状流模型

图 10 – 18　水合物模型

10.3.3　基于 MFC 对话框的 Vega Prime 应用程序

1. 环境配置

通过 VS2008 配置 Vega Prime 应用程序编译环境,如图 10 – 19 至图 10 – 22 所示。

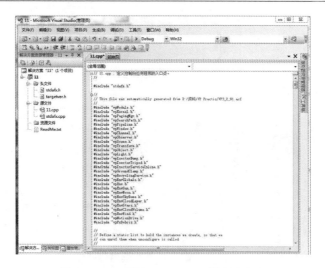

图 10 - 19　配置 Vega Prime 控制台程序

图 10 - 20　配置附加包含目录

图 10 - 21　配置附加库目录

图 10 - 22　配置运行时库

界面设计及控件属性见表 10 - 4。

表 10 - 4　界面控件内容

类型	ID	Caption
按钮	IDC_btRum	运行
按钮	IDOK	关闭
分组框	IDC_grScene	运行 Vega Prime
对话框	IDD_VPTESTDIALOG_DISALOG	VPTestDialog

改造后的 MFC 对话框界面如图 10 - 23 所示。

图 10 - 23　改造后的 MFC 对话框

2. 模型对象动态加载

模型对象加载初始化:static vpObject ＊ pObject_( ),初始化:PublicMember::CTS_pObject_文件 = new vpObject（）。

具体步骤代码如下：

//动态加载物体

void Publicmember：：CTS _ AddObject（CsTring FileDirctory，Cstring ObjectName，Cstring FileName）

{

Publicmember：：CTS_pSearchpath_mySearchpath － ＞ Append（）;//路径搜索对象控制物体路径

Publicmember：：CTS_pObject_xitong － ＞ setName（）;//设置物体在场景中名称

Publicmember：：CTS_pObject_xitong － ＞ setFileName（）;//设置具体的文件名称

Publicmember：：CTS_s_pInstancesToUnref － ＞ push_back（）;//确定容器

Publicmember：：CTS_s_pScene_myScene － ＞ addChild（）;//配置父子关系

}

3. 配置键盘函数

Vega Prime 提供了键盘对应的全部功能键,如小写字母 f 对应 vpWindow：：KEY_f,大写字母 F 对应 vpWindow：：KEY_F,上下键分别对应 vpWindow：：KEY_UP 和 vpWindow：：KEY_DOWN,左右键分别对应 vpWindow：：KEY_LEFT 和 vpWindow：：KEY_RIGHT,如图 10 － 24 所示,实现由键盘代替鼠标进行场景对象移动的操作。

图 10 － 24　设置键盘函数代码

4. 控制物体的缩放比例及透明

在对流型流态建模时,需要实现对物体的透明参数进行控制。引入三个头文件:几何头文件、方式头文件、状态头文件,即#include "vsGeometry. h",#include"vrMode. h",#include "vrState. h"。

首先使用结构体 vrAlphaTest：：Element,它包含三个数据成员:bool m_enable,默认值为

false,需要修改时把值设置为 ture 即可；Mode m_mode，默认值为 vrAlphaTest∷MODE_AL-WAYS；float m_ref，值为 1.0 时设置为透明，值为 0.0 时设置为不透明。

具体代码如下：

```
void Publicmember∷CTS_SetObjectTransnparent( vpObject  * pObject，bool transparent)
{
vrAlphaTest∷Element ate；
if( transparent)
ate. m_ref = 1.0f；//设置为透明
else
ate. m_ref = 0.0f；//设置为透明
ate. m_mode = vrAlphaTest∷MODE_GREATER；
ate. m_enable = ture：
vpObject∷const_itetator_geometry nit，nite = pObject － > end_geometry( )；
for( nit = pObject － > begin_geometry( )；nit！ = nite； + + nit)
{
vrState  * state = ( * nit) － > getState( )；
state － > setElement( vrAlphaTest∷Element∷Id，&ate)；
( * nit) － > setState( state)；
}
}
```

5. 添加灯光

考虑到真实海底环境中的水流波动和洋流泥沙的影响，为了给用户更好的体验和真实的模拟现实场景，在前期工作的基础上添加两个 ROV，增加两个灯光显示，效果如图 10 - 25 所示。

图 10 - 25 添加灯光效果

具体代码如下所示：

```
//建立探照灯效果
pLight_leftHeadlight － > setName( "leftHeadlight")；//设置灯的名字
pLight_leftHeadlight － > setTranslate( x，y，z)；//设置灯相对于父物体的位置
pLight_leftHeadlight － > setEnable( Ture)；//设置灯的开关
```

```
pLight_leftHeadlight - >setType( vpLight∷TYPE_DIRECTIONAL) ;//设置灯的类型
pLight_leftHeadlight - >setSpotCone( xf,yf,zf) ;//设置灯的光点
```

6. 视角转换

通过 MFC 编辑可视化界面,将视图窗口进行分割(图 10 - 26),其中包括:三个动态视角来满足用户多角度体验生产系统环境;一个静态视角可以近距离缩放视角距离。

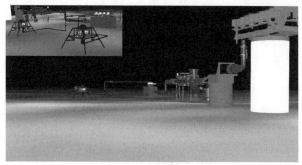

图 10 - 26　视图窗口分割

具体代码如下所示:

```
//建立通道
    vpChannel * pChannel_myChannel = new vpChannel() ;
    pChannel_myChannel - >setName( "myChannel" ) ;//设置通道名称
    pChannel_myChannel - >setOffsetTranslate( 0， 0， 0) ;//设置转换
    pChannel_myChannel - >setOffsetRotate( 0， 0， 0) ;//设置旋度
```

7. 实时二维字符

在 VSG 的图形类中包括:盒子类、椎体类、字符串类等。通过 VS2008 编写程序,根据实际需要对系统中的重要部件进行标注,如采油树中的各种阀类(图 10 - 27)。

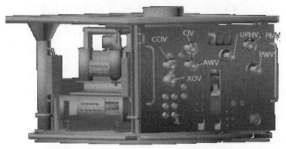

图 10 - 27　采油树中的各种阀类

具体代码如下。

```
//字符输出
vrFont * pFont2D = new vrFont2D( "ariel,18,16" ) ;//定义字体
vrString * pvrBoxString = new vrString() ;
pvrBoxString - >setString( "" ) ;//设置输出字符
pvrBoxString - >setPosition( 0. 0,0. 0,1. 0) ;//设置字符位置
pvrBoxString - >setFont() ;//放置位置
```

10.4　水下生产系统分布式交互培训系统开发

由于水下油气生产系统运营保障与应急维修作业涉及内容复杂,成员众多,故采用基于 HLA 的仿真体系架构设计。根据仿真总体任务,可分为以下几个功能模块:数值仿真模块、视景仿真模块、海洋场景模块、仿真管理模块、教练员系统、操作员培训系统等,本节重点论述教练员系统和操作员培训系统。

10.4.1　教练员系统

1.教练员系统简介

教练员系统作为整个水下油气生产运营仿真系统的重要组成部分,是教练员组织教学培训的工具,在某种程度上,其性能和功能与整个仿真系统的培训效果有着直接的联系,也是衡量整个仿真系统优良的重要指标。通常情况下,一个完备的教练员系统可以充分调用和发挥整个仿真系统的功能,使其功能最大化,方便教练员对学员培训过程进行干预指导,也利于培训结束后的讲解和评估,使受训学员获得更合理高效的训练。就水下油气生产运营仿真系统而言,其教练员站担负着向学员发送练习、对学员进行实时动态监控并记录学员培训的数据及回放等功能,当教练员站功能完善时,可以对水下生产系统启停过程中,管内水合物温度、压力和组分变化对生产管线内气液两相流影响的可视化模拟,以及根据预设的水下生产系统海底气田生产管线流量、压力、泄漏点的位置、管内温度、泄漏口形状和大小、泄漏的油气组分,所诊断出的泄漏强度等数据给以记录,同时对学员在培训过程中的操作予以实时记录,极大地便于教练员在学员受训后对培训结果进行讲评。因此,开发性能良好的教练员系统,拓展和发挥教练控制台的功能,无疑对提高仿真系统的培训效果起着积极的推动作用。

2.基于 HLA 的分布式水下油气生产运营教练员系统结构设计

作为教练员与整体仿真系统之间的信息交互平台,教练员站系统是教练员用来组织教学和培训的工具,是生产运营仿真系统培训中的主要要素之一。教练员在利用仿真系统对学员进行培训时,首先要开启各子系统,再给培训学员设定练习,也可以通过设置海底气田生产管线流量、压力、泄漏点的位置、管内温度、泄漏口形状和大小、泄漏的油气组分等编制新的训练科目。在培训开始后,教练员可以随时对受训学员的操作进行动态监控,在监控过程中可以给学员设置障碍,实时控制学员训练过程;在培训结束后,还可以利用教练控制台回放训练过程;最后可以进行学员培训评价,生成分析报告。分布式水下油气生产运营仿真教练员培训系统 HLA 构架图如图 10-28 所示。

学员培训练习编制管理:教练员可以结合教学计划和实际训练要求,设置不同的训练科目并通过教练控制台发送给学员加以练习。在培训过程中,教练员也可根据实际情况设置新的训练项目,通过相应参数设置,教练员站系统会将这些参数在数据库中的科目信息表中以新的训练科目名称生成对应的新训练记录。这样就可以把新的训练项目发送至学员端供学员培训学习。

学员培训动态监控:教练员需要实时监督学员在培训过程中的相关操作和重要参数变化,从而便于准确地控制训练进程,更有针对性地指导学员操作。在学员接受培训的过程中,教练员可以适时地进行各种控制和操作,如适时获取训练工况信息、更改不理想设置、动态干预学员训练过程等,也可实现教练员对训练模型的启动停止或者运行冻结等基本控制。

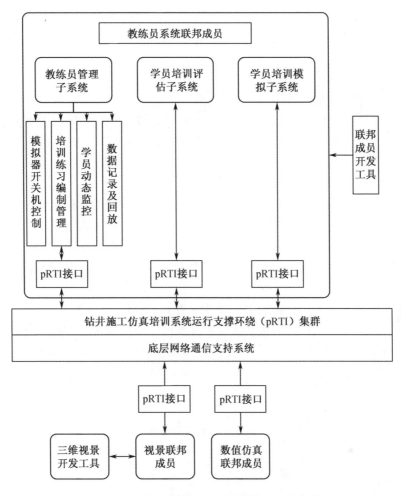

图 10 - 28　分布式水下油气生产运营仿真教练员培训系统 HLA 构架图

(1)启动/停止:通过教练员站系统的控制界面,教练员可以方便快捷地启动或停止某次培训任务。启动功能负责实现教练员控制台与其他各子系统的网络连接,继而启动模型的调度进程,并动态装载参与运行的模块。而停止功能一般用于在培训任务结束时终止模型的调度进程,退出本次任务训练,且会提示教练员是否需要存储训练过程中的相关数据。

(2)运行冻结:在培训过程中的任一时刻,教练员可以利用这一功能对模型的运行或冻结状态进行控制。当模型处于运行状态时,系统将按照执行顺序控制各模块的执行,实时改变各子系统的相关数据和仪表显示,同时更新后台数据库;当模型处于冻结状态时,系统将暂停正在运行的仿真模型,保持各模块的即时状态不变,当冻结状态解除后,会按该状态继续运行。在以下的某个条件满足时,冻结状态便会解除:教练员执行运行命令,要求继续动态仿真;教练员重现某一已存工况或是返回追踪至该模型仿真冻结前的某一工况后,再次启动了动态仿真;教练员停止了模拟训练,终止动态仿真。

另外,学员培训动态控制可以方便教练员任意选择监视目标,对所选学员的整个模拟进程进行监控,同时可以在监控过程中动态地给受训学员设置故障,这样就使得整个培训过程更加灵活。

培训数据记录及回放:教练员站系统的数据记录功能主要是指对培训过程中教练员和学员操作信息的记录。在培训结束后,所记录的信息为教练员分析自身的操作或者评价学员的操作提供了依据,同时,这些信息也为相关的培训回放功能提供了可靠的历史数据。

10.4.2 操作员培训系统

1. 操作员培训系统简介

操作培训仿真主要用于对各种不同专业或不同岗位的工程技术人员或操作工进行仿真操作培训。由于是要对操作人员进行针对性很强的业务培训,因此,必须使培训装置具有极强的真实感,并尽量使受训人员产生"身临其境"的感觉,以提高培训的效果。要做到真实感,就要求培训仿真装置做到以下五点:

(1)数字结果和行为状态与实际一致。因此要求有大量的数学模型做基础。

(2)操作过程与实际一致。需要有一定量的过程判别及控制模型。

(3)实物操作和感受与实际一致。需要大量的全尺寸前端操作设备和控制设备。

(4)视觉和听觉的感受与实际一致。需要较复杂的声光模拟报警及图形动态显示系统。

(5)操作的结果和现象与实际一致。要求装置具有较强的实时响应性能。

由此可见,操作培训用模拟装置从实现上讲要求是最高的,除了对数学模型、专家系统有与工程仿真相应的要求外,还要求具有"环境再现"和"过程再现"的能力。操作培训仿真流程如图 10 – 29 所示。

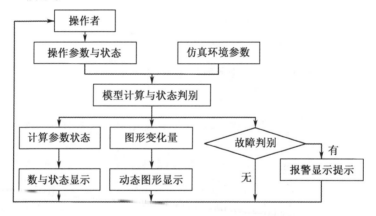

图 10 – 29 操作培训仿真流程图

这类仿真在水下油气生产系统运营保障与应急维修作业中有着极其重要的意义,主要原因是用常规方法进行水下油气生产运营技术干部及职工的技术培训任务重、难度大、费用高。许多特殊问题的培训要么在现场难以碰到,要么难以再现。有的恶性事故甚至绝对不允许在现场培训中发生。因此,可以说现场培训不可能达到对受训人员进行全面培训的目的。而依靠计算机仿真技术却可以解决现场培训中不可能解决或难以解决的问题。

操作员培训系统是由多个联邦成员构成的开放的分布式仿真系统,基于可实现的多个海洋工程作业仿真建立,整个系统具有可扩充性,其联邦成员划分如图 10 – 30 所示。

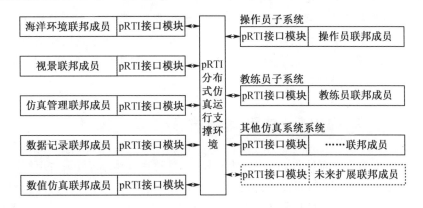

图 10 - 30　操作员系统联邦成员划分

2. 基于 HLA 的分布式水下油气生产运营操作员系统结构设计

　　一项大的水下油气生产运营过程需要多人操作,是一项高投入、高风险的活动,仿真的主要目的是降低水下油气生产的实地风险及培训成本。施工仿真培训系统操作复杂,采用分布式的仿真方法,将一个大工序分成众多小工序来完成。图 10 - 31 为采用 HLA 技术构建分布式水下油气生产运营仿真培训系统的总体框架。

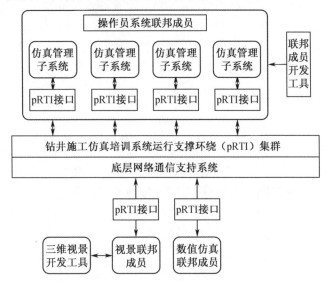

图 10 - 31　分布式水下油气生产运营仿真操作员培训系统 HLA 构架图

　　通过分析 FEDEP 模型,针对施工中多人操作任务的需求,设计了基于 HLA 的分布式水下油气生产运营仿真培训系统的体系结构。在研究过程中,重点分析了联邦成员的组成,并根据施工的特点,划分了仿真系统中的联邦成员。系统分为仿真管理联邦成员、人机交互联邦成员、操作手联邦成员、机械管理联邦成员、视景可视化联邦成员及数值仿真联邦成员。

　　仿真管理系统基于 pRTI 平台,主要协调整个仿真执行及控制施工培训任务;人机交互系统负责施工培训任务的设置;操作手系统负责参与操作的仿真人员的设置;机械管理系统负责设备状态、设备动态加载的设置;视景可视化系统负责对施工操作的场景、操作的过程及结果进行三维模型的可视化及图形界面的二维可视化;数值仿真系统则负责以数学模型来量化及描述操作施工过程及结果的各个状态。pRTI 作为分布式操作系统的中心服务器,每一个仿真节点作为客户机,通过调用 pRTI 的接口服务,同时以联邦成员的身份加入,从而实现系统之间数据的交互。

10.5 典型案例仿真模拟预演

深水油气田水下生产系统设备众多,功能复杂,具有高技术、高投入、高风险等特点,对设计、制造、安装和使用管理水平要求极高,而且受水下油气生产环境的制约,对可靠性要求也极高。因此,如何保证水下生产系统设计、安装质量,提高水下生产系统操作维护水平,确保水下系统可靠、安全、高水平运行是落实深海石油开发战略的重要内容。作为目前重要的科学研究手段之一的虚拟仿真技术以其所支持的产品成本低、效果好、安全性高等特点使其必然成为了实现深水水下生产系统设计、分析、评价、展示与操作培训的有效技术和研究手段,通过先进的虚拟仿真技术,模拟水下生产系统的生产场景、生产设备、运行过程及操作流程,实现数据驱动下的交互操作,这不仅从功能上真实地模拟了水下生产系统相关功能行为,而且从视觉上提供了具有沉浸感且足够逼真的三维场景,使受训人员、研究人员和管理人员有了身临其境的临场感,从而为系统管理人员和操作人员提供安全、经济、可靠、有效的培训环境,为研究人员提供富有想象力的创新平台。

案例的运行平台是自主研发的基于 HLA 的水下系统生产运行分布式交互仿真平台,运行案例的目的是对所采用的方法与技术、所建立的模型及所开发的系统进行测试。

10.5.1 典型流型模拟

1.案例背景

水下生产系统产出流体流经设备主要采油树、水下管汇、跨接管和海管,由于海床地形等因素影响,管道布置形式有水平管、倾斜管和垂直管等,当油气混合流体流经上述不同布置形式管道时会出现各种不同的流型,从而形成各种不同的流动形态,因此,其计算模型复杂,三维表现困难。一般水下油气生产过程中最为关注的是段塞流流型,本案例就以段塞流流动模拟对象,即以段塞流作为典型流型进行模拟,方法和思路同样也可用于其他流型。

在分布式交互仿真中,主要困难是如何实现数值计算与三维显示的实时交互问题,即如何采用计算精度工程上许可的计算数据实时驱动三维视景,并得到令人满意的逼真度和沉浸感。

2.段塞流流动模拟

在水下气田生产过程中,人们往往比较关心的是段塞流的生成及对生产系统的影响,准确地预测研究段塞流生成及流动规律是保证水下油气正常生产的基础。利用数字计算机仿真技术模拟段塞流流动特性是目前较常采用的经济而有效的手段,模拟的基本思路是首先需要建立段塞流预测数学模型,进而利用仿真算法建立段塞流的仿真模型,编程(或利用仿真工具或环境)获得仿真结果,对数据结果进行处理获得对段塞流流动规律的认识(对仿真结果的确认需要用到建模与仿真的 VV&A 技术);上述流动模拟的结果是数值结论,该结论通过数据和曲线形式提供给用户,这种数值结论缺乏直观性,不便于管理人员、操作人员理解、分析和决策。数值仿真系统的基本目标是在满足联邦仿真实时性的前提下具有工程许可的仿真精度,因此建立满足上述基本目标的段塞流预测模型便成为本案例成功运行的关键。

随着计算机图形技术、计算机仿真技术及其他相关技术的发展和人们对分析手段要求的提高,三维交互技术逐渐进入人们的视线,成为分析决策的重要辅助工具,这里主要涉及两类技术:视景仿真技术、交互技术。在段塞流模拟中,通过三维建模软件 3ds max、Multigen Creator 和虚拟现实开发环境 Vega Prime 完成了段塞流三维场景的设计与实现,基于 HLA (采用 pRTI)实现了数值仿真模块与视景仿真模块的互操作,从而实现了水下生产系统管理人员、操作人员在具有一定沉浸感的环境中观察、了解、分析段塞流的流动规律。

3. 案例运行分析

本案例用于模拟在油气生产过程中出现段塞流流型油气在海底管道中流动的情形。系统运行表明,基于 HLA 水下系统生产运行仿真系统较好地解决了流动模拟的数值计算与视景仿真的交互实时性问题,并满足了精度和逼真度要求,对于理解、分析、干预段塞流以保证水下生产系统安全可靠运行提供了强有力的保证,同样,该系统也可用于海底管道两相流体其他流型的流动模拟。基于 HLA 的分布式交互仿真技术是进行水下生产系统油气流动模拟及相关研究的理想工具。

10.5.2　海管泄漏干预操作模拟

1. 案例背景

水下生产系统油气泄漏问题一直在困扰着生产管理部门,油气泄漏不仅严重影响油气的正常生产,还会对环境造成严重威胁,直接关乎人类的生活和生存环境,本案例通过模拟海管泄漏工况进而通过合理的调参对泄漏实施干预。

2. 海管油气泄漏模拟

水下生产系统中凡直接与油气采输相关的设备(如采油树、水下管汇、跨接管、海管等)都存在着油气泄漏的风险,可以说,泄漏源无处不在,但在本案例中,我们只讨论海管泄漏工况。

海管油气泄漏模拟的基本思路和采用的技术与平台同流动模拟,也是分为数值模拟和视景模拟,数值模拟需要建立海管在海洋环境下的油气泄漏数学模型,视景模拟需要建立海管在海洋环境下的油气泄漏三维模型,但不同的是,由于泄漏点的位置、泄漏口的几何形状和泄漏发生的时间等在实际中往往都是事先无法预知的,因此,本案例采用随机生成的基本方式,从而较真实地模拟了真实的海管泄漏工况。

3. 海管油气泄漏干预

基于上述泄漏工况,通过逐渐调节采油树油嘴开度来改变海管油气流量,使其在海管泄漏点处压力逐渐降低,直至海管泄漏点处无油气泄漏并且海水也未倒灌入海管位置,整个调节过程(包括油嘴的调节过程和泄漏过程)通过视景系统可视化展现出来。

4. 案例运行分析

本案例用于模拟在油气生产过程中出现海管油气泄漏的情形,泄漏产生的时间、泄漏点位置、泄露口形态均由数值仿真系统随机生成,从而较好地体现了在实际生产过程中泄漏产生的随机性。系统运行分两个阶段:泄漏生成阶段和泄漏干预阶段。泄漏生成阶段只存在数值仿真系统与视景仿真系统的交互,泄漏干预阶段除了上述交互外还增加了人机交互。系统运行表明,基于 HLA 水下系统生产运行仿真系统较好地解决了海管泄漏及泄漏干预的数值计算与视景仿真和人机的交互实时性问题,并满足了精度和逼真度要求。

10.5.3 人员培训案例

1.案例背景

本系统是针对水下生产系统进行 3D 数字内容的模拟开发,并借助 3D 虚拟环境模拟水下生产系统控制设备、油气采输设备、气液两相流体、水合物实际生产环境,使管理人员和操作人员能够获得和真实世界中一样或者相近的实训体验,达到替代或者部分替代实训效果的作用。虚拟仿真培训系统具有如下优点。

(1)创造实训环境

依托虚拟仿真、人机交互技术建立起来的虚拟仿真实训系统,可以逼真地模拟操作的流程,如采油树各阀的开关逻辑和开关过程、油嘴调参过程、ROV 操作水下管汇隔离阀过程、气液两相流体段塞流与泄漏干预过程等;逼真地模拟对工具设备的使用,如对工具工作环境的模拟、工具外形的模拟、对工具操作方式的模拟及对工具操作效果的模拟。高度逼真的训练环境,使得相关人员能够获得生动直观的感性认识,增进对抽象的原理的理解。

(2)节省时间和成本

比起传统的实物培训,虚拟仿真实训系统能够大大缩短建立实物和获取实训环境的时间,而且一套虚拟实训系统可以多人同时、单人多次使用,实现在更短的时间和成本内培养更高素质人才的目标。

(3)增加安全可靠性

虚拟实训系统使得培训过程中的失误,不再带来人身伤害和环境危害,也不会浪费任何财力、物力,使用者可以通过虚拟培训熟练掌握知识原理和操作流程,日后上岗将应对自如。

本系统完全采用 1∶1 的比例对海底生产场景及各种水下设备与零部件和生产介质等进行三维建模,真实地表现了水下生产系统的真实场景,给受训者营造出了真实的培训环境及氛围,使操作人员能够在具有一定沉浸感的环境中了解现场水下油气生产工艺过程,不仅大大降低了培训成本而且缩短了人员的实际操作培训时间。

2.采油树调参操作

气井调参是油气生产中比较常见的一项操作,本案例通过视景仿真界面的流量调节按钮模拟 MCS 控制面板的流量调节旋钮,通过界面的流量显示控件模拟 MCS 控制面板的流量显示仪表,通过调节流量显示按钮逐渐调节采油树流量至设定值。通过视景仿真系统的油嘴显示界面显示油嘴(包括促动器)的动作过程,从而使操作人员了解采油树调参的控制过程,达到培训目的。

3.案例运行分析

本案例用于模拟在油气生产过程中气井调参的情形。采油树调参是水下油气生产过程中的一种常见作业形式,操作人员必须了解、熟悉和掌握调参的基本原理、方法和技术,本案例就是基于 HLA 的分布交互仿真系统在气井调参人员培训上的一个典型应用。采油树调参涉及数值实时计算、视景实时渲染显示、人机间的实时交互问题。系统运行表明,基于 HLA 水下系统生产运行仿真系统较好地解决了气井调参的人员培训问题,系统不仅为受训人员提供了与实际生产设备和操作场景相似的三维培训环境,使其具有身临其境的感受,而且可以使其充分了解控制系统和被控设备间的控制逻辑和控制动作,实现了在实际设备进行培训所无法提供的一些功能。

参 考 文 献

[1]陈晓贤,林金保,曹静,等. 管中管海底输油管道的应用现状[C]//缪泉明. 纪念顾懋祥院士海洋工程学术研讨会论文集. 无锡,2011：151－156.

[2]刁伟忠,常发亮,孙晓燕. 基于 MFC 的 OpenGL 纹理贴图技术[J]. 山东建筑工程学院学报, 2005,20(2):70－73.

[3]李新晖,陈梅兰. 虚拟现实技术与应用[M]. 北京:清华大学出版社,2016.

[4]王孝平,董秀成,郑海春,等. Vega Prime 实时三维虚拟现实开发技术[M]. 成都:西南交通大学出版社,2011.

[5]AVERILL M LAW. 仿真建模与分析[M]. 5 版. 范文慧,选译. 北京:机械工业出版社,2017.

[6]CHRIST, ROBERT. The ROV manual, second edition: a user guide for remotely operated vehicles[M]. 2nd ed. Oxford: Butterworth Heinemann, 2013.

[7]李丽娜. 水下应急维修资源配备研究[J]. 石油和化工设备, 2017, 20(5)：134－136.

[8]叶永彪,黄佳瀚,齐兵兵,等. 水下应急维修相关设备和技术研究[J]. 机械工程师, 2015(8):167－169.

[9]张人公,王伟. 1 500 m 内不同水深应急维修工机具简介[J]. 机械工程师, 2015(7)：192－195.

[10]房晓明. 海底管线干式维修技术[J]. 哈尔滨工程大学学报, 2008, 29(7)：651－657.

[11]马超,孙锟,黄叶舟,等. 深水海底管道维修方法研究[J]. 海洋工程装备与技术, 2015, 2(03)：168－174.

[12]张袅娜,冯雷. 控制系统仿真[M]. 北京:机械工业出版社,2014.

[13]高峰,李娟. 海底管道水下湿式维修法在工程中的应用[J]. 中国造船, 2012, 53(s1)：217－221.

[14]刘春厚,潘东民,高峰. 海底双重保温管道水下修复工程实例[J]. 中国海上油气(工程), 2003, 15(6):1－4.

[15]郭宇承,谷学静,石琳. 虚拟现实与交互设计[M]. 武汉:武汉大学出版社,2015.

[16]刘春厚,潘东民,吴谊山. 海底管道维修方法综述[J]. 中国海上油气(工程), 2004, 16(1)：59－62.

[17]朱庆. 滩浅海海底管道维修技术[J]. 中国化工贸易, 2014(3):34.

[18]刘楚,王佐强,韩长安. 海底管道事故类型及维修方法综述[J]. 中国石油和化工标准与质量, 2012, 33(15)：254－255.

[19]BARTOLO PJDS, JORGE MA, BATISTA FDC. Virtual and rapid manufacturing: advanced research in virtual and rapid prototyping[M]. florida:CRC Press, 2007.

[20]梁富浩,李爱华,张永祥,等. 深水海底管线维修系统研究进展及有关问题探讨[J]. 中国海上油气(工程), 2009, 21(5)：352－357.

［21］喻晓和. 虚拟现实技术基础教程［M］. 北京:清华大学出版社,2015.

［22］陈雅茜,雷开彬. 虚拟现实技术及应用［M］. 北京:科学出版社,2015.

［23］王扬. 现代仿真器技术［M］.北京：国防工业出版社,2012.

［24］胡小强. 虚拟现实技术与应用［M］. 北京:高等教育出版社,2004.

［25］张树生,杨茂奎,朱名铨. 虚拟制造技术［M］. 西安:西北工业大学出版社,2006.

［26］LI Y, FRIMPONG S, ZHENG Y. Virtual prototype modeling and dynamics simulation of cable shovel for advance engineering analysis［M］. Charleston：CreateSpace Independent Publishing Platform, 2017.